对日常生活中细微之美的大师视觉

《春》桑德罗·波提切利 约1482年

美的思想史◎图示

毕达哥拉斯（前580至前570年之间～约前500年）

西方美学的开山鼻祖，提出“美是数的和谐”的观点，为美学的发展奠定了牢固的基石。

孔子（前551年～前479年）

提出“尽善尽美”说。他在《论语·八佾》中说：“子谓韶尽美矣，又尽善也。谓武尽美矣，未尽善也。”他认为，舜时的韶乐“尽美矣，又尽善也”，而武王时代的音乐则“尽美矣，未尽善也”。在孔子看来，美应该是内容和形式的统一。

孟子（前372～前289年）

提出“充实之谓美”。

笛卡尔（1596～1650年）

在《第一哲学沉思录》中提出“我思故我在”的著名命题，认为“美和愉快都不过是我们的判断和对象之间的一种关系”，客观事物只有靠精神去理解。

休谟（1711～1776年）

认为决定什么是美，主要在于“人性本来的构造”、习俗或者偶然的心情。

康德（1724～1804年）

康德在其美学著作《判断力批判》中认为：审美判断是“惟一的、独特的一种不计较利害的自由的快感”。

黑格尔（1770～1831年）

黑格尔在《美学》中对“美”下的定义是：“美是理念的感性显现”。黑格尔认为：“正是概念在它的客观存在里与它本身的这种协调一致才形成美的本质”。他认为，自然美是理念发展到自然阶段的产物，艺术美是理念发展到精神阶段的产物，艺术美高于自然美。

马克思（1818～1883年）

提出“美是人的本质力量的对象化”的著名观点。

车尔尼雪夫斯基（1828～1889年）

在《艺术与现实的审美关系》中提出了“美是生活”的定义，坚持美和艺术都来源于现实生活，认为现实美高于艺术美。

〔全译彩图本〕

Master Aesthetic

大师谈美

美育书简／没有地址的信

〔德〕席　勒
〔俄〕普列汉诺夫　著

李光荣　译

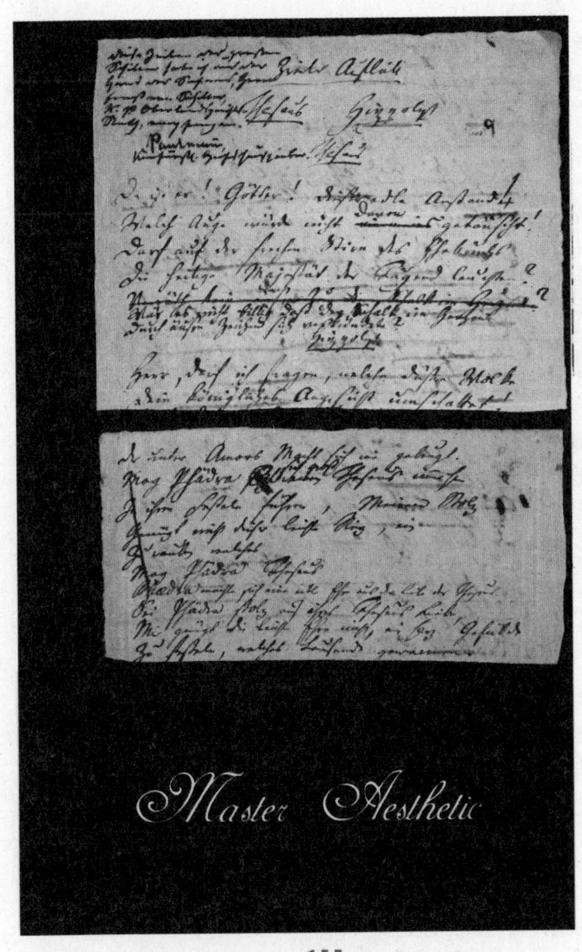

重庆出版集团　重庆出版社

图书在版编目（CIP）数据

大师谈美/〔德〕席勒 〔俄〕普列汉诺夫著；李光荣译. —重庆：重庆出版社，2008.7
ISBN 978-7-5366-9628-0

Ⅰ.大… Ⅱ.①席… ②普… ③李… Ⅲ.审美分析
Ⅳ.B83-0

中国版本图书馆CIP数据核字（2008）第045268号

大师谈美

DA SHI TAN MEI

〔德〕席勒 〔俄〕普列汉诺夫 著

李光荣 译

出 版 人：罗小卫
策　　划：刘太亨 陈 慧
责任编辑：王 淋
责任校对：周玉平
装帧设计：日日新文化

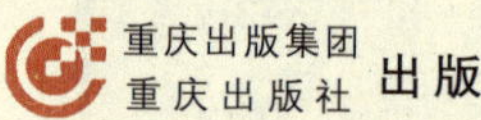
出版

重庆长江二路205号 邮编：400016 http：//www.cqph.com
重庆海阔特彩色数码分色有限公司制版
重庆长虹印务有限公司印刷
（重庆长江一路69号 邮编：400014）
重庆出版集团图书发行有限公司发行
E-MAIL：fxchu@cqph.com 邮购电话：023-68809452
全国新华书店经销

开本：787mm × 1 092mm 1/16 印张：21.25 字数：413千
2008年7月第1版 2008年7月第1次印刷
印数：1—10 000
ISBN 978-7-5366-9628-0
定价：65.00元

编译者语

本书作者约翰·克·弗·冯·席勒（1759—1805年），是与歌德齐名的德国启蒙文学家、戏剧家，著名作品有《强盗》、《阴谋与爱情》、《华伦斯坦》、《奥里昂的姑娘》和《威廉·退尔》等，并在历史和哲学方面也有很高的建树。1791年底，席勒接受丹麦公爵奥古斯腾堡和伯爵史梅尔曼每年1 000塔勒银币的资助，专门从事美学的研究，并将研究的成果用书信的形式向奥古斯腾堡公爵汇报。从1793年2月开始，席勒陆续向奥古斯腾堡公爵发出了10封信，系统地阐述了自己的美学观念。这些信件，一时流传于丹麦的宫廷之中，对上层人物的美学思想产生了巨大的影响。但在1794年2月，哥本哈根发生了一次大火灾，这些信件及其传抄件尽数焚毁，席勒又根据自己的手稿重新撰写；除保留了前10封信的基本思想和框架外，这一次，席勒共写出了27封信，并于1795年分三次发表在他自己的刊物《时季女神》上，从而形成一本完整的美学著作（实际上从第11封信开始，已经和收信人没有多大的关系了）。

在哲学上，席勒是康德的信徒，在美学上也深受康德的影响；他是第一个将美（包括审美）与艺术的建构同人的自由解放和全面发展相联系起来的人，并为后世的人文主义美学的发展奠定了理论基础、树立了新的方向标。

对于这一美学巨著中的思想观念，编译者自认不能进行评述，因为作者本人在一封接一封的信件中，自然地向我们展示了他的思辨流程；读者在阅读过程中，是能够体验得到的。

《没有地址的信》是普列汉诺夫于1899—1900年用书信体写成的一部有关艺术的论著。此书的前两封信最早由鲁迅先生从日文转译，取名为《艺术论》，并由上海光华书局在1930年出版；1958年，人民文学出版社予以再版。1962年，人民文学出版社又请曹葆华先生根据俄文单行本《没有地址的信》翻译出了全本，取名为《没有地址的信——艺术与社会生活》；1964年10月，人民文学出版社再次根据曹葆华先生的原本，加以校订，出版了《论艺术——没有地址的信》一书。

从20世纪60年代到今天，《论艺术——没有地址的信》在我国学界，特别是文学界和艺术界产生了广泛的影响，几乎凡是从事于文学或艺术的有识之士，都看过这本巨著，并从中吸取到了艺术的营养；其中的有些思想甚至成了指导文学艺术人士成长的圭臬。要了解我国建国以后的文学或艺术的流变及文学艺术人士的思想脉络或思想架构，就需研究《论艺术》。

今天，艺术流派纷呈，文学艺术本身发生了深刻的变化，但普列汉诺夫的《论艺术》依然具有无穷的魅力，故我们决定重新编译此书，以飨读者。

CONTENTS 目录

基督变容　拉斐尔　油画　16 世纪
　　这是拉斐尔的最后一幅作品，描述了基督显其为上帝之子的故事。画中，基督旁边是两位使徒，下方则是人世间的骚乱。对生活在社会底层的人而言，基督变容，意味着他们即将得到救赎。这是拉斐尔作品中极少数反映画家悲天悯人的情感之作。

受伤的亚马逊人

波利克里托斯　雕塑　古希腊

亚马逊人是古希腊雕塑家经常表现的题材。它是一个尚武善战的妇女部落，该作品刻画的就是其女战士的形象。它仍是一尊将重心落于一只脚上的雕塑，人体重心和动态之间的关系得到了出色的统一。

目录 CONTENTS

圣母加冕
鲁本斯　油画　1609—1611 年
圣母在鲁本斯的笔下像一个含情脉脉的少女，基督则是一个拥有强壮体魄的青年。画面上方，耶稣亲自迎接圣母，并为她戴上冠冕，他们交汇的目光，更像一对恋人而非母子。

叛逆天使的堕落
鲁本斯 油画 1670年

画面表现的是瞬间场景，大量裸体的天使从天堂中坠落，被抛入地狱之中。他们的身体因强烈的扭曲而变形，画面中闪烁着的赤色火焰，仿佛是地狱之火在燃烧。鲁本斯的绘画色彩强烈，形体充满运动感，是巴洛克风格的代言人。

目录 CONTENTS

席勒传略

XILEIZHUANLUE

“自然和天才结成永恒的联盟；前者许下的诺言，后者去兑现。”

——席勒

命运待人是公正的吗？“快跑的未必能赢；力战的未必得胜；智慧的未必得粮食，明哲的未必得资财……”。如《传道书》中所言。命运的轮盘把许多人抛在了不占时运的一边，他们在苦难中经受煎熬，为贫困或疾病所缠绕。随波逐流者，抱怨终生；抗争者，则逆流而上，无怨无悔。曾经有这么一个人，命运多蹇，贫病交加，却才华横溢，为了自由，为了真善美，用他所有的生命激情，与命运抗争到底。

生命何其痛苦，生命又何其幸运！席勒，这个命运的弃儿，以天赋的才华打拼自己的生活，以一种惊人的毅力与死神赛跑。因而，他的创作充满了昂扬的理想主义和人道主义精神，贯穿着对人的自由和尊严的歌颂。他的一生犹如一曲精神的、美的礼赞。在颠沛流离的艰难忧患中，他完成了属于自己的艺术家宿命。

席　勒

约翰·克里斯托弗·弗里德里希·冯·席勒（1759—1805年），德国18世纪著名诗人、哲学家、历史学家和剧作家，德国启蒙文学的代表人物之一。席勒是德国文学史上著名的“狂飙突进运动”的代表人物，也被公认为德国文学史上地位仅次于歌德的伟大作家，代表作品有《阴谋与爱情》、《欢乐颂》、《唐·卡洛斯》和《美育书简》等。

18世纪末的德国街景

18世纪是欧洲的启蒙时代，法国成了欧洲乃至世界的文化中心。而此时的德国仍处于分裂状态之中，政治、经济、文化都较落后，外来文化尤其是法国文化大量入侵德国，并在其境内刮起一阵全社会的“法国化”之风。在这场文化的冲突中，德国以康德和席勒为代表的一批启蒙知识分子最先作出反应，他们反对对法国文化的拙劣模仿，并努力发掘、发展和创立德国自己的民族文化，促进了体现鲜明民族特质的德国启蒙运动的发展。

席勒故居

此为席勒在魏玛的故居，从1802年到去世时的1805年，诗人兼剧作家席勒在此居住。在此期间，他创作了《墨西拿的新娘》和《威廉·退尔》等名篇。正是因为席勒和歌德常年在魏玛活动，1800年后，魏玛已成为德国和欧洲精神文化生活的一个中心。

出身市井

18世纪后半期的德国，在经历了影响深远的30年战争之后，仍旧处于四分五裂的状态中，没有真正意义上的民族统一，诸侯割据争霸，政治腐败，经济落后，人民生活贫困异常。在拥有将近2 300万人口的德意志土地上，三百侯国星罗棋布，君主们有的人道，造福于民，有的则暴虐，成为人民的祸害。反抗封建专制，统一国家的呼声日益强烈。恩格斯说，这个时代的德国“在政治和社会方面是可耻的”，而在哲学、文学、音乐等文化领域，却呈现出一派人才辈出的局面。譬如，莱辛、康德、歌德，后来的贝多芬，以及下面我们将要提到的主人公——席勒。

席勒的出生地位于符腾堡公国辖下的内卡河畔的马尔巴赫市。符腾堡公国大公名叫卡尔·欧根，这是一个极端专制、横征暴敛的人物。他卖官鬻爵，挥霍享受。席勒的父亲，约翰·卡斯帕尔·席勒小时候家境贫困。他的父亲，即席勒的爷爷，以面包师为职业，年纪轻轻便撒手人寰，留下8个年幼的儿子尚待抚养，由于没钱上学，约翰便被妈妈直接送到了乡下务农。直到15岁那年，他学起了“外科术”。所谓的“外科术”只是学上一点外科和草药方面的知识，有了几年实践经验，便可成为外科医生。22岁的时候，约翰在一支轻骑兵部队服役，担任创伤军医，随着部队南征北战，参加过奥地利王位战争和七年战争。26岁那年，恰逢战争间歇期，约翰在马尔巴赫认识了席勒未来的母亲，一家客栈东家的独生女儿伊丽莎白·多罗泰阿·柯德维斯。她是一位友善而慈爱的小女人。两人结婚时，新娘才16岁。由于聚少离多的生活，直至婚后8年，小两口才喜获千金克里斯托芬娜，又过了两年，1759年11月10日，约翰·克里斯托弗·弗里德里希·冯·席勒降临人世。说也凑巧，9字头的年份德国诞生了不少名人：莱辛1729年，歌德1749年，席勒1759年。

席勒刚刚生下来的时候，体质极差，经常生病，最引人注目的是他的一头火红色的头发。他的长相极像他母亲，皮肤雪白，一到夏天就会出疹子。在出生后的头两年里，小席勒压根就没有见过他的父亲，3岁时他才看见了自

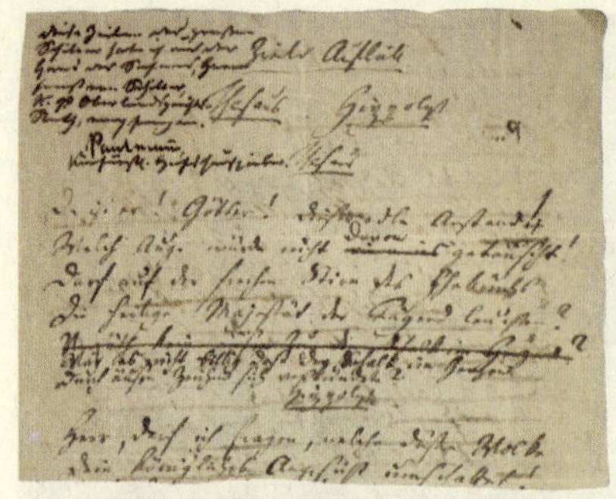

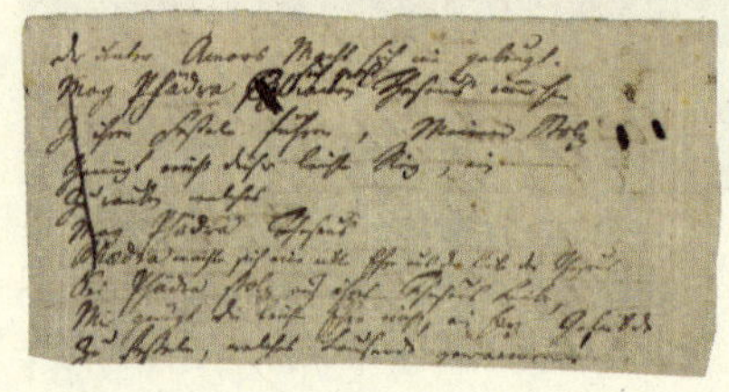

席勒手稿

席勒一生著作甚丰，除了戏剧《强盗》、《阴谋与爱情》、《唐·卡洛斯》等，还有诗剧《华伦斯坦》三部曲、《威廉·退尔》和《三十年战争史》、《美育书简》、《论素朴的诗与感伤的诗》等历史学及美学著作。

己的父亲。两年之后，席勒家搬迁到符腾堡的罗尔希。与许多父母亲一样，在席勒出生之时，约翰就向上帝作了祷告：希望把自己在学习和教育方面耽误的东西，补在自己的孩子身上。为了让孩子成才，他亲自监督他的功课。一旦看到席勒玩耍或是无谓的消磨时间，就动辄发怒。于是，席勒天性里那种爱玩的个性被压抑了。这时起，席勒开始体会到生活的严酷。席勒5岁的时候，望子成龙的父亲就把他送到了乡下的小学念书。在那里仅仅上了一年学，小席勒又被送到了乡村牧师菲利普·乌尔里希·莫泽那里学习拉丁语以及希腊语。师从莫泽牧师是席勒生命中颇为有意义的事，席勒在那里学到了如何驾驭语言，以及获得美感的初级教育。这个未来的天才开始在这时扎下了鲜嫩的语言根基，他的语言天分开始从这里萌芽，并初现端倪。

在莫泽牧师的熏陶下，小席勒对神学十分感兴趣。据席勒的姐姐回忆：小时候在一起做游戏时，席勒总是喜欢扮演牧师，没有牧师的袍子就围上姐姐的黑色围裙，模仿牧师们演讲时的表情与手势。席勒后来觉得，与枯燥的少年军校相比，在罗尔希度过的三年时光有如天堂，毕竟在那时他觉得自己还算是个自由人。

噩梦

前面已经提到过，符腾堡大公卡尔·欧根是个横征暴敛的人物，他挥金如土，自己过着奢侈无度的生活，对自己的部下却十分吝啬，由于他拖欠军饷，席勒的父亲便于1766年自愿要求从罗尔希调回斯图加特附近的路德维希堡兵营。这样一来，他们全家都随父亲搬到了路德维希堡。在路德维希堡，席勒的噩梦终于开始了。

1770年，欧根大公开始受制于斯图加特邦议会，这一转变使他不得不暂时改变自己以往的专制印象，从而企图在人们心中成为一个“开明的集权主义者”。这一年，欧根大公成立了军人孤儿院，也即后来的“卡尔学校”。开办这种学校的主旨是培养学生，使他们日后能成为忠实、无条件地服从大公各种思想的官员和军官。学校在成立之初，要求在邦的所有学校都向他提供最有才华的学生，优先考虑军官或官员家庭的子弟。事实上，这所学校根本就没人愿意去，欧根利用一种威逼利诱的手段，要他们把儿子输送给新成立的学校。一天，大公建议席勒上尉把儿子送进军人栽培学校，并说明可以免费入学。这个命令让席勒一家十分不情愿，但大公的建议实际上就是命令。当席勒上尉鼓足勇气向大公禀明他和妻子想让孩子当一名神职人员的愿望时，大公又提出让席勒学习法学，这样一来，席勒上尉只好在1773年1月16日，冒着严寒，把儿子送到了学校所在地。再来看看小席勒，上蓝下白的制服，配上白色马甲、军靴与军刀，此时的他已经俨然成了一个锡制的玩具兵，13岁的席勒从此开始了长达7年的军校生涯。

卡尔军校有一套近乎严酷的规章制度，无论何时都没有假期，同时也禁止家长探视。有一次，一个学生的父亲去世，而学校竟然不允许他奔丧。另外，如同军营一样，在卡尔学校里处处都有监视者和告密者，违规者一旦被告发，将会受到严厉的惩罚。在这里，席勒曾经受过数次处罚。有一次，小席勒被校长打得鼻青脸肿，后来发现竟然是一场误会后，校长还有点绅士风度，对自己的过失向席勒上尉表示了歉意。当席勒上尉为此事询问席勒时，善良的席勒回答说，这完全是因为“他觉得老师是为他好”。

在军官学校里，席勒每天遵循着一种刻板而呆滞的生活节奏。早晨5点起床，6点到7点是晨祷，随后吃早饭，上课，中饭，操练，下午2点至6点上课，然后是做卫生，规定的自修，晚餐，上床睡觉。这种生活天天如此，在席勒上学的7年之中从未改变过。卡尔学校每周有六天是拉丁语课和宗教课，只有星期五才是德语课，此外还有算术、音乐和唱歌课。每到星期天，孩子们都得上教堂，下午上宗教课。学校每年都会进行所谓的国家考试来检查每个学生的学业。为了实现自己小时候的梦想以及父母的期望，席勒拼了命似地学习神学，结果以第一名的考试成绩，如愿以偿地得以学习神学。在学习的头两年里，席勒的希腊语课程获奖，拉丁语也不错，但在这两年期间，席

1770年的普鲁士军队

在军事学校上学期间，席勒结识了心理学教师阿尔贝，并在他的影响下接触到了莎士比亚、卢梭、歌德等人的作品，这促使席勒坚定地走上文学创作的道路。从1776年开始，席勒就在杂志上发表一些抒情诗。而且，在军校读书期间，席勒逐渐形成了自己的反专制思想。

勒却住了7次医院，曾有一次足足在床上躺了5个星期。他后来评价这段生活时，感受仍旧十分强烈：“这种环境对我的确是一种莫大的折磨，我渴望逃避，畅想理想的世界，但是周围的铁栅栏却让我们与世隔绝。”

席勒在卡尔学校读到第三年的时候，欧根大公独断地决定，让席勒立即从神学转到法学。1775年底的时候，卡尔学校又增加了一个医学专业，于是大公又命令刚学法律一年时间不到的席勒转学医学。在学医期间，席勒有个名叫海勒的同学因病夭折了，令人发指的是，他的眼睛刚合上没有多久，他的同班同学们就在解剖课上重新看到了他的躯体，并且按照老师的吩咐把他大卸了八块。这在少年席勒看来，真是件残忍的事情。

1779年12月，席勒提交了一篇名为《生理哲学》的论文，由于没有通过而未能及时毕业。卡尔大公立即命令席勒在卡尔学校重修一年，将来定会大有出息。无可奈何之下，席勒只得又学了一年医学，并重新准备他的论文。第二篇论文《试论人类动物特性和精神特性之间的关联》，经多次修改后，终获通过了。席勒就是在这种不近人情，没有自由的，囚禁般的地方度过了整整7年的时光。这7年的时光对于他来说，无异于是流放，然而这种流放般的生活也把他锻炼得更加坚强。

1780年12月中旬，21岁的军校学生席勒终于毕业了，他顺利地当上了一名军医，但他的医术并不好。终其原因，还在于他真正的爱好仍是诗歌，并没有把精力完全投入到医学中去。据席勒后来说：“那几年，我的激情一直在同军校的规定搏斗，我对诗歌火一般的激情就像是初恋，十分强烈……”

《强盗》书影和插图

1777年，席勒开始创作剧本《强盗》。1781年完成后，次年在曼海姆上演，因为作品中蕴涵的反专制思想深切地迎合了彼时德国青年的心理，引起了巨大的反响。据史料记载，当时观看的人们潮水般地涌入狭窄的礼堂观赏戏剧，以耳闻目睹这一巨作为快。

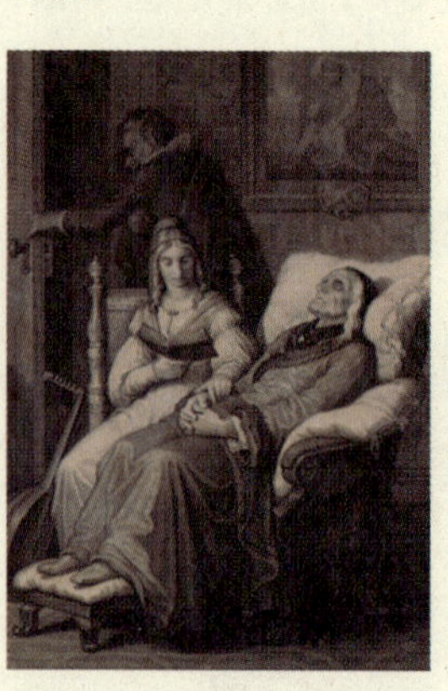

《强盗》

自由，一直都是席勒人生创作过程中最重要的主题。从对作品的抒发中，可以见到他以往被压抑的那种对自由的热烈渴望，而这种渴望一旦释放出来，便具有一种惊人的感染力量。

席勒在离开卡尔军校之后，服役于奥热将军的斯图加特步兵团。在步兵团里，他是引人注目的，大鹰钩鼻子，火红头发，1.8米的大高个，以及他略显刚毅的头颅，凡是看见

通过《人权宣言》

18世纪的欧洲是资产阶级反封建、追求自由民主平等的时代。当德国的狂飙突进运动正值高潮时，欧洲大陆上的另一个中心正在进行使人们摆脱教会散布的迷信和偏见，从而为争取自由和平等去斗争的启蒙运动。它是文艺复兴时期资产阶级反封建、反禁欲、反教会斗争的继续和发展，直接为1789年的法国大革命奠定了思想基础。图为大革命时期通过《人权宣言》的情景。

过他的人，都会对他产生一种深刻的印象。他的眼窝很深，眼珠是深灰色的，闪射出一种安静的激情，苍白的脸上星星点点地分布着一些雀斑。在这里，他和卡尔学校的一个校友在兵营附近合租了一套住房，每日三餐以干香肠、土豆和色拉菜为食物。没有大公的批准，士兵们都不能离开城市，因此席勒甚至不能去探望住在索里图德皇宫旁边的父母。席勒仍旧未得自由，生活在禁梏之中。然而离开军校，对他来说总算是一件好事。他终于可以放手做他一直以来都想做而一直没做的事情了。

他的诗兴与激情在此时一发不可收拾，他开始创作一些略显稚嫩的诗歌，他为一位朋友写的悼词《少年之死的哀歌》，充满了对上帝安排的命运的不满，叛逆、尖刻的风格开始展现。“……诱惑仍然在喷洒毒液，伪君子仍然在虚伪劝诱，谋杀的欲望再虔诚，它带来的仍然是地狱……人生如同玩骰子，滚来滚去，永无休止……”这种振奋人心的诗句，在后来的《强盗》中更被发挥得淋漓尽致。在葬礼上散发的这首悼诗在当地人群中产生了意想不到的效果和影响，它令席勒更加自信与大胆，决定写一本让暴君看了气得发疯的书，这本书就是后来的《强盗》。

还在卡尔军校读书时席勒就开始构思一部反抗暴君的戏剧作品，主人公莫尔是一位豪侠之士，他带着一伙强盗反抗腐败和不义的社会。后来，物质主义和蔑视人性的生活促使他良心发现，最终向当局自首。1781年春天，席勒终于脱稿了，他决定找个出版商把它印刷出来。他在给朋友彼得森写信时就说明了出书的原因：“我想看看社会评价……作为一个剧作家，一个作家，我将会面临一个什么样的命运。”出书的信念越来越强烈，他借款150古尔登，在斯图加特自费印刷了《强盗》。席勒将先行印出的部分页数送给了出版商施万。此君的确是慧眼识宝，《强盗》里那种大胆、叛逆的风格令他本人对剧本

席勒的工作室

1802年,席勒在魏玛买下了一幢三层小楼,和他的妻子夏洛特以及4个孩子在这里一直生活到1805年他去世。席勒的书房在第三层的阁楼上。靠窗的书桌上放着他用过的羽毛蘸水笔、墨水瓶、镇纸、纸剪、烛台和鼻烟壶。他在这里写下了《墨西拿的新娘》和《威廉·退尔》。

非常感兴趣，并径直跑到了曼海姆宫廷国家剧院，把剧本介绍给院长达尔贝格。两位前辈给我们年轻的天才提出了一些具体的修改建议，将那些过分激烈的言辞改得淡化了一些。剧本经修改之后，达尔贝格建议把剧本搬上舞台，这就意味着22岁的席勒即将一夜成名了！

由于《强盗》的修改印刷本在面市之时已经引起了一些读者的共鸣，1782年1月13日，在曼海姆宫廷国家剧院首演时，人们从四面八方赶来。当剧情还在第一幕和第二幕的时候，全场鸦雀无声，发展到第三幕第二个场景时，剧情进入到高潮，全场观众气氛突然激动起来。如雷的掌声，成片的呼声，素不相识的人们相拥而泣，女人们处于半昏迷的状态中。人人都明白，戏剧是针对现时代而发生的故事，那个强盗就是民众心中的代言人。席勒将“德意志悲惨的现实搬上了舞台”，从此他从一无所有中一夜成名。

在曼海姆，席勒受到了前所未有的敬仰，但只要一回到斯图加特以及施瓦本地区，他仍是当军医服苦役，因此脱离大公的管辖范围投入到欣赏他的地方去，成为他那时最迫切的心愿。1782年5月底，席勒利用卡尔大公不在的机会，去了一趟曼海姆，达尔贝格同他握手为誓，只要他能摆脱斯图加特，剧院就会聘用他。然而，这事却被卡尔大公发现了。他气得暴跳如雷，以擅自出国的理由勒令席勒立即前往斯图加特，向当地警察局自首，并处以监禁两周的惩罚，同时禁止他与外国往来。被监禁的自由令席勒感到前所未有的痛苦，于是在同年9月，他作出了一个大胆的决定，逃到外国去！去追求新的自由的生活。与他一起计划逃跑外国的还有他的好友乐师安德烈亚斯·施特拉谢。颇为有趣的是，当他在两人计划好的时间内出现在席勒面前的时候，却发现这位诗人已经把逃跑的事忘得一干二净。他正沉浸在一首打动他的诗歌里面，并打算为这首诗写上一曲和诗。据施特拉谢以第三人称写的回忆来看：“不论事情有多么紧急，不管别人怎么催促，他都坚持要施特拉谢首先听一遍克洛布施拖克的颂歌，然后再听一遍自己的和诗……足足过了很长时间，诗人的思想才从诗兴转到现实的世界，转到要逃跑的这件事上……”

9月22日晚上9点，席勒带了两把破手枪，以及一个简单的行李，里面装着他尚在创作中的《费斯克》，施特拉谢则带着他的钢琴，两人结伴通过了岗哨，离开了卡尔大公的管辖地。当两人路过席勒父母居住的家的时候，席勒在那里顿驻了片刻，低声叹息道：“哎，我的妈妈……”

这次逃亡对于席勒来说，是他人生中的一个重大转折。或者说，他的一生本来就像是一出戏剧，这才只是刚刚开始上演而已。

《阴谋与爱情》

席勒满怀希望地与施特拉谢逃到了他的理想之地——曼海姆，希望在那个能欣赏他的地方落下脚来。但事与愿违，他的新作《费克斯》并未获得他期望中的好评。继而，从斯图加特又传来了不好的消息，席勒的出逃触怒了大公，大公有可能会追捕他，或是要求引渡。年轻的诗人和施特拉谢听从了旁人的建议，决定出逃到法兰克福。由于没有钱，两位朋友只好徒步，一路上的艰苦自不用说。两天后的晚上，他们在萨克林豪森找了一家便宜的客栈歇脚。出逃带出来的钱已经所剩无几，席勒便在此后的一年之中都囊中羞涩。期间所经历的，是居无定所的漂泊之旅。法兰克福的生活消费太贵，他们便乘船到了美茵茨，然后徒步跋涉到沃尔姆斯，接着到了奥格斯海姆。在这里的第一个晚上，席勒突然想创作他的第三个剧本，当时剧名用的是字母“L.M”，即“路易丝·米勒林”的缩写。这个剧本就是后来十分有名的世界爱情悲剧《阴谋与爱情》的原名。

“他忙于要把自己在头脑中形成的概要记录下来，整整8天，只离开过房间几分钟……”施特拉谢这样描述席勒在创作时的激情，“他会在没有灯光的房间里，伴着月光，来来回回地踱上几个小时，时常会突然爆发出含糊的、激昂的叫声，一连几个星期都是这样过去的……”这种情形，在施特拉谢弹奏钢琴曲时尤其明显，因为还在斯图加特时，他的朋友就发现，音乐能使这位天才的诗人与剧作家陷入一种忘乎所以的状态，只要钢琴曲与他内在的情感相合，便会在他的内心激发出千变万化的情感，从而对他的创作大有益处。毫无疑问，这部戏剧的构思是成功的。接着，他把被达尔

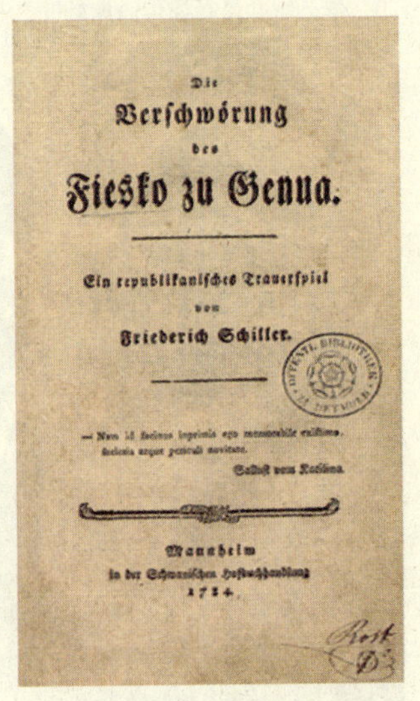

Die
Verschwörung
des
Fiesko zu Genua.

Ein republikanisches Trauerspiel
von
Friederich Schiller.

Mannheim
in der Schwanischen Hofbuchhandlung
1784.

《阴谋与爱情》书封

《阴谋与爱情》是1784年弗里德里希·席勒的重要戏剧作品。五幕话剧，直接取材于德国现实。这个剧本以现实主义的手法反映了当时市民阶级和封建贵族之间的斗争。它还通过一系列戏剧冲突来控诉封建贵族阶级的专横和残暴，真实地反映了市民阶级与封建贵族斗争时的弱点。《阴谋与爱情》无论在结构上还是题材上都是德国市民悲剧的典范。

贝格拒绝的《费克斯》卖给了一个出版商，让他印刷出版，然而他得到的稿酬仍旧少得可怜。为了躲避追查他的官兵，席勒决定搬到更远的鲍尔巴赫去，他的崇拜者封·沃尔措根女士曾提到过，那里她有一所小农舍，可以在席勒需要时为他提供。

经过七天的旅行，1782年12月初，席勒终于来到了白雪皑皑的鲍尔巴赫，这里的纯朴生活对流亡中的他而言是舒适的，他给留在奥格斯海姆的施特拉谢写信说："我在这里生活，设备、吃的、换洗等等一应俱全，全是村上的居民自愿提供给我的。"在这个静谧舒适的田园农舍里，席勒完成了《路易丝·米勒林》的第一稿。这出市民悲剧，讲述了一个乐师的女儿的悲剧故事，无情揭露并抨击了专制制度下的社会弊端。在那个保守的社会时代里，这出戏剧将要掀起的波澜是可想而知的。席勒此时被他的路易丝·米勒林的抗争激情所感染，不合时宜地爱上了一个贵族千金——沃尔措根女士的女儿，年方17岁的夏洛特。尽管我们的诗人热烈地追求她，但一个流亡的逃兵怎么可能娶一位贵族小姐呢？于是，沃尔措根女士不得不出面用一种委婉的口吻建议他离开一段时间，席勒只好同意了。

这个时候，对席勒而言出现了一个转机，即那位谨慎胆小的达尔贝格又来找他了。他得知席勒写出了一个肯定会大获成功的剧本。于是，他追着向他要那本尚未印刷的新剧本。这个消息对席勒来说当然是个意外之喜，很快便开始着手将剧本改编成舞台剧。为了尽快在约定的时间内赶稿，席勒必须在每天清晨5点钟便起床，坐在书桌前绞尽脑汁地写剧本，说实话，席勒并不是一个习惯于按约定时间写作的作家，但他对自己的米勒林非常欣赏，"我的米勒林一定会赢，我已经感觉到了这一点"。这是他在给朋友赖因瓦德的信中所提到的对自己新剧本的自信。1783年7月，席勒去曼海姆

席勒在为魏玛大公朗诵《唐·卡洛斯》

1788年，席勒在为魏玛的奥古斯特公爵表演并朗诵了《唐·卡洛斯》的一章后，公爵任命席勒为其领地的事务顾问，但公爵并没有提供给席勒所期望的财务帮助。

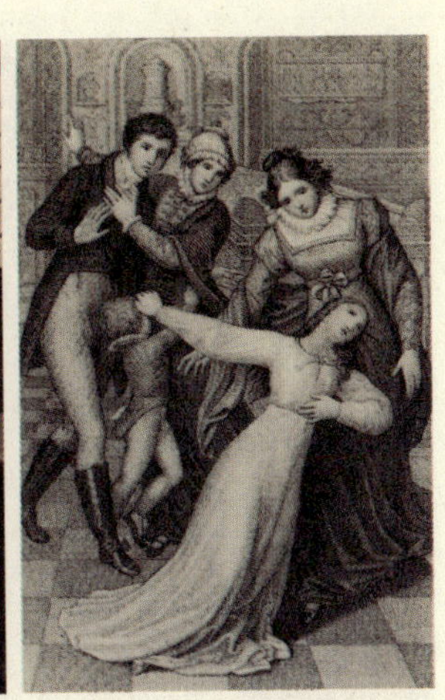

《阴谋与爱情》插图

《阴谋与爱情》是席勒青年时代创作的高峰，此剧揭露上层统治阶级的腐败生活与宫廷中尔虞我诈的行径。它与歌德的《少年维特之烦恼》同是狂飙突进运动最杰出的成果。剧中，席勒摒弃了创作《强盗》时惯用的长篇大论，而是改用简洁的语言进行讽刺，直接质问德国社会严格的等级制度，具有乌托邦色彩。

谈判，达尔贝格出人意料地聘他为剧院作家，但是薪金十分微薄，合约规定一年内席勒必须提交3部可以直接搬上舞台的剧本，这无疑是一个可怕的枷锁。1784年，剧院开始上演席勒的《路易丝·米勒林》，戏剧大获成功，它后来被改成了《阴谋与爱情》。席勒声名鹊起，成为当时德国戏剧作家中的名人，拥有许多热情的崇拜者，其中一些人曾在席勒生活上和资金上给予过重要的帮助。

在《路易丝·米勒林》脱稿之后，席勒开始了第四部戏剧《唐·卡洛斯》的创作。这一年的秋天，席勒感染了当地的寒热病（类似疟疾），曾经是医生的他为自己开了一个严厉的药方，吃大量的金鸡纳树皮，14天不吃肉，只喝点清水汤。在寒热病的间歇，席勒发疯似地写作，狂热地投入到创作中以忘却病痛。他把自己的情感全身心地投入作品之中，每当有了好的想法，便激动不已，来回奔走，或是手舞足蹈，一阵乱嚷嚷。有一次，曼海姆出版商施万和其女儿路易丝恰好路过席勒家，听说他在生病便打算进去探望，谁知未及门口就听见里面传出一种情绪激昂的喊叫声，进门一看，他们简直不敢相信自己的眼睛：只见发烧中的席勒只穿了一件短袖衬衫在大厅里来回奔走，且嘴里不时地发出呼喊。施万先生问他："我说尊敬的席勒先生，您在干什么呢？"席勒见有人来了，才长舒一口气，说："我刚刚抓住了那个黑人（《费斯克》中的角色）。"还有一次，那是在莱比锡，有人发现诗人全身发抖地躺在地上，便上前去问发生了什么事，岂料席勒大喊一声："别管我！"过了好一会儿，他才精疲力竭地走到来人跟前对他说，他刚才设计了《唐·卡洛斯》中的一出戏。他的这种创作方法，对他的本来就不大好的身体并没有好处。可是不论席勒怎样努力，他仍然未能按时在演出季节完成《唐·卡洛斯》，又由于剧院的内部矛盾问题，诸多原因令席勒的合同在到期之后便没有了下文。

席勒面临着比以前更难堪的处境，他将再次沦落街头，并扛着比以前更重的债务。在斯图加特的债已经到期，然而他却无力偿还，他的担保人弗里克夫人被警察以借钱不还为由收监。那里还未了断，这里又有了新债，他举

魏玛的公园

席勒居住在魏玛期间，在歌德的帮助下，担任耶拿大学的历史教授，虽然薪水不高，但也使他有了相对稳定可靠的收入。不久，席勒大病后，又得到了丹麦王子的资助，使席勒免于为生计而奔波，有充足的时间来完成历史和美学的研究。

债自费印刷了《莱茵塔利亚》的首期，以及《唐·卡洛斯》的部分章节。席勒再一次陷入了困境之中。

转 机

正当席勒穷困潦倒之际，一个对他崇拜得五体投地的贵族女人夏洛特为他带来了转机。经过她的努力，1784年圣诞节，在达姆施塔特宫举办了一场以席勒剧作《唐·卡洛斯》为主的朗诵会。参加这次会议的当权人物是萨克森－魏玛大公——卡尔·奥古斯特，席勒借此机会得以与大公见面，在交谈之中，他对大公说出了心中的愿望和期望。魏玛大公十分欣赏他的才华，亲下手谕聘任席勒为魏玛宫廷的“顾问”。这样，席勒的地位一下子就升高到自己从来也未踏足过的宫廷里去了。他地位的提升，令周围的人重新对他产生了信心。他的房东，手工匠人霍策尔和老婆拿出了多年的积蓄，替他还清了在斯图加特的债务，从而弗里克夫人也得以释放。后来席勒一直没有忘记过他们，在他们困难的时候，他曾数次寄钱给他们。

1785年4月，席勒受崇拜者克尔纳之邀来到了莱比锡。克尔纳是个富有而热情的青年法学家，很快便与席勒成为了亲密的朋友。就是他，悄悄地替席勒偿还了大部分债务，并垫付了席勒前往莱比锡的旅费。此后，他一直是席勒的终生挚友。

在莱比锡，席勒度过了一段难忘的休闲时光。他尽情享受着，小憩咖啡馆，流连于博览会中。在格里斯，一大清早，席勒就穿着睡衣，裸着脖子在田野里跑来跑去，他的房东的儿子则跟在他身后跑。有时，他坐在菩提树下，有时坐在凉亭里，有时在当地一座洛可可风格的小花园里写他的《唐·卡洛斯》。秋天，他随克尔纳夫妇搬到了德累斯顿，在这段时期里，他的内心充满了前所未有的欢快和幸福。在给胡伯的信中他这样写道：“在这里，在可爱的人们的关照下，我像生活在天堂一般。”几个青年人的聚会充满了欢乐的氛围，席勒无疑是其中最易受到感染的一个。在与人碰杯时，他激动得将手中的酒杯碰得粉碎。为了谨慎起见，人们不得不为他换上了一个银杯子。此时，他的生命中涌动着一股创作激情，闻名世界的《欢乐颂》就在此时诞生了。

“时光无情分开的一切，
你的魔力将它们重新联接。
在你温柔的羽翅下，
四海之内皆兄弟。”

全诗共16节，浓缩了席勒当时全部的思想和感情。

尽情地欢乐之后，我们的诗人开始认识到了他所面临的危机，难道老是躺在别人的钱包上过日子吗？必须要有一个坚实的基础，他开始认真钻研起自己感兴趣的历史，广泛而深入的阅读令他对德国历史有了一定深度的认识。

1787年7月，席勒带着他的《唐·卡洛斯》来到了魏玛。在当时的魏玛宫廷枢密顾问歌德的推荐下，席勒出任了耶拿大学历史学教授的职位。可是，这是一个没有薪水的职位，他只能得到一些听课的人头费。为了生计，席勒还是决定上任了。在他的第一堂课上，听课的学生坐满了所有的位置，虽说席勒教授科普式的讲座令后来听课学生越来越少，但这份工作倒也为他提供了一份比较稳定的收入与良好的地位，以至于在这个职位上一干就是10年。

12月底，席勒认识了他未来的妻子，伦格菲德女士的女儿，年方21岁的夏洛特，这是个充满了可爱女性气质的姑娘。席勒的情窦又一次开了窍，怀着腼腆的情愫，他开始给她写信。“自从我们相识之后，一个沉重的秘密就一直在我的心头……我时常拿出浑身的勇气，想走到您的面前向您表白，可是，勇气终于总是离我而去……。”诗人

大师相逢

1794年，席勒与歌德结交，并很快成为好友。在歌德的鼓励下，席勒重新恢复文学创作，进入了一生之中第二个创作高峰期。这一时期席勒的著名剧作包括《华伦斯坦三部曲》、《玛丽亚·斯图亚特》、《奥尔良的姑娘》、《墨西拿的新娘》、《威廉·退尔》等等。这一时期席勒创作的特点是以历史题材为主，善于营造悲壮、雄浑的风格，主题也贴近宏大的社会变革题材。

席勒在花园中

在魏玛居住期间，拜访席勒的人不计其数，他们中有文学家、历史学家、哲学家、音乐家和政客。他们常常在席勒的花园谈论艺术、哲学和政治，一时间，席勒的花园俨然成了学术交流的场所。

热情的语言令朴实的夏洛特感动不已，毫无疑问，席勒已然赢得了姑娘的芳心。后来她告诉他，当他第一次出现在她面前的时候，她就已经喜欢上了他。1790年2月22日，两个两情相悦的年轻人在耶拿的一个乡村教堂结了婚。此后，他亲切地称呼她为“罗罗”。一个漂泊的灵魂找到了属于他的稳定的家园。然而，在那个年代，养家可不是一件容易的事。

在罗罗的悉心照料下，席勒开始写德国三十年战争史以及戈申的约稿《女性历史丛书》。每天不是查阅就是写作，工作时间长达14个小时，他似乎是走火入魔了。新婚后的头一年里，他就累垮了。1791年1月，席勒患了肺炎，并发胸膜炎和腹膜炎，他高烧不退，咳血，吃下去的药全都被吐了出来，在当时的医疗条件下，医生只好给他放血，但这样只能使他更加虚弱。他觉得自己好像快要死掉了,这期间写的文字都充满了对死的恐惧和对生的渴望。大病使他患上了慢性腹膜炎，并在后来的日子一直都未能彻底治好。席勒病危的消息此时传遍八方，《南德意志文学汇报》甚至迫不及待地在6月19日报道席勒去世的消息。罗罗整天提心吊胆，忧心忡忡。难道才结婚一年，她就要失去他了吗？谢天谢地，席勒在卡尔斯巴德的疗养终于使他缓过气来。上帝现在还没有收留他的打算。

贫穷与疾病永远是一对孪生兄弟，席勒的这场大病花去了他1 400塔勒，这相当于他好几年的收入。幸而，丹麦王子听说了他的不幸遭遇后，向他伸出了援助之手（为期3年，每年1 000塔勒的供奉），并以谦卑的语气称席勒为一个“高尚的人”。如果不是这笔钱，估计席勒一家会饿死。这样，在3年之内，席勒真正成为一个精神与物质上的自由人。他的《三十年战争史》已经完成，开始对悲剧《华伦斯坦》的初步酝酿。1793年8月，席勒回到了阔别11年的施瓦本。在这里，人们发现那个曾经激情澎湃的年轻席勒已经成长为一个成熟而有思想的人，他受到了人们最真诚的尊敬。9月，席勒喜获长子卡尔。

《墨西拿的新娘》插图

1803年，席勒完成模仿希腊悲剧的《墨西拿的新娘》。他把希腊悲剧的命运观点和合唱队搬上舞台。作者设想把古希腊的神话、基督教和土人的迷信错综交织起来，背景放在10世纪中诺曼人统治下的西西里岛的墨西拿，构成戏剧冲突的是由于不相识的兄妹相爱而产生的兄弟仇杀。

与大师相逢

在1793年至1796年里，席勒专注于古典美学，这一时期他创作了许多美学著作。著名的有《论悲剧的艺术》（1793）、《美育书简》（1795）、《论素朴的诗与感伤的诗》（1796）等等。其中最为著名的是《美育书简》。在书简中，席勒谈论了他对美育的根本观点，即审美是人达到精神解放和完美人性的先决条件，只有通过美育的途径，人才可以获得自由，成为全面发展与和谐完整的人。这些观点即使是在现在的美学教育中仍有重要的教育意义。

席勒的戏剧演出的场景

1803年，正值拿破仑占领瑞士，席勒完成他的最后一部剧作《威廉·退尔》。对祖国和自由的热爱使席勒回到重大的时代问题上来。他把1307年冬瑞士人民结盟推翻奥皇统治的史实和瑞士民间关于退尔的英雄传说巧妙地结合起来，塑造出一个反抗异族统治和封建统治、进行解放斗争的典型。此剧于1804年3月在魏玛和莱比锡演出时,受到群众热烈欢迎，被看成是一部有高度现实意义的爱国剧本，唤起了人民反抗外侮的民族意识。

1794年的6月，席勒开始给当时的德国文坛大师歌德写信，而大他10岁的歌德也乐意与这个小辈交换思想以激发自己那些陷入停滞的灵感。两个世界观迥然不同的人在相互的信件交换中逐渐了解了对方，消除了先前的隔阂。二人的书信后来由塞德尔编成《席勒歌德书信集》，这些信件不仅是两人交换思想的证明，也是两位大诗人在狂飙突进时代友谊的证明，即使在今天读来仍然不失魅力。9月，席勒欣喜地接受了歌德请他到魏玛的邀请。他们彻夜长谈，谈论文，谈剧本，在14天的朝夕相处之后，开始了真诚的友谊与合作关系。歌德在耶拿席勒的家里做客时，两人时常一谈论就是半夜工夫。在席勒给洪堡的信中，他这样写道："我们从下午5点一直坐到深夜12点，有时会到1点，海阔天空地闲聊。"他们相互需要、相互激励，更有着共同的爱好"诗歌"。在席勒的邀请下，歌德也参加了文学月刊《时序女神》的编辑工作。该杂志停刊以后，两人相继又合作了讽刺格言对句和叙事谣曲。这些合作，将狂飙突进运动推到了一个新的高峰。歌德创作了《海尔曼和多罗泰》、《掘宝人》、《科林斯的未婚妻》、《神与舞女》，席勒创作出了《手套》、《潜水者》、《伊俾科斯的鹤》等诗歌，在这一年的夏天，席勒一口气创作了6首叙事谣曲。1799年9月，席勒最著名的一首诗歌《大钟歌》完成，发表在1800年的诗歌年刊上，由于该诗具有典型的市民阶层的理想化色彩，一经面市便受到了读者

歌德和席勒

席勒还和歌德合作创作了很多诗歌，并创办文学杂志和魏玛歌剧院。歌德的创作风格对席勒产生了很大影响。1796年，两人共写了上千首诗歌，而歌德的名作《威廉·迈斯特》和《浮士德》第一部也是在这一时期成形的。总体来说，席勒这一时期的创作是古典主义风格的，早年的浪漫激情已经几近消失。席勒和歌德合作的这段时间被称为德国文学史上的“古典主义”时代。

的欢迎，在全国走红。撇开这些不说，最能为诗人带来声誉的作品是他历时两年艰辛创作的剧本《华伦斯坦》。这部分为三部的作品于1798年10月在魏玛首次公演，获得了空前的成功。在剧院里，即使是最麻木的人也被感动得热泪盈眶，三部戏剧的图书也被销售一空。

席勒因为这部作品所带来的丰厚稿酬而买下位于耶拿的罗伊特巴赫的一幢花园别墅。这个地方如今已成为博物馆，在诗人创作的那个小阁楼里，你似乎仍然能感到一种创作魅力的存在。魏玛大公随后册封他一个贵族称号，但这仅仅只是一种荣誉，并不能为诗人带来任何实质性的好处。席勒为买房而背下的贷款债务直到他死去的那一天也没能还清。他还有了四个孩子，一家大小的开销全由他的微薄薪水与稿费承担。他仍然贫穷，穷到一直嚷嚷着要出版商预支稿费。如果这棵当家大树一旦倒塌，他的家庭将面对可怕的经济危机。

因而，他的创作一刻也不能停止，在《华伦斯坦》之后，他又马不停蹄地创作出一系列戏剧作品：如反映宫廷阴暗的历史悲剧《玛丽亚·斯图亚特》（1800年），渴求民族自由和解放的《奥尔良的贞女》（1801），以古希腊戏剧为表现形式的《墨西拿的新娘》等等。这些戏剧全都大获成功，人们高呼席勒万岁，甚至称他为陛下，崇拜的狂热及影响力远远超过了当时的歌德。席勒获得了空前的成功，从作品上看，他的革命精神明显比歌德要激进许多。这不仅仅只是年龄大小的问题，而是有许多复杂的因素在内。歌德良好的出身与生活环境显然不是属于小市民阶层的席勒所可以比拟的。而席勒的激进精神则代表了最典型的小市民反抗专制统治的精神，这一点显然又绝非是处于中老年保守期的歌德所能比拟的。只有在与席勒的交往中，歌德才又感到那些久违了的灵感的火花，以及那种只属于年轻人的激情。因而，他乐于与这位后辈交往，他们之间的合作与交换思想的信件印证了两位伟大诗人的深厚友谊。

生命的荣耀

1804年初，歌德送给席勒一个题材，希望他能就此创作出一个优秀的剧本来。在筹备了大量的瑞士史地材料之后，席勒开始进入创作，整个过程中几乎没有离开他的写字台，困了就伏案睡一会儿，乏了就喝浓咖啡提神，他以生命中所有的创作激情与灵感来完成了对作品的阐述。仅仅只用了6个星期，他就一气呵成地创作出了最脍炙人口的民族戏剧作品——《威廉·退尔》，该作品以一个古代瑞士的民族英雄反抗异族暴政的故事号召德国人为了统一的德国民族而奋斗，提出了向专制和暴政宣战的口号。这是席勒毕生唯一一部没有以悲剧结束的剧作，它以最闻名的射苹果场景给他带来了人生最大的成功。就连大师歌德看后，也认为该剧本“非常出色”。3月，《威廉·退尔》在魏玛首次上演，获得了空前的成功。人们激动不已，将他称为“头号德意志诗人”。在短短的几个星期中，《威廉·退尔》的印刷本就卖出了1万册，在当时这简直是一种无与伦比的成就，随后，被翻译成克罗地亚、土耳其、亚美尼亚等多种语言。荣誉与成就激励着席勒，他想要取得更大的成功。他的创作计划一个接着一个，在他的“戏剧清单”上，他列出了数十个创作题材，甚至于想写《强盗》的续集或是《唐璜》的姐妹篇，最终他决定了对《德梅特里乌斯》的创作。但他永远也不能完成这个剧本了，疾病悄无声息地在向他靠拢。

1804年，席勒44岁时，罗罗怀上了他的第四个孩子，他的经济负担越来越重了，然而他的薪水仍旧是微薄的400塔勒。5月，席勒带着一家大小去了他一直向往的柏林。在这里，他受到了女崇拜者路易丝女皇的热情款待。女皇开出了丰厚的高薪，极力邀请他留在柏林皇宫，但他仍犹豫不决，因为他早已习惯在魏玛的舒适生活，而在魏玛的那些奋斗轨迹，是他不忍离开的主要原因之一。此时，魏玛大公已闻听柏林之事，为了留住席勒，他终于开出了一年一千塔勒的薪俸，席勒因而婉拒了柏林女皇的邀请，留在了魏玛。

从1804年的冬天起，疾病就再也没有离开过他。德国文艺学家格尔特·于鼎总结席勒的一生为“生命的一生几乎就是疾病的一生”。这无疑是适当的。对于席勒来说，创作和疾病在他身上是合而为一的。疾病是他创作的主要动因，为了忘却疾病所带来的痛苦，他疯狂地投入到创作之中，而疯狂的创作又加速了他身体的衰败，这无疑是个恶性循环。身体何时毁灭对席勒而言

夏洛特

1787年底，席勒认识了年方21岁的夏洛特，一位面容姣好、充满魅力的姑娘，不久两人坠入爱河并成婚。婚后的席勒非常幸福，夏洛特细心照顾席勒的饮食起居，使席勒有充足的精力投入到创作和研究中去。

野 餐 提索特 油画 法国 19世纪

席勒认为，人的艺术活动是一种以审美外观为对象的游戏冲动，“过剩精力”是文艺与游戏产生的共同生理基础。正如图中描绘的当基本的生理需求满足后，人就开始追求心灵上的自由——到郊外欣赏优美的景色。

只是一个早晚的问题，他靠一些提神的东西而活着，例如，香烟、浓咖啡、酒精之类。他有一个奇特的嗜好，在他的写字台的抽屉里，一直装着一些腐烂的苹果，这是因为我们多病的诗人只有闻到了烂苹果的味道才会呼吸顺畅。他的胸膜炎使他的胸部一直疼痛，而慢性腹膜炎发作时则是腹部绞痛，这些痛苦使他连上自家楼梯都觉得是一种折磨。

这年7月，罗罗为席勒生下了第四个孩子，本来这是高兴的事情，可是席勒的病情却让一家人怎么也高兴不起来。感冒让他产生了并发症，剧烈的绞痛使他不得不卧床休息，在痛苦中，他大声喊叫：“我受不了了，让我死了算了！”医生甚至担心他的大限已到，有一家报纸再一次提前刊登了席勒已死的消息，然而8个星期之后，他又一次缓了过来。开始接着创作《德梅特里乌斯》，并应歌德的要求，用4天的时间写完了《钟爱艺术》，魏玛宫廷将这个剧本献给了王储夫人玛丽娅，而正是她在席勒去世之后，承担了他两个儿子20岁之前在大学的所有费用。

这年冬天，席勒病情复发，多次处于昏迷之中，他意识到自己的身体快不行了，然而对生的渴求仍然没有放弃过。这一年的整个冬天疾病始终都没有离开过他，他告诉歌德，自己的家看上去就像一个医院，孩子患风疹，而他自己则高烧不退，痉挛不断。1805年的春天，席勒给挚友克尔纳写信，信中充满了对生的渴望，他这样写道：“……如果我的生命和还勉强的健康能支撑到50岁，那我就已经心满意足了……”可是，老天爷没有满足他的愿望。

5月1日，席勒在最后一次到剧院之后便高烧发作，浑身不住地发冷打颤，第二天就软绵绵地卧在沙发上，处于半昏迷状态，他看上去像一棵已经倒下的大树，身上的每一个细胞都在表示着痛苦。接下来的几天里，症状一天比一天严重，有时整个晚上高烧不断，他胡言乱语，处于妄想和幻觉之中。

在他意识稍稍清醒的时候，他让人把他最小的孩子抱到他面前，仔细地看着他，握着他的小手，脸上升起一种语言无法表达的悲哀，随后，痛苦地把头埋进枕头里，挥挥手，复又让人把孩子抱走。

9日，这是他临终的日子，痛苦的痉挛使他的脸变得扭曲，处于彻底崩溃的状态。罗罗走到他的面前，抬起他的头，从他的眼神中，她看到了一种亲切的眼神，那种弥留之际的微笑使她终生难忘，他撑起生命中最后的所有气力亲吻了她，作别了他永远的爱人。这是他最后的有知觉的动作。他的呼吸渐渐停止，手脚开始冰凉，傍晚5点30分，他仿佛受电击似的抽动了一下，随之，一种彻底的安详浮现在他的脸上，看上去就像是在熟睡中的人。

这一年，席勒年仅45岁！一个本该风华正茂，进入最佳创作年龄的语言艺术家就这样从德国的天空消失了！那天深夜一点，他被下葬到圣雅各布教堂墓地的财务局墓室里。那是一个大众墓室，只有最最贫困者的尸身才会被收容在那里。是夜没有神职人员在场，也没有竖碑立文，一个伟大的人物就这样被草草地、毫无尊严地简单安葬了。以至于当后来人们要求重新隆重安葬席勒时，竟然连确认他的遗骸都十分困难。直到1827年，席勒遗骨才被再次有尊严地下葬于魏玛大公的家庭陵寝中。而这，对这位“世界的公民，不为任何王公服务”的渴求精神自由的诗人来说，无啻于一个莫大的讽刺！

结束语

这个不幸的幸运人，上帝同时赋予他坎坷的命运以及超人的才华。当他离开了纠缠了他一辈子的疾病与痛苦时，在详和的天国，他的灵魂终于得以安息。他的一生是理想的一生，奋斗的一生，充满了不安定、忧患、疾病与痛苦，而所有这些又都成就了他生命的价值。若干年后，在德国乃至整个西方，席勒的文学地位提升到与大师歌德并齐，他被称为“德国的莎士比亚”，得到了热爱他的人们的无限尊崇。相信，在世界的另一头，他终于可以安心地长眠。

席勒墓地

繁忙的创作损害了席勒的健康，使他患上了肺结核，1805年，年仅45岁的席勒病故。席勒死后，一直没有安置在合适的墓地。1827年，歌德亲自主持了席勒的敛尸重葬仪式。三年后，歌德谢世，按照他的遗愿，他被安葬在席勒墓边上，至此20多年来并肩战斗，在文坛共同创作、相互勉励的两位文坛泰斗再次重逢。

美育书简

〔德〕席勒·著

席勒的美学思想集中体现在他的《美育书简》里。这27封信以及附录《论崇高》，其基点是人的本体与现象、知性（包括理性）与感性以及人在社会中被强制和自身自由精神的追求等等。这些本来是矛盾的对立的概念，被席勒用美学的思想联系起来了，而且是可以完美的解决的。其著名论点是，审美的自由是一切政治自由的基础，从而设计出一个虚幻的但可以自由进入的美学王国。

静　提索特　油画　法国　19世纪

席勒将人性分为抽象的感性与理性两个方面，并科学技术的严密分工以及国家等级制度导致了这两方只有试图通过审美或游戏使二者重新统一，来重建人和和谐，使人性复归。而艺术欣赏即是统一感性合理因此艺术欣赏可以使人达到一种自由的状态。

第一封信

对美的感受和追求是人类最基本的嗜好

DUI MEI DE GANSHOU HE ZHUIQIU SHI RENLEI ZUI JIBEN DE SHIHAO

对康德体系的实践部分，其中居支配地位的思想，只在哲学家当中有仁者见仁，智者见智的看法；而在众多的一般人看来，其思想的光辉是达到了惊人的辉煌的。有理由证明，如果把康德的思想从那些哲学的专门术语中剥离出来，就可以成为我们人类一般理性的至理名言，其光芒直照人类的道德本能——而道德本能作为人类的监护者，是智慧的自然专门设置的，除非人类已经达到了相当的明智，道德的监护才算完成了它的历史使命。

很荣幸的得到您的惠允（1791年，席勒接受丹麦公爵奥古斯腾堡和伯爵史梅尔曼每年1 000塔勒银币的资助，专门从事美学的研究，并将研究的成果用书信的形式向奥古斯腾堡公爵汇报。几年时间，席勒一共写了27封信，并于1795年分三次发表在他自己的刊物《时季女神》上，从而形成一本完整的美学著作——编译者注），使我能将近年来对美和艺术的研究成果，用书信的方式向您禀达。不言而喻，这项工作对我来说是充满魅力的，也是极为严肃和庄重的。同时，我更无时无刻感到这项工作的重要性，因为我的研究对象（即美和艺术。——编译者注），与我们（人）的生命品质和幸福生活联系得那么紧密，以至于使我得出一个结论：对美的感受和享受，以及对美带

风 景 公元前1世纪

庞贝城中保留下来大量的古代壁画之一，古典艺术以希腊罗马为代表，而罗马艺术是对希腊古典艺术的直接继承，意在追求一种理想永恒的美，作品中流露出安静、祥和的古典意境，自然之美不表自溢 。

来的“至乐”的追求，是我们人类最基本的嗜好；正如它的纯正性体现了人类对高尚道德的向往一样，这种嗜好也正体现了人的最纯正的天性。而且，我还知道，我是在一个能够感受并能够实施美的通慧人的面前，从事美的事物的探讨的；如果我的研究遇到了某些方面的困难，比如遇到必须根据感觉又必须遵循原则的时候，将由这位通慧的人来帮助我解决研究中最艰难的问题（指康德，作者以康德的“美和艺术”的原则为依据，但又并不拘泥于康德的原则，而是有所生发和演进。——编译者注）。

赤陶瓶里的花朵　海瑟姆　油画

荷兰的资产阶级革命成功以后，成为第一个资本主义国家，经济的发展很快分化出市民阶层，他们的欣赏口味不是宏大的史诗，而是小情调的，艺术品是他们能够消费的精神之粮，从荷兰小画派画作中可以看到此时期的人们对美的追求。

我对于美和艺术的研究有着天性的爱好，并曾向您祈求过这一恩惠，没想到您真的仁慈地把它赐予了我，让我来充分地享受这一工作所带来的快乐。同时，您还把我的工作成果看做是我的一个功绩，并给了我绝对的行动自由；对于这一自由，它正是我迫切需要的，其原因是：我不喜欢按照通常认为的正规形式来进行研究，我担心由于禁锢于正规的形式，将会把我心中的一些良好的兴趣给遮蔽掉。我一直坚持——这样的研究工作，其思想的主要部分，应当是发自我内心的单纯的叩问和追寻；而不是来自于尘世的丰富“经验”或阅读大量书籍后的“感想”。我不否认，我的这些思想，必然也附带着一些尘世的生活经验和书本上的收获，但我宁肯犯其他任何错误也不愿犯“门户之见”的错误；宁肯因为我的这些思想因其自身所有的弱点或偏颇而失败，也不愿用别人（哪怕是权威）的优势来“支撑”我自己。

显然，我不愿向你隐瞒，我的看法的大多数是以康德的原则为依据的。如果你在阅读我向你汇禀的信件时，或在思考我信中的一些观点时，让你看到了其他某些哲学流派的影子，请不要把这怪罪于康德，也不要怀疑康德先生的那些真知灼见，而只能归诸于我的无能。另外，对我来说，您的自由的思维能力，即精神的自由，具有不可侵犯的神圣；你的没有受到任何哲学流派浸染的感觉所提供的事实本身，就是我的论述的根据；你的自由思维所遵循的那些规定的法则，也是我在研究中一直遵循的法则。

哲学家们对康德体系的实践部分（即伦理学部分，亦即康德的三批判之二：《实践理性批判》——编译者注），其中居支配地位的思想，自然有仁者

舞 蹈 马蒂斯 油画 1910 年

艺术的发展就是不断地创造，从古典到现代艺术的转折时期，艺术推陈出新，不断超越，当发展到现代艺术以后，虽然有时让人感到含混不清和有些矛盾，但艺术在人们的探求中却与真理不断地靠近。

见仁，智者见智的看法；而在众多的一般人看来，其思想的光辉是达到了惊人的辉煌的。有理由证明，如果把康德的思想从那些哲学的专门术语中剥离出来，就可以成为我们人类一般理性的至理名言，其光芒直照人类的道德本能——而道德本能作为人类的监护者，是智慧的自然专门设置的，除非人类已经达到了相当的明智，道德的监护才算完成了它的历史使命。但是，只有使用一些哲学的专门术语，才能使真理在知性面前加以显现；并在显现的同时，又在（你的）感觉面前把真理隐蔽了起来。这是因为，知性要想把握内心的活动（内感的对象），只有通过观照才能意识到这一类活动，而在进行“观照”时，就是把那个对象加以打碎。比如，你的一个道德要求，其本身只是一个内感的对象，而要明彻的意识到它，必须通过某一或某一些确定的“术语”才能加以表述（只有通过能够表述才能明彻的意识到）；于是，这个或这些“术语”，就破坏了你的作为“道德要求”的那个对象的整体性。正如化学家所从事的工作那样，如果要想清楚地知道某一化合物的组成成分，只有通过分解缕细才能达到目的；哲学家也只有通过“分解缕细”，才可能最终得到理性的“化合”；相当于通过人为的分解研磨，最后“化合”成为理性的、与自然相吻合的真理。而且，自然的和社会的现象是瞬息万变的，为了捉住这些现象，哲学家不得不给它们套上某种规则，即把它们的美丽躯体分割成一个一个的概念，虽然使用的文字是贫乏的，但这样的文字框架却保住了它们那活生生的精神。不然，我们在自然的感觉的摹写中，将看不到我们自己；而真理在化学分析家的报告中，也只会变成一些混沌不清的描述或自相矛盾的断言。

因此，如果我的研究在使对象与知性相接近时，却与感官相离或有时离开得很远，请对我多少表示一些宽宥；我前面谈到道德要求时，随后的一大段推论，必然也适用于更高程度上的美和艺术的现象。总之，美和艺术的整个魅力甚至魔力（即审美的整个过程。——编译者注），并不是单纯的一种感官感觉，而是有其巨大的神秘性的；通过其中的各个因素的必然结合，这一过程中的巨大魅力（或魔力）的本质，反而被我们的研究扬弃了。

第二封信

审美应当行走在自由的政治制度之前

SHENMEI YINGDANG XINGZOUZAI ZIYOU DE ZHENGZHIZHIDUZHIQIAN

我的工作性质使我必须违抗这迷人的诱惑，并让审美及美的艺术行走在自由之前。我相信，这不仅可以用我的爱好及我的工作性质为理由来求得你的宽谅，而且在原则上也可以进行辨明——我希望通过这样的辨明使您能够相信，我所从事的工作同时代需要的密切程度，并不比时代的“需要”程度更疏离；人们正在努力地从经验中解决的政治问题，必须借道美学问题才能更好地解决；即人类只有通过美，才能到达自由的彼岸。

由于你给了我相当的自由，我便想利用这一自由来提醒你注意美的艺术这一领域；我想，这是我对充分享受的自由的最好运用。诚然，当今世界对道德领域的精神关系贯注了更多的切身利益，现实的需要支配了思维，功利主义大为流行，人们对艺术的兴趣越来越低；而且每个人都认为，政治问题才是关系到他自己的切身利益的，故而普遍关注于政治舞台，甚至迫切要求哲学的探讨也来更多地关注如何建立真正的国家政治自由，并希望把国家政治自由的体制建设，当做一个最完

巴尔贝利尼家族的胜利

政治，法律，宗教，哲学，文学，艺术共存于社会意识形态领域，它们都是这个社会运转的必不可少的重要组成部分，然而当谈到自由与美的时候，却让人更自然地想到文学与艺术。

美的“作品”来加以筹建，认为它才是所有艺术作品中最为迫切最为重要的东西（在作者的时代，艺术作品的概念同自然作品相对应，即凡是说艺术作品，均指非自然的一切由人类创造、建立或制作出来的东西，当然包括国家的政治制度。而今天的“艺术”概念在那时是用“美的艺术”来表述。——编译者注）。

在这样的时候，我却在孜孜不倦地寻找“审美”的法典，这是不是多少显得不合时宜呢？但是，我是时代的公民，生活在当今的时代，我必须置身于我周围的人群或社会之中，而不是要跳身到另一个世纪去。那么，要想不闻不问当代的道德或习俗显然是不合乎最根本的道德的，甚至也是不可能的，而且还是不允许的。所以，如果我在选择一项工作时，既能满足于时代的需要和风尚，又能在这一领域有从善如流的建树，有什么不可以的呢？

但在我看来，今天的时代，无论是需要或风尚，都是对艺术不利的；至少对我正在研究的这种艺术是非常地不利的。时代的发展一般来说，能够影响天才们的行为取向，而当今的时代却迫使天才们越来越远离真正的艺术；而真正的艺术只能是人类的理想的展现，却不能单纯地看做是一种说教或消遣。这种理想的艺术必须背离当下的现实，必须摈弃眼前功利的色彩，甚至必须名正言顺地大胆地超越当前时代的需要。因为，一谈到艺术，必然将自由牵涉了进来，只有自由才能产生艺术——这一天生丽质的“女神”，只有女神才能从精神必然方面接受某种条规，才能将物质的需求（哪怕是最低的或最基本的需求）抛诸脑后。但是，当今的时代被眼前的功利支配了一切，人们崇拜“有用”或“可以利用”，并把这种“功利”当做了自己的大偶像；这个偶像也用强大的甚或是强暴的力量，使人类匍匐在它的铁蹄之下。在这个偶像的周围，密集了世间的一切力量，调动了世间的一切才智，统统为它的存在而服役。而自由的女儿——艺术，却仿佛被置放在了一架倾斜的天平上，没有分量，无足轻重，无人关注；再

圣拉扎尔火车站　莫奈　油画

现代工业文明打破了几千年来人类的沉寂，与时代发展相一致，艺术家不满足对传统艺术的复制，印象派艺术家不畏当时人们的责难与不解，执著于新的创作方式的研究，他们超越了时代，改变了一个时代对艺术的认识，因而审美也具有前瞻性。

秋 千　弗拉戈纳尔　油画　1766 年

图画中的女子故意扔掉一只鞋子，来吸引男子，他们的调笑，激起我们对爱情的无限想象空间，可能宫廷中如此的嬉笑是丰富精神生活很好的方式。除了感性的生活体验，借助艺术的审美才能让人超越心灵的局限，让人的精神得到沐浴。

看艺术的本身，也仿佛失却了任何鼓舞人心的力量，并在一个喧嚣的混乱的“市场上”若隐若现，几近消失。甚至，通常被称为人类智慧之巅的哲学精神，也被一点一点地夺走了想象力，变得奄奄一息。总之，科学（作者在这里使用的“科学”概念仅指科学技术。——编译者注）越发展，其限界就越扩张；而艺术越萎缩，其限界就越狭窄。

即使是哲学家和社会的通达人士，也把他们的目光转向了政治舞台，满怀期望地关注着那个舞台上的表演，并认为那才是人类伟大命运的一次大型演绎；一些人甚至踊跃地参与到“演绎”之中，仿佛不如此，不能体现作为一个自命为“人”的权责；仿佛不如此，就会成为一个对社会幸福漠不关心的懒猪。本来，演绎的内容和结局，确实关系到每个人的切身利益，或至少有非常密切的关系，因而如何的演绎下去，或演绎的结局如何，必然会引起每一个有独立思考能力的人的特别关注。

这就好像是把一个从前只由强者的权力随心所欲答释的问题（即国家政权或国家体制问题。——编译者注），于今天提到了理性的角度并由理性的法庭来进行审理。无论你是谁，无论你是达官贵人或是平民百姓，只要你从个体提高到了“人”这一类属，并能够将自己置于人类整体之中，都可以当这个理性法庭的陪审官或陪审员；而同时，这个陪审官或陪审员还具有他本人（个体）和世界公民的双重身份。另外，他还兼具法庭诉讼的当事人身份。因故，他必须密切地关注审理的结果——这将或深或浅地影响到自己的长远幸福，而且还不仅仅关系到自己，审理结果也和整个国家及社会的长远幸福纠缠在一起；所以，他理所当然地要按照他的理性精神的身份积极的参与，使其能够并且有权亲自制定出相关的法律或规则。

莫里斯及其同事设计的室内

莫里斯（1834—1896年）英国工艺美术运动的奠基人，这位设计家兼诗人把哥特风格的设计重新加以利用，把简朴的装饰，良好的功能性结合起来；在让人感受家居温馨的同时，已让我们嗅到了现代设计的气息，审美具有时代性，不同时代对审美的观点也是不同的。

在这样的境遇下，如果我身边有一个既多才多智的思想家，同时又具有自由思想的世界公民；或者，我身边有一个既有充沛的热情和美好的感情，又能够为人类的幸福献身的人（作者在这里隐讳而巧妙地称赞了给予他自由和资助的奥古斯腾堡公爵就是这样的优秀的人，并随后表达了对公爵的感激。——编译者注），我们一起来探讨和最后作出判决，那对我的诱惑力是非常之大的。但是，现实世界中不同的处境造成了我们之间的巨大差距，并带来了我们之间地位的如此悬殊，使我的愿望不得不束之高阁；但我依然希望我在观念领域里所得到的研究成果，能与您的毫无成见的自由精神不谋而合，那对我来说，也是一件令人惊喜的事情！可是，我的工作性质使我必须违抗这迷人的诱惑，并让审美及美的艺术行走在自由之前。我相信，这不仅可以用我的爱好及我的工作性质为理由来求得你的宽谅，而且在原则上也可以进行辨明——我希望通过这样的辨明使您能够相信，我所从事的工作同时代需要的密切程度，并不比时代的“需要”程度更疏离；人们正在努力的从经验中解决的政治问题，必须借道美学问题才能更好地解决；即人类只有通过美，才能到达自由的彼岸。不过，这需要一系列的证明，让我们先从理性在制定政治法则时所遵循的那些原则开始吧。

第三封信

在刚性的政治制度下进行审美的自我培育

ZAI GANGXING DE ZHENGZHI ZHIDU XIA JINXING SHENMEI DE ZIWO PEIYU

当道德的社会还在处于观念的逐渐成熟之时，物质的社会在时间上万不可有片刻的停顿；即，决不可以用道德的光环，来羁勒物质生活的运行，更不可以为了人的尊严的树立，而让人陷入生存的险境。诚然，一个修理钟表的人，可以在钟表停止转动时，才进行修理工作；但一个国家的修理却不能像钟表一样地停止下来，甚至不能有丝毫的停顿，它必须是在国家正常运行的环境下，来更换某些“部件”。但这样的难度确实很大，所以，他必须有一个“替代物”的东西；这个“替代物”既能保证国家的持续运行，又能使社会同人们想要摈弃的自然国家脱离关系。

自然在始创人类的时候，如同始创其他产品一样，都是一视同仁的，并没有特别地加以照顾。当人类还不知道可以用“自由”的灵智来指导自己的行动之前，人只是属于一个自然人的范畴；这时的人，只能在自然的带领之下，凭着懵懂的经验蹒跚而行。但是，人之所以是人，正是他不会停滞在自然造物时的那个阶段，而是具有通过理性的规定来指导自己行动的能力：比如，他可以把刚才自然带领他走过的道路重走一遍或数遍，从中找到规律并把这种规律用“性”（理性）的形式固定下来；可以将一些看似强制的自然产物通过理性的选择，变成可以由他的自由随意去留的产物；可以把一些看似必然的纯物质升华

古罗马花园　意大利
壁画　公元前1世纪

这幅作品代表庞贝壁画中的第二种风格，力图在平坦的墙面上创作出有深度的空间，艺术此时表现自然的能力大大提高，依靠理性的分析，能够把真实的自然用虚拟方式保留下来，画家娴熟的技巧营造出了和谐、优美的意境。

雅典卫城

与自然相抗争，理性让人类焕发出智慧之光，建筑是人类的独特景观，同时它也折射出人类系统的秩序，合理的布局，完美的功能，与自然相一致的美感，建筑是人与自然在斗争中形成的，反映了人类利用和改造自然的能力，也是人类从混乱、原始走向条理、规则的重要标志。

古希腊柱式

多利安柱式象征雄壮的男人体，爱奥尼亚柱式则代表曲线柔美的女人体，科林斯柱体是前二者的结合，他们是古代希腊人的创造，是自然之力与人类之力的完美结合，这几种象征力量的建筑式样得到了上千年沿用。

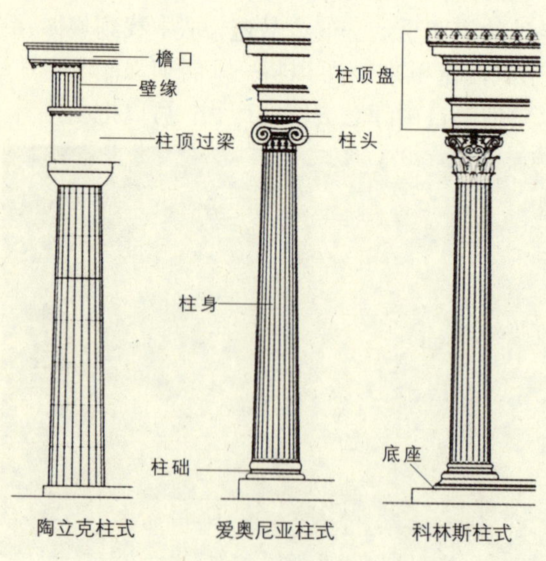

成一些精神的或道德的东西（席勒在使用“道德的moralisch”这一词语时，通常都含有“精神的”意思。下面会多次出现这一词语，不再注释。——编译者注）。

当人从感官的酣睡中慢慢苏醒过来时，已然发现自己不但成为了“一个人”，而且还处于某个社会群落、某个国家的强制管辖当中，这并不是他自由选择的结果，而是某种强制力按照人的自然的需要，按照人本身具有恃强凌弱的本性而强制安排的。也就是说，这个国家的强制力仅仅是由自然的规定而赋予的，而且还仅仅是根据这一自然的规定而演进的。但是，人除了其物质性，他已然具备了精神性和道德性，那么，他自然也不满足于被强制力束缚的国家机器（如果他满足于被国家束缚，那他就无药可医了）！于是，他一方面以人的权利脱离了盲目自然的支配，另一方面也同样以人的权利（如自由的权利）想脱离国家的支配。这样做，如同用伦理道德上的冠冕堂皇，用人的美好的愿望来美化因性欲的需要而进行猥亵的性质一样。于是，如下的一种现象就呈现在我们面前：人已经成年了，但却必须用非自然状态的方式（人为的方式）来对自己的童年期进行“补课”，并把这一方式设定为自然状态——起码在观念上认为是自然状态，即在理性的层面把它想象成是自然状态，亦即在没有经验给予的前提下，通过人的理性规定来假设这样一种自然状态。于是我们更看到，在一个理想的自然状态中，人们需要借用在实际的自然状态中并未出现过的终极目标，并且还需借用他在童年期不可能具有的“力”——一种选择的“力”，来从头开始构建一个国家。他在做这一切的时候，好像他本身就能够明彻地认识和自由地选择把在自然国家（Naturstaat，指历史地自然形成的国家。）它的产生只是来源于盲目的“力”（缺乏理性的力），受物质的必然支配，即一切都是靠强制产生，又靠强制力而维持的，亦称强制国家（Notstaat）。与此对应的是伦理国家（sittlicher Staat，它是建立在法则的基础上的，以法则为其必要条件，受道德的必然支配，一切都是人的自由选择。——编译者注）中的独立地位，换成可以相互商议并最后确定的契约地位（指在理性的原则下建立的国家中的人和人之间的契约关系，而在自然国家中个体处于各自独立的关系。——编译者注）。——不管在自然国家中那些盲目的“力”，依其随意性把国家这一“作品”建构得多么精巧和坚固；也不管自然国家曾经多么顽固地维护其“作品”的优越性，更不管这个“作品”在外表看来是多么的庄重和严肃，统统把这些抛诸脑后——人们在进行从头建构国家时，一直把那个“曾经的作品”当做根本就没有存在过。这是因为，在自由面前，那些个盲目的“力”所建构起来的“作品”，没有权威让自由屈服在它的膝下，况且还有在理性的原则下并从人的理性人格中提出的那个具有神圣权威的终极目标——

帕特农神庙内部复原图

雅典娜是希腊战神的形象，是当时人们理想的英雄，象征着法则与力量，保卫着希腊的和平与安定，然而此时人们并不拜倒在神的脚下，而是和神一起守卫着自己的国家，由此看出希腊人的智慧散发出一种理性的美。

必定要将自然国家建造成伦理国家，作为自由的坚固后盾。这个坚固的后盾即终极目标，是一个成熟的民族必定要尝试的，而且尝试的本身也证明，这样的尝试是合理的。

正如任何政治团体在创立之初，并不是因为某种法则，而是源于某种“力”一样，自然国家的“最初”也是源于某种“力”而不是源于某种法则；这一点，它同必须要具有合法性法则的“道德的人”是相互背离的。但是，与道德的人对应的是物质的人，而单纯的物质的人与自然国家却又正好是相适宜的；因为物质的人如果给自己制定法则（即，不是法则的法则）只是为了与自己的“力”相适应。而且，物质的人是实际现存的，道德的或曰伦理的人不过还是一种推论。因此，理性若想摈弃自然国家——它必得这样做，否则无法用理性的国家来取而代之，它必须用“推论的伦理的人”来代替“现存的物质的人”，即为了一个仅仅是推论的（可能的，虽然从道德上看是必然的）社会理想而牺牲掉现实的社会存在。所以，理性实际上夺走的是物质的人的实际占有，而一旦实际的占有被剥夺，物质的人就变得一无所有；为了补偿，理性给人描绘的是将来的，或可能的，或应该占有的一些东西。但是，倘若理性在建构过程中求急求快，那么，就会出现这样的景象：为了使人尽快地具备人性（人在处于人性缺乏时，并不意味着他有伤人的可能性），它甚至会剥夺人为获得兽性的那些必要的手段，而兽性又是人性的基础和条件。所以，如果理性要求人过殷，就会在人还没有来得及用意志把握新的法则前，或者还没有牢牢地握紧新的法则前，或者还没有真正的获得理性之前，他脚下的自然的梯子就被理性的建构者抽掉了。

因此（这一点需要引起人们更多的注意），当道德的社会还在处于观念的逐渐成熟之时，物质的社会在时间上万不可有片刻的停顿；即，决不可以用道德的光环，来羁勒物质生活的运行，更不可以为了人的尊严的树立，而让人陷入生存的险境。诚然，一个修理钟表的人，可以在钟表停止转动时，才进行修理工作；但一个国家的修理却不能像钟表一样的停止下来，甚至不能有丝毫的停顿，它必须是在国家正常运行的环境下，来更换某些“部件”。但这样的难度

大 卫　米开朗基罗　雕塑　1501—1504 年

米开朗基罗的雕塑无论男人体还是女人体，大都具有结实的肌肉，健壮的体魄。大卫被赋予理想化的美，战斗中表现蓄积待发的力量，大卫是犹太人的祖先，是一个民族的英雄，这个大卫雕塑现已成为佛罗伦萨市的标志。

确实很大，所以，他必须有一个“替代物”的东西；这个“替代物”既能保证国家的持续运行，又能使社会同人们要想摈弃的自然国家脱离关系。

沙发中的布隆德·奥达丽斯戈 布歇 油画

为了迎合宫廷皇室和大贵族的审美需求，18世纪追求精致，华丽，柔媚的洛可可艺术沛然兴起，它又被叫做艳情艺术。迎合别人的口味创作的作品，此时艺术作品审美的独立性值得怀疑，然而艺术家高超的技巧却让人对它忽略不计。

这个替代物不能从人的自然性格中寻找，人的自然性格容易呈现自私而暴虐的倾向；一旦它暴虐起来，其锋芒所指不但不会维护社会，而且会破坏社会的运行。当然，也不能从人的伦理性格中寻找，因为此时，伦理性格还处于推论和假设的阶段，它并没有真正形成，也没有和一切外在的具体事物产生过联系；而且因其自由状态，它从不在感性的现象中显现，故我们无法掌控它，支配它，甚至没有办法在有把握的情况下指望它。所以，以下的两点就是我们要遵循的：我们需要从物质性格中提炼出任意性，从道德性格中提炼出它的自由性。对前者，我们用法则去统一它；对后者，我们用印象与它相联系；特别重要的是，要使前者的物质性尽量的淡薄一些，使后者与物质的联系更近一些，从而诞生出人类的第三种性格，即自由的审美性格，或曰：美的性格。

这种第三性格与前述两种性格有着千丝万缕的联系，它预示着人类从纯粹是“力”的支配，可以向法则支配的道路过渡；同时，它没有也不会妨碍道德性格的正常发展，反而会对我们的眼睛不能清晰看到的伦理道德提供一种感性的保证。

第四封信

在各种"力"的权衡中人有审美的绝对自由

ZAI GEZHONG LI DE QUANHENG ZHONG REN YOU SHENMEI DE JUEDUI ZIYOU

人类的每个个体，在其天赋秉性中和后天的自我设定中，都把一个纯粹的、理性的人放进了心里。于是，无论他在生命的途程中遇到什么样的事情，遭遇什么样的处境，进行了什么样的变换，他都要和心目中的这个纯粹的和理性的人保持一致，而且还永不会改变；甚至会当做他生命的终极意义，或至少被视为一个伟大的任务要去完成。但是，这个在任何一个主体中都或明或暗地闪现着的纯粹的、理性的人，并不是现实的现存着，他只有通过国家这一媒介来表征、来代表，并要接受国家的统领。那么，一个国家，只有竭力地以客观的、甚或是以标准的形式，来把各个主体的多样性统一在一个共同体内，才能使社会正常地运行，才能不辜负众多社会人的期望。

前信中谈到的第三性格的形成，是人类社会最确凿需要的。一个民族，只有让美的性格形成并取得优势，才能在国家按照道德原则转变时不会出现危及国家安定的局势，即不会对社会造成危害；并保证国家运行的延续和保证这一转变的成功。要建立道德的国家，靠的是伦理法则的作用力；而人的自由意志，只有纳入原因的范畴才能将危害减到最低；因为在那里，一切的意志都必须和严格的必然性和恒定性发生关系。但是，实际的情况是，人的意志之为自由，恰恰预示着它所作的

吟游诗人
格罗姆 1848年 油画

画面上手中拿琴的是阿克那里翁，是一位致力于爱情的诗人，人们习惯于用艺术的方式表达或者讽喻自己的伦理观念，虽然千万人对艺术作品有着不同的理解，但对人们的道德与伦理观念却起着潜移默化的影响。

人间喜剧
尚一路易·哈蒙　油画　1852年
作品中用力更多的是劝诫与寓意，19世纪中期的欧洲正处在革命的浪潮中，各种运动风起云涌，王宫贵族忙于争权夺利，野心家忙于军事战争，人民生活于苦难之中。虽然作品表现的是古希腊的题材，但从作品中看到的正是作者所处时代的缩影。

规定要么是偶然的，要么具有随心所欲的成分。当然在绝对存在的上帝那里，物质的必然与道德的必然才是绝对吻合的，可现实世界不是上帝的后花园。所以，我们如果要指望人的伦理行为，像是自然形成的那样，就必须使我们的行为符合自然。如果单纯靠伦理的性格就能产生自然的成果，那么就说明，人的自然冲动也能产生伦理的行为方式，也是一种符合道德法则的行为；但实际上，受道德法则支配的行为与受自然冲动支配的行为往往是不一致的，甚至是相矛盾的。所以，要想指望人的伦理行为与自然行为保持一致，需要从人的义务和爱好之间来寻找共同点（即指人的义务来自于道德，而爱好来自于自然；亦即指前者属于道德范畴，后者属于自然范畴。——编译者注）。我们知道，在义务与爱好之间，人是享有充分的自由的，无论任何带强制性的物质力量，均不能干预一个人的这一主权，即使干预也干预不了。那么现在的问题是，假如人一直保持了这种自由的选择能力，而且在行使这一功能时与他周边的各种“力”，处于共同的一个因果关系中并始终呈现出这一环节的可靠性，那么，由此就能实现道德与自然行为的同一。因为在义务和爱好这两种动机里，他们所期望的物质都是一样的，尽管起初的形式极不相同，但其结果在现象世界中是完全相同的。也就是说，这里的自然冲动行为与理性的道德行为，达到了完全的一致。于是，我们可以说，这里已经达到了普遍的立法（最后的“普遍立法”来自于康德的观点：“你的意志的准则即你的道德的原则，随时都能进行普遍的立法”。——《康德·实践理性批判》——编译者注）。

我们或许可以进一步解说上面的观点，人类的每个个体，在其天赋秉性中和后天的自我设定中，都把一个纯粹的、理性的人放进了心里。于是，无论他在生命的途程中遇到什么样的事情，遭遇什么样的处境，进行了什么样的变换，他都要和心目中的这个纯粹的和理性的人保持一致，而且永不会改

葡萄收获的节日
油画 1870 年

醉酒被认为是艺术创作产生灵感的一种状态，在这个过程中理性认识下降，感性意识被无限激发，艺术创作的灵光在此显现。果实收获的时节，美酒正在酝酿，艺术家的创作也被打开了更大的创造空间。

变；甚至会当做他生命的终极意义，或至少被视为一个伟大的任务要去完成。但是，这个在任何一个主体中都或明或暗地闪现着的纯粹的、理性的人，并不是现实的现存者，他只有通过国家这一媒介来表征，来代表，并要接受国家的统领。那么，一个国家，只有竭力地以客观的、甚或是以标准的形式，来把各个主体的多样性统一在一个共同体内，才能使社会正常地运行，才能不辜负众多社会人的期望。如此，就有两种可能的方式让那些时代的人与他们心目中的观念的人相遇合，这两种可能的方式还使国家在众多的个体中，保持住了自己的优越地位：一，让纯粹的、理性的人替代时代的、经验的人，国家消除个体，形成理性国家；二，整个的众多的个体变成国家，让时代的、经验的人净化成观念的人，也形成理性的国家。

上面只是一种道德评价，其片面性是显然的，但却是一种理性的划分。当理性的法则无条件生效后，理性就得到了满足，而上面的区分就可以忽略不计了。但是，我们要进行的是人类学的评价，这当然是一种全方位的评价，既要顾及到人的精神方面，也要顾及到人的感性方面；所以，需要把上面的区分更进一步地加以考虑。因为不管如何评价，其内容和形式同等重要；另外，我们还要给活生生的感觉一份发言权。通常的现象是：理性总是要求一体，它针对的是人的整体，亦即整个人类这一类属；而自然必定要求多样，因为自然原则针对的是具体的特定的个人，亦即单个的个体；这两种要求国家都得加以考虑和满足。人们渴望建立理性的法则，是因为理性可以具备不轻易受诱惑的意识，而人们铭记自然的法则，是由于人本身有不能被泯灭的自然情感。因此，一个国家的构建，不能以伦理性格的张扬而牺牲自然性格的实存，如果他以牺牲自然性格的方针来建构，说明这个国家还缺乏起码的立国基础；即，如果一个国家的宪法是通过泯灭多样性才促成了一体性的，那说明，这部宪法还非常地不完善。亦即是，国家不能只对那些客观的和类属的性格表示尊重，还应该尊崇一切主观的和广泛的特殊性格。总之，国家在张扬那些眼睛无法清晰辨识的伦理王国的同时，也不能让现象王国变得人迹渺无。

当某一个工匠（我们可以称之为机械艺术家），得到一块未成形的粗糙的“材料”要进行加工时，为了使之符合他自己的目的形式，他会毫不犹豫地、随心所欲地对待那块材料，那是因为他手中的自然材料本身没有值得尊重的地方；而且对他来说，只有部分（即他将要加工成的某个产品或作品）才有意义，而整体（即那块粗糙的材料）对他没有丝毫的意义。同样，一个美的艺术家，拿起同工匠一样的材料时，原则上也会毫不踌躇并随心所欲地对待它。也就是说，他对于他所要加工的“这块材料”的尊重，一点儿也不比机械艺术家多。但是，同机械的艺术家不同的是，他由于从事的是美的艺术，需要相对地尊重这块材料的自由（艺术家附加在上面的）；为了迷惑人们的眼睛或为了安慰自己的心灵，他至少需要对这块材料表示一点儿尊重，也需要在表面上避免表露那种无所谓的随心所欲的心情，于是造成对这块材料的某种宽容。更进一步，如果是从事教育和政治的艺术家，对这样的一些人，情形就完全不同了。从事教育或政治的艺术家们，必须把人既当做“材料”又当做他的“艺术的任务”；如此，本来是目的的东西，又回到了“原材料”本身的上面。对这一特殊的原材料来说，部分和整体的区别就不是像机械艺术家和美的艺术家那么大了；因为，部分要服从于整体，整体要顾及到部分。部分之所以必须服从整体，是因为整体的存在就是为部分服务的。治理或管理国家的艺术家，必须怀着对其“材料”的崇敬心情，才能接近那些材料；他甚至必须爱护这些材料的特性和尊重他们的人格。而

巴尔扎克像　罗丹　雕塑

这个作品制作过程中，由于巴尔扎克的手臂过于精美影响了整体，被罗丹用斧头砍下，但它仍是一件名作；作家从大理石中把巴尔扎克解救出来，表现他创作痴迷的状态，整体形象的破布褴衫，恰好衬托了文学家对艺术的忠诚与追求。

且这种爱护和尊重还不能仅仅表现在主观方面，不能为了在感官中引起一种短暂的、迷惑人的效果，才去爱护或尊重；他必须将这种普世的爱和尊重，发自于客观，即一种发自于内心的、长久的爱护和尊重。总之，是一种内在本质的爱护和尊重。

但是，国家的特性是为了个体并通过个体而形成的一个组织，所以只有当众多的个体整合成一个"众合"的观念时，一个国家的建构才是现实的。这时的国家，既是公民心中纯粹的和客观的人性代表；同时又表明，这个国家里各个公民之间的关系，就是公民自己同心中的纯粹的人和理性的人的那种关系，并把对公民主观人性的尊重，引导为向客观人性的净化。若能如此，则公民心中内在的人与他作为公民的人就十分地协调了；此时，当他的行为达到了最高的普遍程度时，这个公民也能够完全地保留住他本身的特性。那么，国家这一形式就成为了公民心中美的本能的解释者；同时，也使公民心中的内在立法通过国家这一形式明显地表达了出来。但，如果情形恰恰相反，一个民族中的人，其性格里的主观的人和客观的人还是冰炭关系，即会造成一种压制的局面——压制主观的人使其让客观的人处于优势状态。这时，国家就会对公民使用严厉的法律，因为只有把主观的人绳之以法，才能使国家运行如常；并且为了保证客观的人不至于成为主观的人的牺牲品，一般来说，国家就会毫无顾忌地制裁那些敌对的个体。

同时，在一个人的内心里，如果让社会的人同心中那个理性的人不相协调，必然使客观的人与主观的人发生对立，也就是观念的人即理性的人与时代的人即经验的人产生对立。这种自我对立状态通过两种方式表现出来：要么他的感觉压制了原则，凭感觉的飙驰而行事，全然没有了理性，则他就成为了粗野的人；要么，他的原则摧毁了他的感觉，全然凭刚硬的"条规"行事，他就成为一个横蛮的人。粗野的人通常蔑视艺术，

夜巡　伦勃朗　油画　荷兰　1642 年

伦勃朗因为这幅伟大的作品而破产，因为他的创作方式不合订者的要求。形象动态是生活中的场景，这是对当时画人像时用呆板的正面形象的一种挑战，然而条规和偏见占据了订者的心灵，他们难以感受到它的价值所在，艺术进步尚须人们艺术修养的提高。

巴黎歌剧院室内大楼梯
戛涅尔 1861—1874年

巴洛克艺术渲染宏大的气势,以显示威严与力量,教会和皇室想用巴洛克艺术的成果震撼人们的心灵,这也是统治者维护自己统治的重要方式,置身于此处,辉煌的环境的确把观众推入近乎渺小的境地,这也是建筑与人的精神力量对比。

并藐视包括道德原则在内的一切非自然的东西，只让自然的现象在他心中成为绝对的主宰；而横蛮的人却一味地嘲笑和谤渎自然，让那些死板的条规成为他心中的绝对权威。两相比较，横蛮的人比粗野的人更加可鄙可恶，他自己总是处于“奴隶的奴隶”地位，但却从不自知，所以改良的余地极小。与前述的两种人相反，一个有教养的人，总是把自然当做自己的朋友，他尊重它的自由，只是在恰当的时候，遏制或约束自然的任意性。

因此，理性在把它的道德一体性带入到物质社会时，绝对不可损伤自然的多样性；同样，自然在社会的道德结构中，要想保持自己的多样性的话，也不可破坏道德的一体性。总之，理性的国家形式，同单一、单调以及同纷乱、动乱的社会都没有必然的联系；故，在把强制国家变换成自由国家时，只要那个民族具备了相当的能力和权威的资格，就能构建出一个完满的社会，就能使社会人群里的整体性格充满完整性。

第五封信
审美意识在人生中的作用
SHENMEI YISHI ZAI RENSHENG ZHONG DE ZUOYONG

貌似优雅的文明，远远没有给我们带来舒心的自由，它在我们身上培植起来的每一种“力”，不但没有使我们变得强悍和健康，反而为我们滋生出无数的新的需要，这些新的迫切的需要甚至走上了贪婪的边缘。在我们身上被逐渐加码起来的物质追求，已经变为了一副沉重的枷锁，将我们束缚得越来越心惊胆战，深怕会失去什么的恐惧，时时萦绕在我们的身边；其剧烈的程度甚至窒息了要求上进的热烈冲动。于是，无奈的人们，只有选择逆来顺受这个无奈的准则，并把它看做是当下生活的最高智慧。

苦艾酒　德加　油画　1876 年

这幅作品中并不表现什么内容，用德加自己的话说，人们只有在无事可做的时候才能看出他们最自然的状态。衣冠楚楚的妇人却是一脸的麻木与疑惑，进入资本主义的国度以后，让我们思考，社会的进步给我们带来了什么?

但是，作为人具有的性格是多种多样的，它们在当今的时代统统地展现了出来，并通过我们的眼睛所看见的种种事变，得到了充分的展示。现在，让我们深入地考察这一幅宏伟图画里那些最引人注目的对象。

当理性的光芒照耀到人类的时候，先前呈普遍现象的那些偏见、浅见、成见、或陋见的东西，再也没有了市场；作为自然国家享有的专利——专制制度，已经被揭开了它的蛮横而丑恶的面纱；虽然，它还有一定的势力，还在苟延残喘，但要想继续榨取人的尊严，显然是费力多多而收效微微了。

人类从数千年的麻木不仁、懵懂无知或骗人骗己的状态中苏醒了过来；其中大多数人在苏醒之后，都义正词严地要求恢复他本身不应丧失的权利。而且，他还不只是要求，当他看到专制的制度在无理地拒不给予他应该得到的东西时，甚至处处挺身而出，要用革命或暴力来加以夺取。他们认为，自然国家的基础已经枯朽，或正在崩塌，其房屋已经摇摇欲坠；他们好像已经找到了用法则建立新的国家的物质基础，真正的自由可以成为政治结合的基石。从此，法则可以堂而皇之地登上权力的宝座，人最终作为自我目的受到尊重的时机已经到来……但是，他们不知道，这些空乏的妙想只是一场春梦！在道德的基础还不牢固的时候，在人们还对美的艺术感觉迟钝的时候，那些空洞的梦想必然缺少实现的可能性——一方面，是自然和社会的慷慨施与；另一方面，整整一代人感觉迟钝。

本来，人是用自己的性格来为自己画出图像的，那么，在现今的时代里，我们画出的是一些什么样的图像啊？呈现在我们眼前的不是粗俗就是懒散——人类在苏醒的同时又向这样两个极端堕落，而且是在同一个时代里！

我们看到，在下层阶级中（他们为数众多），呈现的是粗野而又无法无天的冲动，他们冲破了原来社会秩序的约束，摆脱了早先国家对这些冲动的羁绊，如同狂飙的野马，以无法拘束的暴怒飙驰于社会，并时时处处让人类的兽性一面得到张扬。这样的局面必然导致这样的情况出现：从客观上说，人性有理由抱怨国家给予的自由太少；从主观上说，人性又必须尊重国家采取的种种措施；既然国家的职责是维护人们的生存，维护社会的正常运行；那么，当自决的自由（本来是人的天性的尊严）影响到人类的大多数人的幸福的时候，它必得压制那部分人的自由，将粗野的、无法无天的冲动加以遏制；这没有什么可责怪的。或许，国家正忙于通过这样的分解力而分，通

埃神祭祀中的仆人　古罗马　壁画

人类从原始走向秩序，由原始社会走进阶级社会的门槛儿，贫富分化，社会等级出现，国家机器则是维持整个社会有序运转的有力工具。人们始终不满足于现有的状态，不断地改造社会秩序，于是封建社会，资本主义社会走进历史，在这其中总有一部分人支配另一些人，但他们都是社会进步的推动者。

小酒店门前玩撞柱游戏的人
扬·斯滕　约1652 年

人类的文明从何而来？是继承与传承、教化在其中起了重要的作用。上代人对他们后代的教育在不知不觉中承接着前辈的精神，这样理性的培养让一个儿童成长为一个社会中的人，而不是放任他的精神，那样最终会让他失去方向而毁灭自己。

黑利阿加巴卢斯的玫瑰

美与丑恶没有绝对的界限，这取决于人们有没有一颗善良的心，在追求美好事物的时候是否以道德和原则作为航标，以意志抵御诱惑。盛开的花儿是美好的，就看人们以什么样的方式去承接这种美好。

过某种聚合力而合，因而顾及不到教化力（前两种力来自化学或物理，教化力来自精神。只要来自精神的教化力还没有充分的发展，前两种力就要起决定性作用。——编译者注），这能责怪它吗？通常来说，一个自然国家的解体就包含了它的一系列答辩，比如对粗野的无法无天的“自由”加以遏制。如果不加以遏制，社会一旦解脱了羁绊，并不是一定地向上进入理性的有机的社会，而是必定的堕入原始的野蛮的王国。

另外，所谓的具有文明意识的上层阶级，则呈现出一幅懒散、颓废和道德败坏的景象；更由于这些弊病插着文明的标签，就更加令人作呕和厌恶。已经记不清是古代的还是近代的一位哲学家说过：标榜为高贵的事物，一旦败坏下来则更为丑鄙（实际上这句话出自于柏拉图《理想国》第六卷。——编译者注）。这句话用在道德方面，与实情也相合得天衣无缝。如果出于自然的一个结果，一个人超出了常轨，最多会变成一个疯癫或张狂的人；但一个有教养的人，如果堕落，则会变得分外的卑劣和无耻。身处文明的阶层，更多的受到理智的启蒙而举止文雅，倍感自豪，这本无可厚非；可从整体上看，这种启蒙对人的意识的净化，并没有什么明显的影响，反倒利用一些“准则”的建立，将颓废或堕落固定了下来，形成痼疾。在自然的官能的合法领域，他们不承认自然冲动的合法权力，同时在精神的道德的领域，却接受自然冲动的强横压制；即，他们拒绝了自然的纯朴景象，却同时又从它那里攫取有用的原则。他们从矫饰的礼仪中来表现一般的道德习俗，却又否定自然的占首要地位的权利，而在唯物主义伦理学（指当时风行的法国唯物主义。——编译者注）里，还赋予了它终极的决定权。上层阶级的社交中心，以高谈阔论而闻名于世，但却让精于世故的利己主义占据了核心并建立起了自己的体系。一方面，人们受到了社会的一切疾苦和病痛的困扰，另一方面又没有同时产生一颗为善社会的心灵。人们使自由的判断消弭于专断的偏见里，使自我的情感服从于各种稀奇古怪的陋习，并让自己的意志甘受来自于社会的各种诱惑和冲击。他们一直坚持的只是自我的任性，并借此来规避和抗拒社会赋予的神圣职责。如果是粗野的下层阶级的人，他们心中还常常有一颗同情的心在跳动；可在所谓的通达人士的胸中，由于自傲、虚伪、自我满足等秉性作怪，那颗同情心已萎缩得几乎为零；如同在遇到重大灾变的城市里，人们一方面面临亡命的奔逃，另一方面又想方设法地从即将毁灭的地方抢夺一点儿可怜的财货。人们甚至认为，如果人类能够完全地摈弃多愁善感或自以为是的毛病，就能够避免由这些毛病带来的混乱；他们通常使用嘲讽的办法来有效地惩戒狂热分子；但却以同样的、毫不宽容的态度亵渎了人类那些高贵的情感。貌似优雅的文明，远远没有给我们带来舒心的自由，它在我们身上培植起来的每一种“力”，不但没有使我们变得强悍和健康，反而为我们滋生出无数的新的需要，这些新的迫切的需要甚至走上了贪婪的边缘。在我们身上被逐渐加码起来的物质追求，已经变为了一副沉重的枷锁，将我们束缚得越来越心惊胆战；深怕会失去什么的恐惧，时时萦绕在我们的身边，其剧烈的程度甚至窒息了要求上进的热烈冲动。于是，无奈的人们，只有选择逆来顺受这个无奈的准则，并把它看做是当下生活的最高智慧。

因此，在今天的时代，我们看到：人类的精神在伪饰与粗野之间、在不自然与纯自然之间、在迷信与道德的空虚（无信仰）之间长久地徘徊；而暂时还能给我们的精神予以安慰的，不是人们的良善愿望和高尚情操，反而是各种坏事之间的短暂的平衡。

闩

弗拉戈纳尔　油画　1777 年

弗拉戈纳尔的《闩》，赤裸地描写对情感的贪欲，人类对物质和本能的渴求始终在与人的精神、道德理念相对抗，人们创造高超物质文明的时候，精神文明是否也一同与之发展呢？

第六封信

理性的明确和感性的鲜活应当相得益彰 LIXING DE MINGQUE HE GANXING DE XIANHUO YINGDANG XIANGDEYIZHANG

体操运动固然可以让我们的身体得到健康，但是只有让四肢协调地、均衡地、自由地运动才能有美的感觉，通过这种美的感觉人们才能培育起美的情操。同样，培育各个单独的精神之力并使之得到发挥，固然可以造就出伟大的非凡的人才，但只有各种精神力均衡地全面地培育和具备，才能造就出幸福并完善的人。如果培育人的天性必须要做出某种牺牲，那么，在我们的今天，与我们过去和未来是处于一种什么样的关联？难道要我们成为“人”这一类属的奴隶？几千年来，我们的一切努力就是为了人类的进步和天性的完满，哪怕之前我们也可以从事奴隶式的劳作，哪怕我们的天性曾经被无情地肢解，哪怕是我们的额头上被打上“奴性”这一可耻的烙印——只要我们的将来能够在幸福的悠闲中享受道德的疗养，只要将来能够自由地展现我们的人性，我们就可以得到全面的康复！

阿尔伯特王子的花园　门采尔　德国　19 世纪

人与自然的和谐共处是我们生存的至高境界，花园中的树木与建筑和谐地交织在一起，形成统一的整体，自然的美与人工的美融合其中，艺术当然是对和谐之美的虔诚观照。

前信对于这个时代的描述，是一种过分的夸张的描述吗？显然不是，而且人们也不会用这样的语词来指责我，最多说我揭露得过于多了一些。我更相信，人们如果责难我会找寻其他的理由。比如，你的揭露虽然是事实，这幅图景也是现今人类的如实写照；但是，你难道不知道，一切处在文明转换时期的民族，当他通过理性回到自然之前，不是照例会由于对理性的不适应而脱离自然吗？这种短暂的脱离不是极为正常的吗？

萨福和阿尔凯奥斯 阿尔玛·苔德玛油画 法国 19世纪

在一片宁静之地欣赏音乐是一种美的享受，美妙的乐曲可以让人沉醉；艺术陶冶人的心灵，但是如果一个人对艺术一无所知，根本没有这方面的修养，则再伟大的艺术他也无法感受。

但是，当我举出希腊的例子，并绘示了希腊的一系列现象之后，再对照当今时代的性格，我们就会惊奇地发现，上述的责难是站不住脚的。人类现在的境况和过去的（希腊的）境况，在形式上的对照是鲜明的。当我们考察其他的纯自然现象时，我们确实有理由为今天的文明以及因文明而带来的教养而感到自豪，同时感到荣耀。可是，一旦面对希腊，我们的荣耀顷刻间就消失得无影无踪。因为希腊的自然，与人类艺术的一切魅力以及智慧的一切尊严相契得合丝合缝；他们的结合是一个整体的结合，而不是像其他的自然那样，观照了自然，就必定把艺术和智慧当做牺牲品。并不是希腊人具有我们时代缺少的质朴而使我们感到气短，而且就我们的某些长处——这些长处常常使我们对在道德习俗方面做出的反自然行为后的忐忑不安，感到一丝丝慰藉来说，也堪与我们挑战，其主要部分甚至是我们学习的榜样。希腊社会，既有丰富完备的形式，更有多姿多彩的内容。作为这样一个社会中的人，他们既善于哲学方面的思考，又擅长于形象方面的塑造和创造；他们集温柔和刚毅于一身，在他们身上，我们既能体验到青春期的无穷无尽的想象的张力，又能体会到成年期的稳重踏实的理性的重力，这种把人的青年和成年的人性完美结合在一起的“自然”状态，难道不是值得我们效仿的吗？

希腊时代，人的精神之力已经觉醒并壮美的呈现着；其时，感性和精神如同刚出生的两个孪生姐妹，几乎分辨不出他们之间的差异；也没有后来的不是厚此薄彼就是厚彼薄此的所谓“理论”去刺激他们彼此的对立，更没有出现相互诋毁的事件；他们只是淡淡地画出了各自的界限，既相安无事又相

雕塑画廊　阿尔玛·苔德玛　英国　19世纪

我们把神像用来崇拜，把英雄做成雕塑用来瞻仰，神与英雄都有自己的完整个性，他们似乎都不是完美的，但他们身上的优点足以让我们尊敬。像拉奥孔为了自己的职责，宁接受天谴而不泯灭他的正直，而看到站在人们面前的英雄雕塑时，又能勾起我们多少对他无限的怀想呢。

互映照，共同闪耀在希腊的天空。诗歌是纯朴无华的，不像后来的诗歌那样老是故弄玄虚的追求机巧；纯的抽象思辨还处于不是叙谈就是恳谈的地步，不像后来的思辨总给人吹毛求疵的印象和刻木求鱼的空乏；他们仅仅是方式的不同，却共同为着一个探寻真理的目的，而且经常地相互交换他们的任务。

希腊时代的理性，虽处地位很高，却总是把物质的东西灌注了人类的爱而随着自己升华。它把世间的一切区分得十分精细，却并不肢解任何东西；它也把人的天性进行分解，但并不是让其涣离而是加以放大，并不是撕裂成碎片而是进行多种方式的拌合，然后放到诸神身上，使各个单独的神在其本身就显壮丽的方面，显得更加的壮丽——不但具有炫目的神力，而且具有完整的人性（我们现在看希腊神话里那些为数众多的神，其人性构成都是千姿百态的，是经过千变万化后的混合体，仿佛是经过“理性”的拌合后的结晶；同时，每个单独的神又无不具有完整的人性。——编译者注）。这同我们今天的“人”的概念有天壤之别！今天，人的类属这一图像，也是将人的天性放大之后，再分散到每个个体身上的，但却被撕裂成了碎片，看不到经过理性的拌合后的变化；故而要汇集出“人”这一类属的整体性（天性），就不得不将千千万万的个体性格进行拼凑。甚至可以说，即使我们的心理在生活（经验）中的表露，也是被割裂得千丝万缕的，就像心理学家在想象中把人的心理区分得缕细如丝一样。于是，呈现在我们面前的人，无论是单独的个体，或是某个阶级、某个阶层（任一类属）的人，都只是展现了他们天禀（德国18世纪的思想家们，统一地认为人身上有许多天赋的“力”（Anlagen），亦即本书其他地方使用的“力”的概念。此处译为天禀，而来自于感性的想象力和来自于精神的抽象思维能力是其中最主要也是最重要的两种。——编译者注）的一部分；而其余的天性，竟然找不到一点儿痕迹，如同是一个畸形的生物。

并不是我看不到今天这个时代的人的长处，就人的知性来说，有的长处甚至可以放到古代去。和那个时代的优秀的人相比，也可能不会逊色；但作为单个人的整体天性，那就相差太远了。我们今天只有集合起全体的人，才能和古代的人相提并论，即必须全体对全体才能进行较量。而对于单个的人对单个的人，我们当中有哪一个敢站出来，说我比雅典人更有价值？

即，作为“人”这一类属，我们比希腊人并不逊色，作为单个的人，我们就差得太远。为什么单个的希腊人有资格作为他那个时代的代表？而今天的单个的人要说是当代人的代表，谁也不会有这样的勇气呢？再说，这种尴尬的局面是如何形成的呢？这是因为，前者的形式与自然相协调且结合得无隙无缝，后者的形式却被知性划分得支离破碎，渐渐地远离了自然。而造成这一切的正是文明本身；也就是说，是文明给近代人造成了巨大的创痕；一方面，由于生活的经验累积，使思维更加地精确，思维达于精确后，又必然带来对科学的更细的划分；另一方面，社会（国家）的管理越来越错综复杂，因而不得不把社会人群严格地划分成各种等级或阶层，并伴随着各种各样的社会分工，产生出各种各样的职业。从此，人的天性的内在联系就被撕裂开了；伴随着这种“撕裂”的是各行各业的纷争，其破坏性因素把本来处于与自然和谐相处的人的整体的“力”也撕裂成了碎片。在思想和感性方面，直觉知性（来自于感官、感性）和思辨知性（来自于精神的抽象思维）也被分离，并被派到了各自不同的领域，且形成敌对的态势（直觉知性（intuitiver Verstand），来自于感官和感性，亦即下面所说的“经验知性”或人的“想象力”；思辨知性（spekulativer Verstand），来自于精神的思维，亦即下面所说的“纯粹知性”和“抽象思维”；当感官与精神分离后，必然派生出这两种知性，它们不但彼此是分离的，而且还各行其是。——编译者注）；它们相互猜疑，相互妒忌，

狩猎中的休息
梵鲁　油画　18 世纪

自从标志猿变成人的那一天起，人的本能与理智的对抗从来没有间断过，人们追求物质的享受和生理的需求时会走向本能；而对精神，知识，科学渴求的时候又会远离它。文明的进步，理性会让人上升到更高到精神层次，但人们不可能摆脱对本能需求，人们就是在这种矛盾中生存与繁衍。

固守着自己领域的界限，没有了合作协调的可能。这样，每个单个人的活动也被限制在了一定的范围之内；长而久之，每个单个的人就在自己的身上为自己塑造出了一个“主宰”，并在大多数情况下通过这个主宰，压制自己在其他方面的天禀。这就形成了一个十分矛盾的现象：不断明晰的知性，在过分旺盛的想象力的鼓励之下，勤劳地不间断地开垦出新的天地，但又立即被他身上的“主宰”加以否决，变成一片荒芜；同时，精神方面的抽象思维，也来参与扑灭那些本来可以给心灵以慰藉给想象以襄助的那些小小的火苗。

于是，人的内心世界被现在的艺术（见第二封信末“注1”。——编译者注）和科学彻底的搅混了，而国家的政治管理又更全面地、更普遍地使得这一错乱雪上加霜。当然，我们并不是指望希腊共和国的那种简单的组织形式，应当比古代的纯朴的风俗习惯，存在得更久远更绵长；但今天的事实证明，即使是非常简单的管理形式，也没有发展成一种可以给人们带来更加生气勃勃、更加高尚惬意生活的国家形式，而是沦落成了一部粗俗的（国家）机器。在刚才所述的那种简单的国家形式里，每个个体都是独立的，都是享有自由而充沛的生活的；但一旦需要，他们又会即刻地组织起来，成为一个整体。希腊时代的这种国家形式，如今被一架貌似精巧的钟表替代了；在这架名副其实的钟表里面，拼凑起来的各个部分都是没有生命的东西，它的运转虽然还是一个整体，但却是一个机械的整体。另外，被分裂开来的还有国家和教会、法律和道德（习俗）、劳动和享受（劳动成果）、目的和手段、报酬和（人为的）努力等等；人，这一天之骄子已经被牢牢的束缚在一块小小的孤零零的碎片上。久而久之，人自己也觉得把自己造就成一块碎片，是天经地义的事情。伴随着他生命途程的永远是他推动的那个齿轮，他耳朵里只能听到这个齿轮发出的单调乏味的吱吱呀呀的噪声；至于要想发展他潜在的质能和营造自己和谐的生活，那绝对是永久性的望洋兴叹和异想天开的事情了。他现存的人性，已经无法与他的天性章印合一，而仅仅是在机器部件上表明他的职业和专门知识的标记（即表明他还是一个从事这种职业和具有这门知识的人，而非真正的机械部件。——编译者注）。即使还有一些细末的残缺不全的断片，把一个个部件粘连

民间音乐　油画　19世纪

职业分工和有意识地培养让人们具备了多种才能，人的心智却没有因为人的才能而完善；有的人虽然生有残疾，但不影响自身的美，因为他们具有健全的人格，他们身上表现的美由于这个人的其他才能而彰显。

到一起，其所依靠的形式也不是来自于人性的天赋，不是自由的链接（谁会傻到在一架精巧的和永不见阳光的钟表里，奢望享有自主选择的自由？），而是被一些无情的公式严格的规定造成的；人类的那些鲜活的知解力，被死死的字母（指由字母构成的死板而刚性的法律和条规。这样的法规像公式一样的严格规定了人应该这样思想和这样行为，而不应该那样思想和那样行为；人们的记忆中已经没有了那些鲜活的知解，而只记得某某字母组成的文句——即那些死死的规定。——编译者注）所蹂躏，训练有素的才能比天才们的感受及其成果更

伦敦的银行和皇家证券交易所　威廉·罗格斯戴尔

高大的建筑和喧闹的街道昭示了这个城市的繁荣，国家正是在这种秩序下生存，它的精神统治划分为法律准则和道德规范，不管什么人都要在这种既定的规则下生存，不可违背。

五　月　提索特　油画　法国　19世纪

什么是人的天性？当取得物质利益，得到物质满足的时候，人们也想得到精神上的享受，心灵的快慰。现实中它们常常对立，然而功利与审美在特定的时间地点有时也可以调和到一起。

加实惠和可靠。

假如一个社会衡量人的标准只是他的职业；假如社会对公民的看重只是建立在：甲，有着惊人的记忆力；乙，具有把社会职能分解得像表格一样精确的知解力；丙，具备从事机械工作的某种技能；假如它不论一个人的性格只是看他的知识或才能；假如他是一个遵守公共秩序又奉公守法的人，即使他的知性有着极大的欠缺和晦暗，也要加以原谅；假如社会只让分工下的个别技能扩展，却对人的完整性格的发展设置障碍；假如充分支持某种能带来荣誉和报酬的单独技能，而忽略人的心灵中那些其他的一切天禀——那么，这一切的一切并不会使我们感到诧异。当然，我们也看到，一些具有饱满精力的天才，并没有把他的事业局限在他职业的界限里；但是，在有才能的人群中占多数的是只具有中等才力的人；这部分人在完成了他分内的事情后，其全部精力已然被消耗殆尽，哪里还有余力从事业余的爱好？如果有人既能做好他的职业分内的事，又能兼顾他的其他爱好，那平庸之辈的称号显然是戴不到他头上的。另外，如果某人的精力超过了他的职业任务，或者有的天才为了取得更高的精神成果，故意为自己设置了竞争者，则国家根本不予支持和提倡。因为国家的管理宗旨（谁能说它这样做是不对的呢？）是宁肯让你按部就班，也不愿失掉它独占仆人的权力。所以，国家是宁肯把库特瑞亚爱神树为楷模，也不愿意同乌拉尼亚爱神共享它的仆人（爱神库特瑞娅（Cytherea）代表感官上的享受，而乌拉尼娅（Urania）代表精神上的纯爱。席勒在这里举出这两位爱神的例子是为了说明，国家从它的管理角度看，是不允许它的仆人（即公民）有非国家提倡的那些精神上的追求。国家认为，这样的精神独立追求容易

护花骑士

乔治·罗切格洛斯斯　油画　1894 年

这是一幅试图揭示人的灵魂的画作，许多孤寂的花朵看到英俊的骑士到来，放弃纯真，变成花妖来诱惑骑士。他的心智、灵魂和肉体受到自身欲望的攻击，骑士的旅程正是他对自己精神的探索。

使仆人脱离它的统治；所以，它宁肯让公民沉醉于感官上的享乐，也不愿让他们在职务之外再去追求精神上的愉悦。——编译者注）。

因此，为了使整体的抽象国家能够继续的运转（或苟延残喘），必定要逐步地消灭个别的、具体的生活形态。那么，从公民的角度看，国家仿佛是一个异己，一缕悬空的游丝；因为从他的个性来说，永远感觉不到国家是善的，甚至感觉不到它的存在。高高在上的统治者，由于不得不通过等级的划分来简化仆人们的多样性，由于不得不通过一些缓冲的机构（即各级政权组织或为国家服务的其他组织。——编译者注）来代替它与仆人打交道，因而在知性的精确分解下，仆人们不过变成了一个一个的断片；最后在国家的眼中，已然没有了“人”的存在，他们不是国家的“材料”就是豢养的禽畜。而被统治的人民，也只是以相当冷漠的态度来看待国家及其一切法律规条，因为这样的组织形式和它颁布的法规，并没有和自己发生多少联系。到了最后，连通常无法避免的社会交往（曾经是有益的、积极的、令人向往的、愉悦的）也感到了厌倦；因为这样的交往也是很少受到国家赞许的，更不要说扶持（大多数欧洲国家存在过的社交沙龙，其最后的命运早已昭示了这一结局）；即使还存有一些社交的现象，也被裂变成了一种道德的自然状态（从道德上看是一种自然状态，但实际上在交往中并不遵守道德规范，反而形成一种彼此攻击，彼此戕害的大混乱局面）。在那里，一般的公共权力如同一个“部门”或“门派”，需要它的人回避它，憎恨它，甚至诅咒它；而不需要它的人反而尊重它，谈论它，甚至敬畏它。

未婚者的结局　古斯塔夫·摩罗　油画　1852—1896年

摩罗说：我既不相信我能摸到的东西，也不相信我能看到的东西，我只相信我看不到和摸不到的东西。对我来说，我的智慧和理性是靠不住的，那是确定的东西，只有我的感觉才是永恒的，确定无疑的。

在国家的强权和人本天性的裂解这内外双重重压之下，人怎么可能按照他的本性来采取行动呢？现实的功利决定了他的行为方向，这一点儿也不奇怪；当精神的思考在观念世界里追求他认为不应丧失的东西时，在感官世界里他就必然成为一个异己者，即为了取得形式的舒畅而丧失了物质的享乐。当务实的观念占据了人的心灵，他就必然流连于由各种客体所组成的单调的

视觉的寓言
让·勃鲁盖尔 油画 1618 年

在年轻女子的周围,环绕着众多让人赏心悦目的东西。不同风格、流派的绘画大师杰作,希腊的雕像象征着艺术的传承,各种刚被研制的科学工具象征人类发展的无限可能性,人类的审美正是在传承和持续地培养中得到完善。

圈子而不能自拔，并且这个圈子还被各种程序牢牢地束缚着；于是，自由的整体必然在他眼前不是视而不见，就是让它缓缓的消逝；这使得他的眼界变得越来越狭隘，活动的范围变得越来越狭窄，他的生活也就变得越来越贫乏。因此，精神的思考者试图按照主观的设想或推论来仿造一个客观存在的现实，把他意想的主观条件提高到事物的普遍规律，来作为事物存在的统领法则；而务实者与精神的思考者一样，坠入相反的极端；他按照自我经验中的一个特殊（偶然）的片断，来估量和取代其他全部的经验；以为这一经验（或许已成为他的职业规则）可以普遍适用于其他任何一个职业。这样，前者必定以空洞的吹毛求疵的痼疾而牺牲在物质面前，后者也必定以迂腐的见识短浅的顽疾为精神作出了殉葬。其原因是：对个别来说，前者占的位置过于高远；对整体来说，后者处的位置又过于低矮。这种精神倾向的害处是显而易见的，而且还不仅限于知识和创造方面，它的影响所及，也扩大到人的感觉和行动。我们知道，心灵的感受程度取决于对象是否生动，而感受的范围取决于一个人的想象力是否丰富；当知性的分析功能占据了主导地位，它就抽了幻想的底火；而对象的范围越是狭窄，也会使幻想的丰富性减少许多。因此，我们常常看到，抽象的思想家总是冷漠的，没有生气的，他们的任务只是分析他们心目中的印象；而印象只有作为一个整体才会显得生动，并借此生动来触动灵魂。当印象还是一个一个的片段的时候，他是怎么也激动不起来的，于是他们就离生动太过于遥远。而务实的人的心境免不了狭隘，其想象力被他职业的单调圈子封闭了起来，因而也不可能将思绪向他人的意象方式扩展。

揭露时代性格里的有害倾向并追寻其根源，是我的计划任务，而不能越俎代庖地指出人的天性中有哪些长处可以弥补上述的有害倾向。但我依然要向你阐明，尽管单个个体的天性在遭到肢解的情况下，不会有幸福的人生可言；但如果不这样，人类作为一个类属是不可能进化到今天这样的智性的。古希腊出现的那种天人合一的现象，肯定是一个最高的水准；人类的各种"力"虽然也是处于对抗之中，但一直保持着平和与宁静，任何一方在不压制对方的情况下，也能够得到充分的发展，即想象力与知性都能够达到最高的程度。但这一现象既不能够长期坚持，也无法得到进一步的升华。其不能长期坚持的原因在于：人类逐步储存起来的知性（即对社会或自然的认识），不可避免地要把感觉和观照分离开来，以追求认识的明晰性；之所以得不到进一步的升华，是因为只有一定程度的知性的明晰，才能与丰富的现实保持着同一种热度。虽然说希腊人已经达到了一定程度的丰富和热度，但他们要想往更高的教化进步，就必然要像我们一样，放弃自己的本质完整性，通过分离并在分离后的道路上前行，才能探求到真理。

要使人身上的各种"力"得到发展和张扬，除了让这些"力"处于彼此对立状态外，别的任何办法都是徒劳无功。人身上的各种"力"的对抗，是文明进步的一个伟大的工具，但也仅仅是工具而已；因为只要这一工具还在起作用，就表明这一对抗还继续地存在，也就表明人类还是处在向文明进发的征途之中。但是，人身上的各种单独的"力"彼此都是隔离的，并都妄想着要单独的立法（即都在问鼎真理，或都认为自己是真理，要成为全部"力"的主宰，让其他的"力"服从于自己。——编译者注），并带强迫性的驱使那些或因懒惰或因自满自足而中止了的思维和感觉，让它们重新振作起来，也去探求事物那隐藏起来的真谛。于是，纯知性想在感官世界里树立起它的绝对权威，并取代感性；而经验知性则千方百计地让纯知性臣服在经验的条件之下，并固守着自己的地盘。这样，我们看到，两种内力在彼此争斗的过程中，

卫城山门　古希腊建筑　公元前438年—公元前432年

一个伟大建筑的落成需要规划，古代希腊的建筑与其古典原则相一致，始终体现理性与完美，它首先考虑到的是对神的尊敬和艺术美感的体现，当这建筑最终完成的时候，艺术审美效果与最初的规划设计达到统一。

都发展到了其可能达到的最高程度，各自在自己领域的所有疆界上称王称霸。一方面，想象力由于它的任意性可以轻而易举地解除束缚在世界身上的秩序；另一方面，理性又在想象力的追逼下，妄图进一步地或更快地达于认识的最高点，并呼吁建立一些必要的规条，来遏制想象力的恣意妄为。

也就是说，想象力的这种功能，其片面性固然会不可避免地把个体引向迷途，但却把人类一步一步引向真理。只是由于我们错误地把精神之全部潜能都集于这一个焦点上面，把我们的全部生命都聚焦于这种唯一的“力”上，我们才给这一本来就放任不羁的“力”插上了飞腾的翅膀，并人为地引导它远远超越自然给它设置的种种限制。

但是，有一点是确定无疑的，即使所有的个人的想象力聚合在一起，穷尽了自然赋予他们的全部功力，也绝然不可能窥察出天文学家用望远镜所发现了的木星的卫星。并且，同样确定无疑的是，人的单独的精神思维绝然不可能像布尼茨那样创立出“微分学”，或像康德那样写作出哲学的《纯粹理性批判》。如果理性不是在有着天赋的个别人身上发展了一种独特的“力”，如果理性不是（几乎）脱离了一切物质的东西，并通过倾注它的全力，用抽象武装了某个主体的功力使其看到了绝对，这一切不可能发生。但是，这种几乎是被分解成纯粹知性（如布尼茨、康德）和纯粹观照（如发现木星卫星的天文学家）的精神，有能力把逻辑的严谨转换成文学创作力的自由运用吗？或者，它有能力以忠实而虔诚的心意去把握和尊重事物的个性吗？回答是：不能。这里，智慧的自然也专门为人类的天才（哪怕是全才），设置了他永远逾越不了的界限；只要哲学的最高职责

独角兽 莫罗 油画 法国 19世纪

希腊人很敬神，宁可自己住着低矮的小屋也要让神享用宽敞明亮的神殿。他们把神塑造成健壮的希腊人的形象，表明神与他们同在，人们对物质的要求很有限，却都有着丰富的精神生活，对真理的追求凝聚成希腊灿烂光辉的文化。

还是在预防谬误而不是探求真理，那么真理就总要将一些人拿来做自己的殉道者。

因而，这种分割开来的培育人的各种“力”的做法，无论它给世界的整体带来了多大的益处，我们也不能否认这一世界目的给我们带来了的巨大灾难，也让与此相关的个体蒙受了极大的痛苦。不管这种分割培育人的各种“力”的做法对世界的整体有多大好处，我们都不能否认与之相关的个体由于这一世界目的所带来的灾祸而蒙受痛苦。体操运动固然可以让我们的身体得到健康，但是只有让四肢协调地、均衡地、自由地运动才能有美的感觉；通过这种美的感觉人们才能培育起美的情操。同样，培育各个单独的精神之“力”并使之得到发挥，固然可以造就出伟大的非凡的人才，但只有各种精神力均衡地全面地培育和具备，才能造就出幸福并完善的人。如果培育人的天性必须要做出某种牺牲，那么，在我们的今天，与我们过去和未来是处于一种什么样的关联？难道要我们成为“人”这一类属的奴隶？几千年来，我们的一切努力就是为了人类的进步和天性的完满，哪怕之前我们也可以从事奴隶式的劳作，哪怕我们的天性曾经被无情的肢解，哪怕是我们的额头上被打上“奴性”这一可耻的烙印——只要我们的将来能够在幸福的悠闲中享受道德的疗养，只要将来能够自由的展现我们的人性，我们就可以得到全面的康复！

三美神　鲁本斯　油画　17 世纪

人体在画家和众人眼中，堪称自然界最美的图画。三美神闲适地站在一起，头插鲜花，身体相对，眼神深邃而恬静。自然界在她们身旁唯有化作脚下的草地才能相配和映衬，无法夺其光芒。

但是，我们生活在当下，怎么可能为了某种目的而忽略了我们自己？怎么可能要我们注定承受殉难？自然怎么可能为了它的目的就夺走理性为我们规定的完善呢？所以，那种为了培养个别的“力”，就要牺牲这些“力”的完整性的谬论，肯定是要摈弃的。或者，即使自然的法则一定是朝这方面进逼，那么，我们通过更高艺术的培养，亦即通过审美的艺术的灵修，来恢复被现在的艺术肢解了的我们天性中的完整性，那就是我们自己的事情了。

第七封信

审美的自我培育是为了恢复人的天性的完整

SHENMEI DE ZIWO PEIYU SHI WEILE HUIFU REN DE TIANXING DE WANZHENG

除非人的内心世界的分割被再一次地扬弃，其天性得到了充分的尊重和发展，让天性本身变成精湛的艺术家和创造者；而理性的政治创造也能保证有实在性的施行的前提下——如果没有这些，则可以庄重地宣称：任何想改革国家以适应人性的尝试，都是空想的，或者说为时过早的；即任何建立在空想上面的希望都是不切实际的幻想。

加冕式　大卫　油画　1807 年

1804 年，拿破仑宣布法国为帝制国家，并正式坐上法兰西皇位，他颁布法典捍卫法国革命的成果，但他最终走上独裁与侵略的道路；保卫革命的成果是积极成功的，符合人性的需求，然而走向侵略却与人性背道而驰，帝国的失败也就成了必然。

我们天性中的完整性需要恢复，可以指望现在的国家机器发挥作用吗？那不可能，因为像现在这样的国家正是以“肢解天性”为己任的；即使是在理性观念所设想的理性的国家里，也不可能创立起更好的人性机制，因为国家本身就不是在人性的基础上建立起来的。这样，我们的研究就又回到之前我们暂时离开了的那个话题。当今时代，远远达不到我们的天性所需要的那么一种（人性的）形式，这种形式是我们从道德方面改善国家的必要条件；与此相反，时代向我们展示的是这种必需形式的直接反面。因此，如果我之前所提出的原则是正确的，如果事实证明我先前描绘的当代图像是与实际相吻合的，那么，除非人的内心世界的分割被再一次地扬弃，其天性得到了充分的尊重和发展，让天性本身变成精湛的艺术家和创造者；而理性

的政治创造也能保证有实在性的施行的前提（理性的政治创造，指理性设想的理性国家形式，这种国家形式在人性还处于分裂状态时，只能停留在观念之中，并不具有实在的施行之可能性，即没有现实性。——编译者注）如果没有这些，则可以庄重地宣称：任何想改革国家以适应人性的尝试，都是空想的，或者说是为时过早的；即任何建立在空想上面的希望都是不切实际的幻想。

自然在它的造物过程中，已然为我们的道德发展规划好了我们必须走的路；或者换一种方法表述，当自然的力还呈原初状态时，即当有机体还处在低级状态时，自然不会具备高尚的意识，先把物质的人创造出来；它必等到低级有机体的争斗已经和缓，世界刚好

三级会议

历史是所有人类社会共同作用的合力，三级会议的召开，标志着一个重大的决策将会产生长久深远的影响。人类的发展伴随物质与科技的进步，文明程度也不断提高，虽然有时战争在所难免，但人们趋向于用更文明的方式解决自己的问题，因为人类的智慧更趋于理性。

破坏教堂

革命的烈火燃烧到教堂，里面的圣像被人拿出来改制成革命英雄形象，石刻的《圣经》也被换成一部人权宣言，这是法国大革命时期的真实写照。不要单纯地认为人们无知，时代趋之使然。

可以让人类生存之时，才应时而生地产生出人类。同样，在伦理人身上的原始的自然的争斗（即各种盲目的冲动带来的各种冲突）还没有偃旗息鼓之前，他身上粗野的蛮横的气息尚未消弭之前，是不能也不应为性格的多样性提供发展的条件的。同时，在他身上的多样性能够臣服于理性的一体性之前，其性格的独立自主性必须已经确定无疑，并对有正当理由的外来的强制形式必须能够心悦诚服。

如果自然人还处在不受任何法则的约束并滥用他的任性时，确实是不能给予他以自由（正如所谓的文明人还不能正确娴熟地运用他的自由时，不应该夺取自然人的任性一样）；此时如果不合时宜地将自由的原则赠予，就会成为对人类整体的背叛。如果这种不恰当的赠予再与一种正在发酵的野蛮冲动结成了同盟，如果它一味地支持并加强了野蛮冲动的力量，人们几乎就会看到，他们的结盟所形成的法则，就变成了一种恣意践踏个体的专横；如果这种法则与一种已经占优势地位的人性的弱点相联系了起来，那么，它就会扑灭人的独立自主性或独特性闪烁出的最后一点火光。

今天，我们的首要任务是振兴那已经被深深坠落的时代的性格，不但要使它远离盲目冲动的暴虐，而且要使它回到自然的单纯、丰富和真实的上面来——这样的一项重要任务我估计要花一个多世纪的时间才能完成。但我也要承认，在个别情况下，一些良善的愿望带来的实际的尝试会取得成功，但人类的整体性状况绝不会因此而有所改观。如今的时代，人类在行为上还总是处于自相矛盾的境地，所以它要求的一体性必须要有准则的保证；而一旦形成准则，必然限制人的自由，故带准则的一体性没有实行的可能。我们为地球上的另一大洲的黑人的人性大声疾呼：“给

人间乐园　博斯　油画　约1500年

画作描绘的是罪恶的起源——充满色欲的乐园、噩梦般的怪物和地狱之苦。由幻想构成的画面具有强烈的现代感，左侧的伊甸园代表无忧的乐园，中间是一幅庞大的原罪场面，右侧的画面过渡到地狱，即原罪的结局。

盲人的寓言
勃鲁盖尔　木板蛋彩画　1568 年
如果由瞎子引路，结果将是一团糟，盲目的引导会让人陷入危险的境地，盲人被锁在黑暗之中，他们的自由被限制了。然而更为可怕的是他们因而失去了自信，宁愿相信另外一个瞎子，懦弱把他们推向更加危险的深渊，事实上自由是应该被创造的。

他们自由（即18世纪时北美洲的解放黑奴运动，欧洲各国普遍地支持。——编译者注）”；可是在欧洲，思想家的人性却受到恣意的侮辱并被放逐（指卢梭和沃尔夫被放逐。——编译者注）。这说明，在一个时代里，既定的旧原则将会持续地发挥它的威力，不过因时代的变换会穿上新的衣装；在必要的时候，连哲学也要出借它的声望像当初的教会那样去帮助当局镇压自由（指用哲学的名义亦即用维护人类整体利益的名义去夺取其他人的自由。——编译者注）；甚至连自由在它最初的尝试中也总是宣告它自己是敌对者，盖因它以维护整体利益的名目而颁布的法则也是自相矛盾的。因此，一方面，人们出于对自由的恐惧和自身天性的怯懦，心甘情愿地投入被奴役的怀抱，放弃了自由的追求；另一方面，在被奴役的境地中又受到迂腐的戕害而陷入了绝望，于是干脆回归到原始自然状态的粗野和放任的境遇之中，将人的天性当中的怯弱奉为圭臬，同时反叛人的天性当中的尊严。这种状况如果一直持续下去，必然出现那个粗暴而简单的盲目强力来加以仲裁——这个人类一切事务的最高的也是最后的统治者，它的仲裁就像裁决普通拳击一样，根本不考虑人的天性、精神以及原则上的不同意见的争执等等，只管判定：谁是弱者——败，谁是强者——胜。

第八封信

理性的法则需由勇敢的意志和鲜活的感觉来实现 LIXING DE FAZE XUYOU YONGGAN DE YIZHI HE XIANHUO DE GANJUE LAI SHIXIAN

人类天性中的怠惰和心灵的怯懦，就是造成我们勇气和智慧缺乏的直接原因，于是形成我们接受真理教化的最大障碍。而要克服这一最大的缺点，我们不但要有勇气，而且必须具备坚韧不拔的意志。罗马神话中代表智慧和力量的女神——阿西娜，就是在天帝朱庇特的头部长成的，出生时她就全身披甲；这里的寓意十分的明显：在出生前和出生时，她必须同感官（天帝的头部）进行艰苦的斗争；而出生后的第一件事，就是立即投入战斗。

人体比例　达芬奇

达芬奇热衷于自然科学，相信科学能揭示事物的真理，为此他亲自解剖过多具尸体，并绘图记录。这当然需要勇气，因为在当时解剖尸体还是不被允许的，勇气是打开真理之门的钥匙。

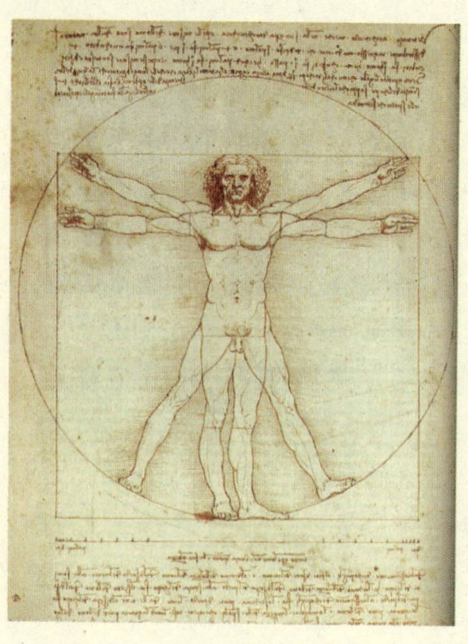

难道就让那个粗暴而简单的盲目强力来仲裁人的天性中的怯弱和尊严的冲突吗？难道从这个领域沮丧而绝望地撤退的就是平常我们尊崇的哲学吗？当形式的统治已经日渐成熟时，这个人类一切财产当中的最重要最炫目的财产——哲学及哲学的思辨，就要被那个无形体的盲目自然力所支配吗？难道人类的世界政治真的要让盲目的自然力永远地延续下去，而适合于大多数人的法则永远也不能战胜自私的敌对意识吗？

绝对不是！理性本身固然不会同这种粗野的势力进行直接的对抗，哪怕这种粗野直接挑战了哲学之武器的锋芒；像《伊利亚特》中萨杜恩的儿子（萨杜恩是天帝的父亲，萨杜恩的儿子即指天帝宙斯。席勒是按照罗马的说法，称宙斯为萨杜恩的儿子。——编译者注），他不会降低身份亲临下界的战场（即希腊人与

受伤的阿喀琉斯　雕塑　古罗马

受伤的躯体也能展示理想美，虽然是一件古罗马的雕塑却也继承了希腊严谨的法则，人体结构的精确认识，人体比例的理想利用，凝结在作品中，这只是表面的现象，命运与现实的抗争，痛苦的挣扎，是更深的意义，与真理的无限接近正是经历了这个过程。

特洛伊人的战争，作为天帝他不会直接参与。——编译者注）。但理性会从它的弟子中间拣选出最合适的战士，像宙斯对他的孙子阿喀琉斯那样，赐予他天神的武器，配备上鎏金的甲胄，通过他那必胜的勇气和无穷的神力而成就一次决定性的裁决。

理性如若找到了法则，自然要将它颁布出来，这样，理性也就完成了它的伟大的任务。而法则的实行则要由勇敢的意志和灵活的感觉来承担。另外，真理要想在与各种“力”的角逐中获胜，它就必须把自己也变成一种“力”，并在现象世界中寻找一种冲动来作为它的替身。没有冲动这一感觉世界中唯一的动力作代理人，真理的“力”也就还处于弱势的地位。倘若直到现在真理还没有寻找到可以表现它那必胜的“力”的代理人，也并不表明理智还不懂得怎样寻找，而是它还没有引起“心”的注意，没有给“心”造成触动；而“心”就是专门为冲动而生的。

今天，尽管哲学与经验已经拨开了长久遮蔽着人类的蒙翳，为何普遍肆虐的仍然是人们的偏见？为何人们的头脑仍然还是如此的昏庸？时代早就过了启蒙的阶段，也就是说公众已经接受了智识，虽然这样的智识还不充分，但纠正我们那些正在实行的偏陋的原则还是绰绰有余。再说，自由研究的风气已经消除了长久以来堵塞通向真理之门的那些虚妄的概念，摧毁了建立在狂热和欺骗基础之上的那些庙宇；而给感官造成错觉和欺骗的那些诡辩，也被理性清除得寥寥无几——诚然，哲学在最初的时候曾把我们引向背弃自然的歧途，但现在它已经翻转，并向我们大声疾呼要我们回归自然——既然如此，可我们怎么老是还用原则来欺凌感觉？如同我在第四封信里描述的那些粗野和蛮横的人。

既然原因不在事物的表象中，那么，就一定在我前面所说的“心”里。也就是说，今天的人们，其内心里必然存在着某一种东西，它阻碍了我们接受真理，也阻碍了我们接受真理的触动，让我们“冲动”不起来——真理之光芒是如此的明亮，这个“阻碍”就是不予承认；真理之形象是如此的生动，

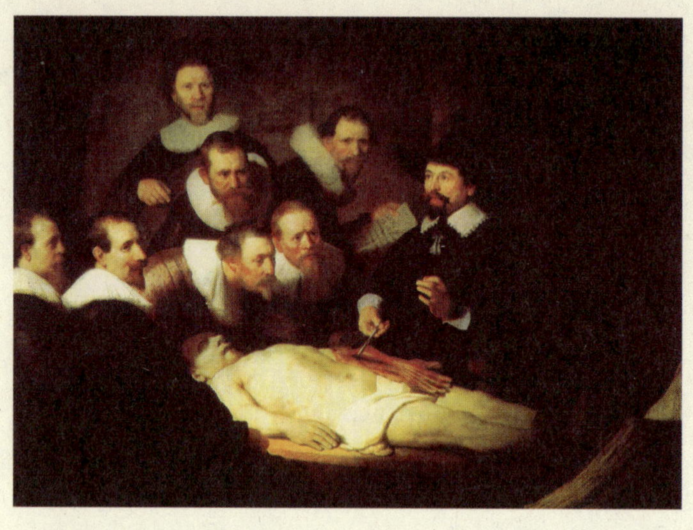

杜普教授的解剖课
伦勃朗 油画 1632年

人类为能掌控自己的命运孜孜不倦地探求科学，科学工作者一方面要与生活作斗争，超越生理本能的局限；一方面要与自然作斗争，学会驾驭与利用规律，每一个科学成果的取得必然要付出高昂的代价，然而就在这时人类的命运又发生了一次质的飞跃。

这个“阻碍”就是不予信服。一位古代的智者（古罗马诗人贺拉斯。——编译者注）似乎已看到了这一点，他那句意味深长的话：Sapere aude（勇气即智慧），给了我们解释以上现象的钥匙。

那就是，人类天性中的怠惰和心灵的怯懦，就是造成我们勇气和智慧缺乏的直接原因，于是形成我们接受真理教化的最大障碍。而要克服这一最大的缺点，我们不但要有勇气，而且必须具备坚忍不拔的意志。罗马神话中代表智慧和力量的女神——阿西娜，就是在天帝朱庇特的头部长成的，出生时她就全身披甲；这里的寓意十分的明显：在出生前和出生时，她必须同感官（天帝的头部）进行艰苦的斗争，感官的寓意就是一种甜美的静止的状态，而不愿脱离但又必须脱离就是阿西娜的两难选择，她当然选择的是后者；而她出生后的第一件事，就是立即投入战斗。

可是，我们大多数人，不会具有阿西娜的勇气和智慧，他们由于与穷困作斗争已经耗尽了心力，从而无力再去与谬误进行新的、更加艰苦的争斗；只要能哪怕是暂时逃避思维的艰辛，他们也就感到轻松和满意了。因此，他们在概念的思维上很乐意让别人来越俎代庖，假如他们心中激起了某种更高的需要或需求，也是抱着信任的态度，急切地从国家或教会的那些法律或规条里，寻找那些为这种情况早就准备好了的公式、条文，以此获得心灵的满足。如果说，我们应当对这些不幸的人表示同情，那么另一部分人的表现就应该受到理所当然的蔑视；他们在经济生活方面有较好的命运，不愁吃穿即不受生存需要的束缚，但他们却自己选择沉迷于生理的需要。在精神上，他们宁肯要昏暗的模糊的概念，也不追求真理的光芒；因为他们生活在昏暗模糊的世界里，其感觉还更生动一些，由此可以在迷幻的精神境界里随意地构筑各种舒适的形体；而一旦他们被真理的阳光照耀，将会把他们于迷幻的视

摩 西 米开朗基罗 雕塑 1515—1516 年

摩西被塑造成一个老人的形象，却把不同年龄人的特征集于一身。饱经沧桑后特有的理智与成熟，头上更是长着象征智慧的双角，具有年轻人强壮的体魄，还有他刚直的性格。米开朗基罗把摩西创造成理想中完美的形象。

界中构筑的舒适幻影驱散得无影无踪，而他们的所谓幸福的大厦就是建立在真理的犀利之光要驱除的幻觉之上。所以，他们认为真理的来临即预示着他们要丧失自己的一切有价值的东西。既然如此，他们为何要为了真理而付出幸福的高昂代价呢？因此，要让他们接受并热爱真理，只能让他们先成为智慧的人。这正好是那位给哲学命名的智者，早就为我们昭示的一条真理：Philosophie（哲学，希腊文字里是“爱好智慧”的意思。据称，这一命名是古希腊哲学家和数学家毕达哥拉斯所为。——编译者注）。

所以，仅仅回溯到性格上的理智的启蒙，并不值得我们欣慰；如果我们还能从性格出发，去打通心路即头脑的路，让它畅通无碍，才是值得骄傲的事情；因为打通了心路的关节，才可以培育起我们的感觉功能，使其达到灵敏的程度。这是当今时代最为紧迫之事，不仅因为灵敏的感觉是我们认识世界的手段，还因为它可以改善我们的审视力从而对生活的质量发生作用，更因为它本身就能唤起审视力的美感。

第九封信

国家的一切改革都需从人的高尚化出发

GUOJIA DE YIQIE GAIGE DOU XU CONG REN DE GAOSHANGHUA CHUFA

艺术家应该对腐朽的时代判断采取蔑视的态度，他只向上眺望自己的尊严和法则，而不将眼光盯住下边那些低俗的需求。他既要摈弃那种乐于在瞬间留下自己印迹的虚荣，同时也要摆脱那种迫不及待的想将艺术的绝对尺度加诸于时代的热狂；他既要把现实的领地交付给适合于在此安家的知性，同时也努力地从可能与必然的联系中尽可能地创造出理性，因为那是艺术的根本任务。艺术的这种理性，是用真理和激情塑造出来的，是用他想象力的翅膀和他对时代的严谨铸造出来的，是动用了一切感官的灵敏和一切精神的灵思雕刻出来的，并且悄无声息地、情操高远地投入到既无起点也无终点的漫漫时空之中。

然而，要在理论上进行灵修，必然要以实践的修养来襄助，实践的修养又是理论上的灵修带来的，这是一种循环。一个国家在政治上进行的一切改进，都应该从性格的高尚化出发，而性格的高尚化必待政治上改进得十分的清明；这也是一种理论上的循环，虽然实际上它并没有循环得起来。比如，一个国家的宪法本身带有野蛮的性质，人的性格怎么可能高尚？人的性格无法达到高尚化，国家政治的改进也无法以高尚化作为上马的台石。所以，这里必须找到一座桥梁，也

海中仙女该拉忒亚　油画

我们从图画中看到的是唯美的画面，但里面发生的故事却需要规则，其实是人们生存所必然要遵守的规律性。爱神的箭对爱情具有决定性的意义，如果渴求爱情的人得到的不是金箭，那么世间将再会有一出悲剧上演。

在音乐大厅举行的女士音乐会
弗朗西斯科·歌迪 油画 1782年

艺术是为了人的需求而产生的,对它的产生有许多种假说,游戏说是其中很有影响的一种。当人们工作之余,用游戏的方式进行交流和消除疲劳,恢复体力与精力之后,能够更好地参加劳动和从事科学研究。

必须找到一股尽管政治不堪但仍呈清澈的清流源泉。

于是，我们开始叙谈我迄今为止的研究所必得阐述的那一点了，即我所找到的那座桥梁和清泉。这座桥梁就是美的艺术，这股清泉就是通过“美的艺术”那不朽的桥梁才寻觅到的源头，并把它引流出来的。

艺术如同科学（席勒那个时代使用“科学”这一概念时，通常或更多的表示“真理”的意思。而今天使用的“科学”概念，由于许多真理已经形成共识，其真理的意蕴少了许多。——编译者注）一样的命运，它们和一切的存在（无论是积极的还是消极的）没有任何瓜葛，和一切人的习俗（无论是高雅的还是低俗的）也丝毫不相干，两者都不受人为的专断控制，仿佛享有自由的豁免权。专制的政治可以将艺术和科学打下十八层地狱，但不能进入其中施行它的统治权力。它可以把爱好真理的人放逐，但真理仍然握在科学家手里；它可以任意地凌辱或藐视艺术家，但却伪造不出艺术。诚然，艺术和科学都对时代精神表示着忠诚，艺术创造乐趣并从判断艺术乐趣的批评家那里接受法则。当时代的性格变得乖张或死沉时，我们看到，科学沉默着并在它自己的疆界上固守，而艺术却戴着沉重的枷锁默默地前行；当时代的性格变得松弛或宽仁时，科学就站出来竭力为社会作出贡献并取悦于人，而艺术也竭力地向人们提供怡乐。有史以降，哲学家和艺术家都一直在进行着把真和美注入芸芸众生的心灵深处的工作，如果哲学家和艺术家在世间消逝了，但真与美也会以自己的不可摧毁的生命力留存在繁地浩天，并伴随着人类的竞斗精神向上蓬勃地生长着。

舟发爱之岛　华托　油画　18 世纪

人性既受来自自然必然性方面强加给人的物质性的限制，也受来自精神必然性方面强加给人的意志性的限制。从而造成了人性的分裂。要使分裂的人性得以复归，就必须通过审美的途径，人们才可能达到自由。

时代总会产生艺术家，但如若这个时代之子，既成为时代的学生，又成为时代的宠儿，那对他来说就糟糕透了。仁慈的神及时地把一个时代的婴儿从他母亲的怀中抱走，以便让他在更明亮的天空下成长，让更富营养的乳汁和食物来供养他。而一旦他长大成人，会再以陌生人的身份让他回到他从前出生的地方。不过，他的到来不是为了取悦于时代，而是像希腊神话中的阿伽门侬的儿子阿瑞斯特那样，以令人战栗的风格将他出生地的环境打扫得一干二净。这个故事（这个人就是歌德。他于1786年逃离当时十分沉闷无聊的魏玛大公国，在意大利研究古希腊艺术，后（1788年）回国，在艺术上以全新的风格一扫当时的鄙陋和委靡之气。最后一句“本性的不可改变的一体性”，指本书第四封信里谈到的“每个人都在他心里有一个纯粹

《圣经》装饰

《圣经》是基督教的至宝，为了表达对它的膜拜，拥有者对他持有的《圣经》不厌其烦地进行装饰，久之发展成一种特有的装饰艺术。欣赏这些装饰，那些虔诚的教徒已从这些艺术之美中开始得到心灵的净化。

的人，理性的人”，并且是终身不可改变的，称为一体性。——编译者注）虽然发生在今天，其形式却取自于更高贵的古代，其意义甚至超越了一切时空，超越了一切疆域的限制——这原取决于他本性中那绝对不会因时代而改变的一体性。他那超自然天性的洁净的太空，向下流淌出的是唯美的清泉；虽然有可能在他离去后的几个时代里重现混浊的旋涡，在那时的人的身上洒下混浊的污迹，但原本是唯美的清泉一定不会被将来的腐朽玷污。时代对他的宠儿——人，其爱憎并不会长久地维持；它可以今天恭维你，明天就诋毁你，但纯洁的美的形式定不会受爱憎变化的影响。进入1世纪之后，罗马的皇帝已经要求他的臣民在自己面前下跪，但众神依然高高在上；再后来，群神早已成为人们的笑料，而神庙依然在人的心灵里神圣地矗立；罗马的尼禄和康茂德，以高墙大瓦修筑起宫殿来掩饰自己的卑鄙和残暴，但宫殿的雄伟风格却使那些卑劣行径更遭人唾弃。当人的尊严被剥夺被践踏得无以复加时，艺术用刻入石刻的办法来加以拯救、褒扬和留存；真理在艺术的形象（即使是理想的或幻觉的）中会长时间的存在，任何人也无法将其剔除；如果直观的艺术形象被权势摧毁，他也会从仿制品中再度重生。那是因为，高贵的艺术比高贵的自然有更长久的生命力；那是因为，美的艺术可以振奋人的精神，这一点，它是走在自然的前边的，并起着唤醒、导引和创造的作用。在真理尚未把它的灵光照射到人们深秘的心底之前，艺术的创作“力”已经捕捉到了她那些微的亮光；虽然山谷之深潭还如雨夜一般潮湿，但艺术灵慧的顶峰却是光芒四射。

但是，时代的腐败总要给艺术设置障碍，它从各个方面对艺术形成包围，那么，艺术家是如何防范的呢？他对于腐朽的时代判断采取蔑视的态度，他只向上眺望自己的尊严和法则，而不将眼光盯住下边那些低俗的需求。他既要摈弃那种乐于在瞬间留下自己印迹的虚荣，同时也要摆脱那种迫不及待的想将艺术的绝对尺度加诸于时代的热狂；他既要把现实的领地交付给适合于在此安家的知性，同时也努力地从可能与必然的联系中尽可能地创造出理想，因为那是艺术的根本任务。艺术的这种理性，是用真理和激情塑

马赛曲　吕德　雕塑　1836 年

看到自由女神的呐喊就会让人想到：法国革命最危急的时候，巴黎人民总是能挺身而出，为了国家的利益，他们拿起武器抵抗外国的侵略。巴黎人民追求的是人的自由与解放，捍卫的是真理。

遍布城镇的贫困
亚历山大·安提格那　油画　1848 年

图画中小阁楼里，四个孩子无助地面对窗外恐怖的闪电。背景是 19 世纪 30 年代后，法国农村极度贫困，直接威胁农民的生存，作品让人感受到的不是单纯的美，而是一个人的良知，不是去赞美他们，而是对他们的不幸饱含着同情。

阿拉伯人在深山里的战斗
德拉克洛瓦　油画　1863 年

德拉克洛瓦这位浪漫主义的大师喜用动荡、激烈的画面表现自己的才能。他曾到国外游历，有些亲身经历的见闻，图画中硝烟弥漫，厮杀正酣。是对战争的赞美还是憎恶，每个人可以对它有不同的理解。

造出来的，是用他想象力的翅膀和他对时代的严谨铸造出来的，是动用了一切感官的灵敏和一切精神的灵思雕刻出来的，并且悄无声息地、情操高远地投入到既找不到起点也找不到终点的漫漫时空之中。

然而，一个灵魂中有这种炽热理性的人，并不表明他一定具备创作时需要的冷峻和孤寂时需要的长久坚持的耐心。要把艺术的理性刻进无言之石或浇铸成既质朴又金黄的文字，并把它托付给时代——这一切任务由于过于神圣，往往使心力不坚的人容易受冲动的戕害，容易升腾起急躁的情绪。他幻想着直接冲进眼前的时代去干预现实的生活，去改造道德世界中尚未形成的“形式的材料”；这样的一些人，根本无法信步闲庭于忠实的创造之中（席勒不赞成艺术干预眼前的生活或直接与时代挂钩，甚至反对艺术作为道德说教的工具。——编译者注）；再说，一个有良知的艺术家，看到同胞的不幸也一定会坐立不安，看到同胞的堕落就觉得事情紧急；于是，他的心中必然升起火一样的热情，这种炽热的情绪往往要急不可耐地变成强有力的行动。然而，我们要说一声：且慢，你了解这中间的奥秘吗？你看到的道德世界中的这种混乱，到底是对理性伤害得更重，或只是伤害了人的心灵？假如你还不明白这一点，就只有靠你的追求，你的那种特定的、想立竿见影的热忱来识别。如果你的道德冲动是纯粹的，则当以绝对的目标为追求的目标，不要在时间上过于的急迫，只要未来是从现在的必然发展而成的，那么未来就变成了现在。对人类的整个发

农民的舞蹈　鲁本斯　油画

在娱乐中可以忘却一切不快和忧愁，尽情地享受由怡乐带来的兴奋，体会与自然融为一体的快感。农民在自家大树下尽情地舞蹈是一种返璞归真的自然的美。

展途程来说，理性是不受任何时间限制的；方向一对，同时就预示了成功，那句老话说得好：一旦开始踏上征程，一切都抛在了身后。

热爱真与美的青年如果想迫切地知道，当时代还在各方面抵抗艺术和理性的光芒时，他胸中升腾起来的高尚的道德冲动该如何得到满足？回答是：倘若你为意欲影响的世界指出了一个向善的方向，原本是缓慢的时代节奏就一定会加快；假如你用你特有的方式，让世界的思想向着必然与永恒靠近，并通过你的行动或者你所创造的东西，使必然和永恒变成了这个世界冲动的一个对象，你就已然为世界指出了一个前进的方向，这也满足了你的道德追求。当你超越了妄想和任性的天障，就证明那妄想和任性建立起来的城堡已经倾斜并即将坍塌；而且只要你已经确信了它现在的倾斜必然会引起它的坍塌，它就必然坍塌并已经坍塌。但是，这一坍塌必须是从人的内心里，而不是从外表之表象上坍塌（即利用灵魂的冲动力之强烈程度，可以从人的内心里剔除妄想和任性带来的藩篱，这样，它就失去了震慑你统治你的力量。如果欠缺了前述的强烈程度，仅从表面上剔除了，它就仍然能发挥作用。——编译者注）。在你的内心中，需要让必胜的真理在纯洁静穆的环境下发展壮大，并赋予美的形式；这样，你就不仅从思想上敬重它，而且还从感官上去捕捉它的闪现，去培育对它的挚爱。为了避免从现实中接受到不洁的范例（这一点本应由你给予现实），在你还不确信已经有一个忠诚的卫士在保护你的心灵之前，切勿冒失地进入现

梅杜萨之筏 席里柯 油画 1819 年

每个时代都会产生出具有创造性的人物，成为那个时代的骄傲。席里柯的梅杜萨之筏是一个真实的悲剧事件，作品却没有让人揪心的刻画，而是描写身临绝境的人看到了一丝的希望，充满戏剧色彩，席里柯的艺术才华展露无遗。

实社会并草率地投入战斗。你要知道，你是同时代在一起生活，但绝不做它的宠儿；你的任务是贡献同时代的人所需要的东西，而不是提供他们会赞美的东西。你的身上虽不曾有他们的缺失或过错，但要同他们一道，以高尚的情操与他们共同分担他们所受的惩戒；并心甘情愿地屈从于他们既不想舍弃、又不愿意承担责任的国家的强制羁束。由于你有坚贞的勇气和不俗的操守，你会鄙视他们得到的现实的幸福，这万万不可；你只能用你的勇气和操守向他们证明，不是因为懦弱你才分担他们的痛苦。如果你想对他们造成积极的影响，你就得掂量这种影响会给他们带来什么结果，他们会出现什么样的状况；如果你实在是良知亢奋，想要替他们行动，你也应掂量掂量他们会对此作出如何的反应；如果你得到了他们的赞誉，你需考察这种赞誉是否来自他们的尊严，当你把他们的幸福看做可以宽谅但却不值一提的对象时，你身上展现出来的高尚才会激起他们的兴趣，也许他们也从此真的高尚起来。当你想把原则交给他们时，不应老是板着面孔仿佛只有严肃才不损害原则的高贵，那会将他们从你身边吓跑；你应该让原则在怡乐中潜移默化地流淌，只有在兴致极高的怡乐中，他们才能够忍受那些原则；这说明，趣味比他们的心灵更容易趋于纯净。但是，当有些胆小鬼即使在怡乐中也要逃跑时，你必须捉住他们，但无须抨击他们的浅陋的原则，也不必咒骂他们的行为，那将是徒劳的；你可以在和他们闲散地踱步时，试试你的创意，看是否能够将那些任性、轻浮或粗野从他们的娱乐中剔除出去；如果你做到了这一点，你也许就能够于不知不觉中，将那些低俗的习惯从他们的行为中，甚至从他们的意象中驱除了出去。最后，不管你在什么地方或什么境遇下与他们相处一处，你都要以高尚的、宏伟博大的、丰富多彩的、饱满的精神面貌和物质形式将他们团团包围，用杰出事物的象征在他们的四周形成包围圈，直到理性胜过现实，艺术胜过自然的憨朴为止。

第十封信

人的审美培育是在超越现实上实现的

RENDE SHENMEI PEIYU SHI ZAI CHAOYUEXIANSHI SHANG SHIXIAN DE

有人嘲弄和诽谤美的女神，这样的人要么是从来不关注人世间居然有美的存在，要么就是从来没有沐受过美的恩泽——我并不是指那些只知道谋利要付出辛劳，臣服可以得到收益，除此而外不知道还有其他价值尺度的人；这样的人怎么能理解居然有人为尊重人的趣味、为培养人的内在和外在的美而正在默默地奉献呢？怎么会有能力认识到，不能因美的修养有偶然的短处就对美的本质的长处视而不见呢？这样的人没有形式感，确切地说他们认识不到形式上的美感，他们会把一切语词的优美当做谄媚，把交往过程中的一切文雅当做虚伪，把举止的庄重或大方当做过度的矫情而加以鄙视。他们的眼睛看不到，优美女神的宠儿在当社交家时能带来举座的欢畅，当事业家时能得到众人的心悦诚服，当著作家时能给整个时代印上精神的烙印。而那些嘲弄和诽谤优美女神的人——只知道劳作只知道苟活的人——即使用尽他们的一切力量，也不会引起人们的注意，甚至连一块石头都挪动不了；因为他们绝对不具有优美女神的宠儿的那种会使人感到惬意的天赋才能，而且他们永远无法窥探到其中的奥秘。所以，他们除哀叹世事不公，哀叹上帝重表象不重基质外，就想不出别的招数了。

通过前面几封信，或许你已经确信（这一点我同您的观点始终保持着一致），人远离他的规定时，是在两条相反的道路上摇摆的；而时代也是在两条歧路上彷徨，一方面它可能退回到粗野的状态，另一方面沦为疲沓和乖邪；这种双重混乱只有通过美

凡戴克大厅

宗教是对人心灵的异化，而艺术可以净化人的心灵，通过对艺术的修养，可以让人发现生活中更多的美，纯净人的灵魂，把人从粗野与乖邪之中牵引到正途上来。

弗里德利希大帝的音乐晚会

生活中不是缺少美，而是缺少发现，盛大的音乐会给人美的享受；通过艺术的修养可以让我们感受到生活之美无处不在，修养可以丰富人的审美情趣，在欣赏乐曲或接受教育的时候让人的听觉审美得到升华。

才能恢复正常。但是，美的灵修真的能同时应付这两种相反的缺点吗？它真的能把两种对立的天性统一起来吗？即：它真的能够既把粗野的天性约束，又把疲沓和乖邪引领到正常的道路上来吗？也就是，它既能够在系紧绳索的同时又能够解开绳索吗？如果它实际上解决不了这双重的矛盾，我们又怎么能够期望它起到培育人类这样的伟大作用呢？

曾经有人这样断言：只要具备了审美的情趣，一些鄙陋的习俗自然会逐渐地消逝；对此好像无须再作证明。这里，人们只是根据日常生活的经验得出了这一论断。这样的现象确实真真切切的存在，思想的自由，思路的清晰，智识的发达，情感的鲜活跳跃，总是与修养相随相伴；而那些反面的习惯则总是与没有修养臭味相投。人们甚至引证，即使在古代，那些最有教化的民族其审美的水平也是很发达的；同时列举了相反的例证，那些粗野的、蛮横的民族，天生就对美的感觉迟钝，所以他们总是用刻毒、凶恶甚至凶残来装点他们的生活。但是，仍然有一些思想家间或地产生了疑问（并不否认基本的事实），那些言之凿凿的说法，即无教化民族的粗野和有教化民族的文雅，其分野也许并不是那么严重。甚至有人认为，美的修养根本谈不上是人类的善行，并因而拒绝（完全是出于本意的）想象力的艺术进入他们的共和国（指柏拉图在其著述《理想国》里，将诗人开除出共和国——编译者注）。

当然也有人嘲弄和诽谤美的女神，这样的人要么是从来不关注人世间居然有美的存在，要么就是从来没有沐受过美的恩泽——我并不是指那些只知道谋利要付出辛劳，臣服可以得到收益，除此而外不知道还有其他价值尺度的人；这样的人怎么能理解为尊重人的趣味、为培养人的内在和外在的美而作的默默的奉献呢？他们怎么会有能力认识到，不能因美的修养有偶然的短处就对美的本质的长处视而不见呢？这样的人没有形式感，确切地说他们认识不到形式上的美感，他们会把一切语词的优美当做谄媚，把交往过程中的一切文雅当做虚伪，把举止的庄重或大方当做过度的矫情而加以鄙视。他们的眼睛看不到，优美女神的宠儿在当社交家时能带来举座的欢畅，当事业家时能得到众人的心悦诚服，当著作家时能给整个时代印上精神的烙印（这样的人，席勒大约是举歌德为例。——编译者注）。而那些嘲弄和诽谤优美女神的人——只知道劳作只知道苟活的人——即使用尽他们的一切力量，也不会引起人们的注意，甚至连一块石头都挪动不了；因为他们绝对不具有优美女神的宠儿的那种会使人感到惬意的天赋才能，而且他们永远无法窥探到其中的奥秘。所以，他们除哀叹世事不公，哀叹造物主重表象不重基质外，就想不出别的招数了。

不过，这样一些人的意见倒值得我们注意，他们对美的作用表示了非难，并从经验中提出了可怕的依据：“美的作用当然无可否认”，他们说：“如果它被掌握在善良的人的手里，会更加的充满魅力；但如果被邪恶的人掌握则刚好相反——为了不义和缪误而运用美的力量，岂不是更加地引人注目吗？而且发生这

版画爱好者　约翰逊　油画

图画中有老年人也有儿童正驻足在版画前仔细地观察。人们对事物的情感自然地流露，是出于好奇还是喜欢，艺术自身是有力量的，艺术的吸引力没有年龄的区分。

巴克斯　壁画　古罗马

在今天看来司空见惯的常识，却是我们前代人用血与火的斗争换来的，真理的前进是如此的不易，一位天才取得成就往往在他身后才带来声誉，然而正是这些人支起了人类进步的桥梁。

样的事，并不和美的本质相违背。”也正因为凡是有趣味的东西都只注意“形”而不在乎“质”，最后会忽略一切的实在，将人们引领到一个危险的处境——牺牲真理和道德换取迷人的外表；使人们区分不了一切事物的实质，只有表面的现象在表现着它们的价值。“这样，一些有能力的人”，他们继续说，“为了美的诱惑而放弃了工作的稳重或严谨，或是换一种说法，受了美的引诱而草率地工作！更有一些缺乏理智的人，他们总是与社会的各种‘组织’格格不入，因为诗人（那个时代使用“诗人”这一概念，通常指纯文学的创作者，即代表了纯文学。而当时也确实是以诗为主导的。——编译者注）流于表皮的幻想给他们描述（建立）了一个世界，在那里没有礼仪规则的约束，没有理论归纳意见，没有艺术来遏制自然！自从诗人在描述的图景里，用鲜艳的颜色，用耀眼的、光彩夺目的语词代替了人类的情欲以来，自从它从法理上（与法则和义务的争斗中）建立了自己的领地之后，已经没有它不会使用的辩证法；那么，社会如今又变得怎么样了呢？——社会的一切关系特别是交际过程中需要以真实（不能是虚伪或虚假。——编译者注）为核心，如今却被虚美的法则所控制；获取人们尊敬的前提是建功立业，现在却被外在的浮华的印象所取代。是的，我们确实看到如今的美德欣欣向荣，看到表面的现象上产生了种种讨人喜欢的结果，并赋予社会一种价值；但是，我们还应该看到，与美的外壳相契合的是放荡无羁的统治，是无碍无阻的罪恶的盛行”。的确，以上的话应该引起我们的深思。从历史上看，凡是在艺术昌盛、趣味风行的时期，人类都是在沉沦，性格都是在退化；而且没有一个例子可以提出来进行相反的佐证：一个民族的审美修养的高度发展和极大普及，是与他们的政治自由和公民美德齐头并进的；

亨利四世升天和玛丽·德·美第奇摄政　鲁本斯　约1621—1625年

巴罗克艺术大师鲁本斯的作品中充满了炫目的色彩和强烈的动感。图画中纷繁的人物以各种动态宣布一个时代的结束和另一个时代的开始，政治权力的更替往往都是如此。

而且美的习俗是与善的张扬、举止的文雅是与其真实相辅相成的。

但是，我们也应当明白，雅典人与斯巴达人在他们的独立时期，虽然是以法则的尊重为其立国的基础，但那时的艺术还处在孵育期和童年期，对趣味的崇尚还远远没有成熟，也根本谈不上美已经统领了人心。诚然，诗的艺术达到了异常的高度，但那却是靠少有的天才的横空出世，是靠天才们的腾跃和飞翔才如天空中的惊雷，在雅典的上空掠过。关于天才，我们知道，它近同于草莽的原初的不受任何规则约束的创造力，它是时代的黑暗中闪耀出来的一丝光芒，故它的出现不能代表那个时代的趣味，它甚至是为了反对那个时代的趣味应时而生的。其后的伯里克利和亚历山大的统治，虽然艺术的黄金时代到来了，趣味得到普遍而又广泛的尊重，并取得了统治地位；但这时的希腊，当初的“力”和自由已经消失无几；真理被雄辩歪曲，智慧只停留在苏格拉底（苏格拉底倡导“美德即知识”，即认为有知识才能具备美德，有美德才能作为国家的统治者来治理国家。这一理论在当时被视为毒害青年的异端邪说，并由此被处以死刑。——编译者注）似的人物的嘴里，美德在福基翁（福基翁（Phocion），公元前罗马雅典的著名将军，一生正直，性格敞亮。后被判处死刑。——编译者注）这样人的生活中也被视为犯罪。而罗马人，我们知道，当他们的严峻被希腊的艺术征服之前，他们自己已经在无数次的内战中耗尽了他们的“力”，随后又被东方的奢侈所折服，臣服于东方君主的褶裙下并甘愿受其桎梏，最后在那里耗尽了它的元气。而对阿拉伯人，是直到他们的“勇士精神”在阿拔斯王朝（即巴格达的哈里发王朝，存在于450—1258年。——编译者注）式微之后，才升起了文化的曙光。到了意大利的近代，也是在伦巴第同盟破裂，美第奇家族统领了佛罗伦萨人，使得整个意大利北部的所有城市的独立精神都灰飞烟灭之后（伦巴第同盟，公元1167年，意大利人站在教皇一边反对罗马的霍亨斯陶芬王朝（腓特烈一世，也译为弗雷德里克·巴巴罗萨，侵略意大利的德意志国王，但

美第奇陵墓　米开朗基罗　雕塑

米开朗基罗的创作大都和美第奇家族以及教会联系在一起，这常让他陷于痛苦之中，艺术家艺术创作的独立性由此受到挑战；主人公华丽的外表掩抑不住他们空虚的心灵，与主体强壮的体魄是相矛盾的，这正与米开朗基罗的内心相对应。

他本人不认为是侵略，而是镇压反叛）而订立的城市联盟，后因美第奇家族的崛起而解体。美第奇家族，13世纪崛起于佛罗伦萨的名门望族，弗朗切斯科一世大公和费迪南德一世、二世国王等都是美第奇家族的著名代表；曾一度统治佛罗伦萨，支持并赞助了文艺复兴。17世纪时被洛林家族取代，结束了统治。史家评价，没有美第奇家族，就没有意大利的文艺复兴；即使有，也不是我们今天看到的这个样子。——编译者注），美的艺术才喷薄而出（指意大利文艺复兴。——编译者注）。如果我们再从现代民族中去举出例证，就显得多余了，民族的独立自主性逐渐式微，其文明程度就逐步增长。无论我们的目光在过去的世界里如何寻找，到处呈现的都是：趣味与自由分道扬镳，美在独立的以单个的英雄美德的沦丧之上，逐步地建立起了自己的统治。

所以，要是说审美修养的具备必以牺牲个性（及其潜力）为代价，从经验的角度上说，不能说不是事实，但那是一种流于浅表的看法。人类性格（个性）的潜力，是促成人类一切伟大和卓越的最强有力的动力，甚至是原动力；如果丧失了这一原动力，无论任何伟大的优点均无法代替。因此，我们如果仅仅从迄今为止的经验里，草率地给美的影响下定义，那么，人们的确不应该去培养这一对人的真正文明有如此危险的情感；他们宁肯粗野和陋鄙也不要所谓的美的熔炼；宁肯不要美给他们带来的一切好处，也不愿受它使人疲沓萎软的影响。

瓦平松浴女　安格尔　油画　1808年

美的创造可以不附加任何条件，然而安格尔却用极端理智的方式向我们展示一个唯美女人体形象，他所追求的并不是单纯的真理，而是他执著的永恒的唯美。从他的作品中可以让我们看到感性和理性的调和。

当我们承认上面提出的诸多证据确有举足轻重的意义之时，人们看来已经深信不疑了，刚才阐述的那些证据和证明起了坏作用的美，与我们要谈的美决不会是两回事。然而，也许关于美的问题的法庭，并不是以经验为依据来判决的；我们有必要预先提出一个美的概念，只有经验不是这一概念的因源，并且通过辨析使我们认清，刚才经验中所说的那些美，是否有理由使用美这个称谓。

假如我们提出了一个美的纯粹理性的概念，则这个概念就必须从抽象的道路上取得，因为它不但不能来自于现实的事件，而且它还必须纠正我们对现实事件已有的那些判断，并进而引导我们对现实的事件作出新的判断。这一抽象的理性概念，须从感性和理性兼而有之的天性的可能性中加以推导；或者说，美必须表现出它是真正意义上的人的一个必要条件。迄今为止的人，还没有达到一个“真正的人”的程度，其天性中虽然感性和理性兼而有之，但不是感性压制理性，就是理性压制感性，人格的分裂由此而来。因此，我们现在要将人提高到纯粹人的理念上，从人的各个个体和可变现象中发现绝对的和永存的东西，并将一切偶然的局限加以抛弃，来获取人之所以能生存的一些必要条件。前述的那些经验中的人，只是个别人中的个别状态，不应该代表整体人类。我们将在这样一条抽象的道路上，先验地空乏地行走一段时间（席勒准备通过7封信，即从第11到第16封信来论述这一问题。——编译者注），同时离开我们曾经非常熟悉的家园，离开生活提供给我们的那些鲜活的事实，只在空旷的原野上独行。但是，我们清楚自己在做些什么，我们所探求的是一个坚实的、任何东西也无法摇撼的认识基础：如果谁超越不了现实，那将永远探求不到真理。

在罗马的荷兰艺术家

只观察一个事物的外表并不能看到它的实质，对美的掌控更需要理智与分析，以便使我们的认识不只是停于表面。大量材料的占有是感性上升到理性的必经阶段，然而这一跳跃更需要智慧。

第十一封信

人格的分离是现代文明的必然

RENGE DE FENLI SHI XIANDAIWENMING DE BIRAN

一个永不变化的自我和一些可以在身上进行变化的材料的相随相伴，使其可以在一切变化之中，他自身始终保持不变；再把一切知觉当做经验，形成一个认识的统一体，同时把在时间中的每个显现方式当做法则，让它们在任何时间都能产生效力。当如此这般的一些变化和不变在他的理性和天性当中形成规条时，我们就可以说：人在变化时，他才存在；并且只有在他保持不变时，他才存在。这样，人就能做到尽善尽美——即在如潮似涌的变化中，永远地保持不变、保持他的恒定和一体。

抽象上升到一定高度，会得到两个概念，这是两个最后的概念；此时抽象的过程必须停止并承认到达了极限。对人这一概念的抽象思维，得到的是两种状态中的人，一个是永恒不变的，一个是经常变化的；永恒不变的称为纯粹的、理性的人，即理性人格；变动不定的，称为人的现存状态。

理性人格和现存状态，即自我和自我的各种规定，应该在绝对存在（即神，或上帝）那里是同一的，而在有限存在（即现实经验中的真正的人）那里永远被分开为两个。尽管理性人格是恒定的，现存状态却在不停地改变；尽管现存状态在不停地改变，理性人格依然保持恒定。现存状态一会儿静止一会儿运动，一会儿热情一会儿冷漠，一会儿相合一会儿矛盾；但理性人格中的“我”依然是“我”，状态因“我”而直接不断地衍生，而“我”依然保持不变。理性人格的一切规定，只有同理性

阿波罗与达弗尼　贝尔尼尼　雕塑　1622—1625 年

爱情是一个永恒的主题，雕塑表现了一个动人的爱情悲剧，他们的命运被雕塑家永远定格在追求而没有结果的那一时刻，他们的性格也被凝固起来，成为抽象的美。

人格在一起保持恒定才是绝对的主体；因为它们（这些规定）本身来自理性人格。即，凡是神性的东西，因其具有神性，所以它才是神性的，这种神性是绝对的、必然的、永恒的。而当我们一想到“神性”，就表明了我们的潜意识里承认了“神”的存在。但神的存在不是现实的存在，甚至区别于其他任何的存在；它不受自身以外的任何事物的制约，它以自身为依据，以自身的存在为依据表明了自身的存在。故神性代表了一切，代表了它自己的永恒性。而作为有限存在的人，理性人格与现存状态永远被分离，现存状态既不可能建立在理性人格之上，也不可能理性人格建立在现存状态之上。假如理性人格能够建立在现存状态之上，那么理性人格就必然要变换；假如现存状态可以建立在理性人格之上，那么现存状态则必须保持恒定。故而，不论是哪一种情况出现，都会造成：理性人格不再是理性的，现存状态不再是现存的，最后，有限存在也不再是有限的。更进一步地说，我们的存在，并不是因为我们在思考、愿望和感觉；也不是因为我们存在，我们才思考、愿望和感觉。我们的存在，是因为我们的存在——我们的感觉、思考和愿望等等，是因为在我们的存在之外还有一些另外的存在。

有馅饼的早餐桌　海达　荷兰　油画　1653 年

海达主要在阿姆斯特丹生活和工作，这幅作品是 17 世纪荷兰静物画的杰出代表，质感光滑的餐具，松软的面包，晶莹剔透的酒杯，以及洁白的桌布都逼真得如同摆在人们面前一样，描绘得极为精细，画面的构图也非常考究。

因此，理性人格必须建立一个自己的基础，为了使恒定不变，不受变化的侵扰，它还必须找到一个绝对的、自身存在的依据——找到一个观念，这个观念就是自由。现存状态也必须有自己的一个基础，因为它不能在理性的人格之上而存在，也就是说，它的存在不是绝对的，而是由其因果关系产生出来的。因此，现存状态需要一系列依附性的存在（或者变化所需要的）作为条件，这个条件就是：外在事物的作用。这个作用一旦开始，现存状态就成了存在；这个作用一旦停止，其状态就被终止。所以，外在事物的作用有始有终，证明了时间性是现存状态的特点。再说，一切变化的条件都是时间（这不证自明），如果说“序列是某事发生的条件”也未尝不可（指序列上的各个“点”都是因为前一个点而产生的。认识到这一点，就可以得出一个结

日神战车 提埃波罗 油画

阿波罗在众神的簇拥下乘坐战车到人间去抛洒阳光，这是我们赋予生活的一点想象。日子一天一天地过，日出日落，总有一种力量在支配这种规律，在没有发达科学的古代，自然神的力量是最大的，把现实中权力用于天界，太阳神正司此职。

论：在任何一点上的某个事物都是因有它物而产生的结果。——编译者注）。理性人格在永远保持恒定的自我中显示自己，而且只有在这种永远保持恒定的自我中显示；由于它的不变，故不可能有一个时间的开始；相反，倒是现存状态所需的“时间（即所需的外在事物的作用）”，必须在理性人格中才有可能开始；这全是因为一切变化都必须有一个保持恒定的东西为依据，其变化必然是其中某些东西在变化，而不是这个东西本体在变化。比如，当我们看见花开花谢时，花就是那个在变化中保持恒定不变的东西，它的“开”与“谢”就是那个变化的始和终。这里，我们仿佛将“花”赋予了一个理性的人格，而“开”与“谢”就是两种现存的状态，在这两种状态中，花也显示了自己。说人在变化，那当然是确定无疑的，但是，人的理性人格不是一般的人格，而是具有一种抽象性质的人格，同时也是处在一种特定状态中的人格。如前述，一切状态即特定的存在都是在时间中显现的，故有一个起始是人作为现象的必然条件（只有作为观念的人才是永恒的，作为现象的人有时间性，即有始也有终。——编译者注）。虽然纯粹的灵智（即神性）在人身上是永恒的，它在其中没有时间，即永恒不变，那么，这样的人就不是一种特定的存在；也许，人的天禀中存在着他的理性人格，但在实际中不可能存在。所以，他的“自我”既保持恒定不变，又通过他序列的表现才成为现象中的人。

因此，作为现象中的人，首先要有进行活动的物质或者说首先要有实在性（这里的实在性的最高灵智来自它的自身），这种物质或实在性的具有必须假道于知觉，但又必须在空间里把它们当做存在于他身外的东西，在时间里又当做存在于他身内进行变化的“材料”。这样，一个永不变化的自我和一些可以在身上进行变化的材料就相随相伴了起来，使其可以在一切变化之中，他自身始终保持不变；再把一切知觉当做经验，形成一个认识的统一体，同时把在时间中的每个显现方式当做法则，让它们在任何时间都能产生效力。当如此这样的一些变化和不变成为他的理性和天性当中的规条时，我们就可以说：人在变化时，他才存在；并且在同时保有他的不变时，他才存在。这样，人就能做到尽善尽美——即在如潮似涌的变化中，永远的保持不变、保持他的恒定和一体。

我们已经知道无限的存在即神性是不会变的，可是还可以把一种倾向称为具有神性，那就是神性的两个最根本的标志；一，功能的绝对性标示——一切可能的事物都有现实性；二，显现的绝对一体性标示——一切现实的事物都有必然性；并把这两个标志当做它永恒追求的任务（由于神的存在假定是绝对的、永恒的、必然的，则通过神性这一概念的抽象思维得到的一切规定也必然是绝对的、永恒的、必然的。故而它必然包含一种倾向：一切可能的事物都有其现实性，一切实际的事物都有其必然性。又由于神性作为纯粹理性在现实中并不存在，其倾向在现实中也不会完全地实现；所以，要实现这一倾向会成为一个长期至无限的任务。——编译者注）。所以，人在他的理性人格中也必然具有这种趋向于神性的天禀，而人在迈向神性的道路上——我们姑且把永远不会达到目标的东西称为“道路”——需要从感性中开始（理性人格与神性是相似相通的，除了具有神性的倾向外，他还离不开感性。这里，人与神是不同的，神只有理性没有感性，人的天性中除了理性还有感性，所以必须从感性开始追求理性。——编译者注）。

孤立地抽象地看理性人格，也就是让一切感性材料暂时脱离，它就只具有无限外显可能性；即，只要不观照它，不去感觉它，人就变成了一种形式和空洞的物。孤立地抽象地看人的感性，也就是让精神暂时地告别人的一切自我活动，它就只具有形式的人转化成物质的人的功能，而绝不可能使人真正地与物质统一起来。如果人仅仅停留在感觉上，仅仅是在渴求某种东西，或仅仅

弹琴女

卡拉瓦乔　油画　1595 年

17 世纪有三种艺术风格流行，古典主义，巴洛克艺术和卡拉瓦乔艺术。其中卡拉瓦乔用神话的题材表现世俗的人或直接描绘现实中的人，把人的视觉领域由天上转回人间，对人物不美化也不理想化，由于他对现实主义具有开创意义，因而被称为推开 17 世纪大门的人。

毕业典礼 油画 1649 年

世界范围内的文化传播与印刷术有着密切联系，然而更有实际意义的文化传播是在学院里面；现代学校已成为传授文化的公共载体，如果没有文化作后盾去开化人们的心智，则追求真理是一句空话。

把行动停留在渴求上，他就只不过是世界一物（如果我们把世界一物仅仅理解为时间的还不具有形式的内容的话）。虽然说只有人的感性才能使他的功能具备活力，但也只有在他的理性人格之上，这一或这些活动才能成为他自己的。所以，为了使自己不仅仅是世界一物，人必须给物质赋予某种形式；为了不只是一种徒具形式或空洞的物，人必须把天禀变成现实的物。而要使先前的形式转化为现实的物，没有时间的参与，显然是不可能的；所以，人必须创造时间（即给予一个时间的界域或者时间的区间，就是现实物的“始”和“终”），并把变化与恒定对立起来，把世界的多样性与他自我的永恒一体性对立起来。而把物质赋予形式，就不得不再扬弃时间，以保持恒定在变化中的恒定，用自我的一体性统摄世界的多样性。

由此产生对人的两种要求，但却呈相反的路径；要达到这两种要求，同时产生人的天性的两项基本法则，即感性和理性兼而有之的法则。一，要求绝对的实在性：即把凡是形式的东西转化为世界的物，以便让他的一切天禀通过现象来表现。二，要求绝对的形式性：即把他身内的凡是只具备世界之物的特性清除，把一致带入到一切变化之中；或者简单地说，人必须把一切内在的东西外化，把一切外在的东西赋予形式。我们设想，如果这两项要求都能尽善尽美地达到，人也就回到了原来的出发点，即神性的概念上面。

第十二封信

被时间限制了的人的天禀通过感性冲动会被唤醒

BEI SHIJIAN XIANZHI LE DE REN DE TIANBING TONGGUOGANXING CHONGDONG HUI BEI HUANXING

当形式冲动处于支配地位时，我们身上的理性人格（纯粹客体）就处于活动状态，一切存在就会得到最高程度的扩展，而消失的就是一切的限制；当初被贫乏的感官局限了的量度一体，如今被提高到把整个世界都包括在内了的观念一体。当我们在这样行动的时候，我们已经不受时间的钳制，甚至不处于时间之中，而是把时间以及它的全部永无终结的序列拥抱在了我们的怀中。只是到这时，我们才不再是个人，而是成为了一个类属；当我们说出一个判断时，就代表了一切精神的判断，当我们采取了一个行动时，就代表了那是我们内心的一切选择。

前信谈到的双重任务还可以用更浅显的语言来表述：把我们身体里的必然转化成现实，再把身外的现实当做我们必须服从的必然规律。而完成这双重任务是受了两种力的驱策，是它们推动我们去分别地实现；这种“力”的涌动我们可以非常恰当地称为冲动。第一种是感性冲动，它是从人的物质存在之天性中自然而然地产生出来的，其职责是把人放入时间之中，并加以限制，使人成为受自然法则支配的感性世界的一部分。即变成物质，而不是给人以物质（不是通过精神对物质进行加工）。如果是给人物质，理性

筛麦女　库尔贝　法国　油画

用现实主义的手法表现生活的真实，在库尔贝以前也曾有过，但从未有像他进行得这么彻底。库尔贝高扬现实主义的旗帜，走到哪里就宣传到哪里，最终确立现实主义的地位。他用大幅画描写不加修饰的筛麦女，把活生生的现实带进了艺术。

摩特枫丹的回忆　柯罗　油画　1864 年

工业革命的发展使自然生态受到破坏，人们又都向往原生态的大自然，现实主义画派的画家们因而迷恋于摩特枫丹森林的美景。这是最能代表柯罗风格的作品，描绘森林的入口，梦幻般的风景像是一首清新、恬淡的诗，引人入胜，让人难忘。

画　室　库尔贝　油画　1855 年

画室是库尔贝从事艺术多年后对自己艺术生涯的一个总结，画面中的人物和摆设都经过精心的安排，每一物品都有深刻的含意，画家本人坐于正中，以示自己独立的人格和思想，女模特儿的赤裸代表真实等等，从画作中可以触摸到艺术家的内心。

人格就成了不是恒定的东西，它在接受物质中使自身与物质等同起来了，也就是同保持恒定的东西区分不清了。可是，物质的东西只能是变化的，或者叫做实在的，它与理性人格不发生联系，也不能受到精神的加工，只是在时间中显示自己的变化，并充实了本来是空洞的时间（没有内容的时间是“空时间”。——编译者注）。所以，这种感性冲动不但要求变化，而且要求时间有一个内容。而时间一旦有了内容，所形成的状态我们就称之为感觉，即我们通过感觉才能够感受到时间及其里面的内容，这个内容就是某物在时间里的活动，即我们意识到了这一活动。也就是说，我们是借助于这种状态才意识到物质存在的，或者说是因为这一状态物质存在才显现出来的。

翻看前面的信件，我们知道，存在于时间之中的任何事物都是一前一后呈序列排列的，因而一旦确定某物存在于某个点上，就把其他一切事物都排除了。比如我们在一件乐器上奏出某个音符时，预示着在这件乐器上可能发出任何的音符，唯有“此个音符”才是现实的。故而，一旦人感觉到了眼前的事物，他虽然具有无限的可能还可以感觉其他的事物，但也被限制在了眼前这唯一的事物——一种存在方式——上了。所以，我们从哪里看到感性的冲动在活动，我们同时也在哪里看到最高程度的限制；人，处于这种状态中，不过成了一个度量单位，顶多是这个被充实了的时间当中的一个瞬时，瞬间。更确切地说，这时的“人”并不存在；因为只要这个人受了感性的支配，他就被时间俘虏，在此期间他的理性人格已然被唾弃[1]。

又由于人的“有限”性质所决定，感性冲动的领域还会扩展。更因为一切形式被排序（序列）成了无数个点（时间的）在一种物质上显现，所以一切绝对也只有通过无数个点（局限）作媒介才能被显现出来；最后，我们看到人的全部表现都是被固定在这种（感性）冲动上的，他的天禀也只有通过感性冲动才会被唤醒，并使它得到发挥。我们更看到，也仅仅因为感性冲动是一个一个的局限，才使人不可能达到完善的程度，即不可能趋于完美。这一冲动用它那不可撕裂的纽带，把向高处奋进的精神牢牢地绑缚在了感性世界上；把有着无限自由的抽象，一次一次地拉回到现时的限界之中。当然，精神或思想可以暂时地脱离这种冲动，意志的坚强可以在反抗它的要求时取得暂时的胜利，但是不久，这种冲动的天性又会恢复它的权利并履行它的职责——要求实在的存在，要求认识其内容，要求行动有一个目的，即展示它自己的有限。

自画像　高更　油画

高更从事艺术以前，做过多种职业，有着丰富的人生经历，但最终他毅然放弃了自己的事业与家庭，专心于自己热爱的艺术世界中。他的作品中除了单纯、率真还充满了神秘的气息。自画像中迷蒙的眼神似乎是在寻求这个世界的真理。

两种冲动中的第二种冲动，我们把它称为形式冲动。这种冲动来自于人的绝对存在，亦即来自于我们在第十一封信中说的：绝对的、自身存在的依据。以自身为根据是人的理性天性，它的职责是使人充分享有自由，并把人在各个方面的不同通过理性统一在一起，使其步调一致，首尾贯通；并在状态的千变万化中保持住人的理性人格。正因为理性人格具有绝对的、不可分割的一体性，所以它不能自相矛盾，这样就形成：我们永远是我们。这一冲动的主要职责是保持

〔1〕理性人格被唾弃后的人，可以称为无我的人。正像这种说法的本意一样，处于无我状态的人是自身之外的人（自我之外），但这时的人仅适合于如下的情况：感觉成为激情，不受精神的加工（或过滤），理性人格没有参与活动，而且这感性由于长时间的延续，是能够看得出来的——他处于自身之外。相反的例子是，当感性的激情趋于平淡，人重归于冷静和审慎，理性人格恢复活动，人也就返回了自我（返回自身）。但是，一个不省人事的人，他脱离了自我（处于自身之外），即他丧失了自我，这时的他只是不在自我之中；当他从不省人事返回到正常状态，也只是回到了一种常态。所以，这种状态是可以和“在自身之外”的状态在一个人身上并存的。——作者原注

蟹肉早餐　海达　油画

荷兰小画派的画家始终以创作绘画小品为己任，给收入不高的市民阶层送去精神消费之物，这里描绘的是日常生活用品，精致而富于生活气息，当人们劳动一天归来时，欣赏小幅画作可以荡涤一天的疲劳。

理性的人格，它肩负了这一重大的任务——要求永恒的东西且具有必然性，尔后，再无其他要求；它现在的决断具有永久的效力，它现在的命令就是永恒的指令或法则。因此，这一冲动囊括了整个人生的全部，它没有时间限制却涵盖了人一生的时间，或者说它扬弃了时间，杜绝了变化；它把现实的事物变成必然和永恒，同时把永恒和必然的事物变成现实现存的，换句话说，它要求的是真理以及真理的合理性。

显然，前面说的第一种冲动只造成一个一个的现象，第二种冲动就是为了立法——当涉及认识时，立法后的法则适用于每一个判断；当涉及行动时，立法后的法则适用于人的意志。当我们认识一个对象时，法则给我们的主观加上了一种客观有效性；当我们从认识出发进行行动时，法则给了我们的客体（无论是认识还是行动，也无论是理论还是实践）一个状态的尺度。在这两种情况下，我们都是把某种状态从时间中裁夺出来，既承认它有普遍性，又承认它有必然性。感觉只是说："在这个瞬间，这个事物是真的"，但当另一个瞬间来到，另一个主体出现时，它又在说着同样的话。而一旦思想说："就是这样的"，那么它就是作出了一个永恒的包括了一切的决断，在能抵挡一切变化的理性人格本身的担保下，这一永恒的判断具有永恒的有效性。爱好只能说："对我的性格来说，这是好的，也是我现在需要的"，但时过境迁，变化会带走你现在的性格和你现在的需要，甚至会使你现在正热烈爱着的东西成为你（将来的）厌恶的对象。可是，如果道德感情说："这样就是好的"，那么它就是作出了一个可以一劳永逸的决断。如果你因为其是真理而皈依了真理，那就是因其合理而正在实施合理，此时，你就已经用一切事件的法则来对待一切个别的事件，于是，你生活中的一个瞬间在你眼中也变成了永恒。

巨人　戈雅　法国　油画　19世纪

巨人是力量的象征，他让山河显得渺小，这是人对征服自然的想象，人类在自然面前是渺小的,但他们不会坐以待毙,理性的思考会激发人类无限的智慧,改造和利用自然正是人的力量所在。

故而，当形式冲动处于支配地位时,我们身上的理性人格(纯粹客体)就处于活动状态,一切存在就会得到最高程度的扩展，而消失的就是一切的限制；当初被贫乏的感官局限了的量度一体，如今被提高到把整个世界都包括在内了的观念一体。当我们在这样行动的时候，我们已经不受时间的钳制，甚至不处于时间之中，而是把时间以及它的全部永无终结的序列拥抱在了我们的怀中。只是到这时，我们才不再是个人，而是成为了一个类属；当我们说出一个判断时，就代表了一切精神的判断，当我们采取了一个行动时，就代表了那是我们内心的一切选择。

第十三封信

感受性得到越多的培育人就越是聪敏

GANSHOUXING DEDAO YUEDUO DE PEIYU REN JIU YUESHI CONGMIN

世界是在时间及变化中流延的，故而使人与外界相连的那个感觉或感受功能如果是完善的，就必然有最大可能性的变化和外延；更由于理性人格是在变化中恒定固守的，故而那个抵挡变化的理性或规定功能如果是完善的，就必然有最大可能性的独立和内敛。人的感受性越是得到多方面全方位的培育，它就越是灵活聪敏，而为现象提供的面越广，人就越能发展他自身内的天禀，也就越能把握这个世界；理性人格越是有力和沉静，就越多地获得理性的自由，也就越能理解这个世界，越能在他自身周围创造丰富多彩的形式。

这两种彼此对立的冲动，初看起来，好像再也没有比它们更对立的了，一个始终在变化，一个始终保持恒定。人的概念通过抽象思维的提升，已经完全概括在了这两种冲动里，如果说还有第三种基本冲动可以用来调节这两者，那简直是不可思议的。这种本原的极端对立好像把人的天性的一体性给破坏了，可我们将如何才能恢复我们的天性一体性呢？

在这两种看似矛盾的冲动倾向里，我们也不难看出，它们并没有面对同一个对象，既然它们面对的东西彼此没有直接碰在一起，当然就不会彼此冲突。也就是说，要求变化的感性冲动，并没有同时要求把变化扩展到理性人格及其领域，即它并没有要求原则也变换。保持恒定和要求一体性的形式冲动，也并没有要求状态也一同恒定不变，即它并没有要求感觉也同它一样保持一致。

画 室 维米尔 油画 1665 年

维米尔是荷兰小画派的杰出代表，善于概括细节和简化形体，简单的情节在画家画笔下显得精致、简朴和宁静，将世俗的生活诗意化，在平凡中发掘出和谐的美。

因此，从这一角度看两种冲动，它们就根本不对立。如果说它们看起来是对立的，那是由于它们偶尔要侵扰对方的领域，超越了自己的范围，误解了自己的权责，因而违背了自己的天性[1]。所以，文明的任务就是监视这两种冲动，确定它们的界限，使其不相互侵扰，并各守各自的疆界。当然，文明对待这两者是公正合理的，它不仅在面对感性冲动时维护理性冲动，而且也在面对理性冲动时维护感性冲动；因此，它肩负着双重的职责：一，防备自由干涉感性；二，面对感性的支配时确保理性人格的完整。要使第一项职责能够胜任，需要我们培育感觉功能，要使第二项职责能够胜任，就要培育我们的理性功能。

由于世界是在时间及变化中流延的，故而使人与外界相连的那个感觉或感受功能如果是完善的，就必然有最大可能性的变化和外延（对外界体验的丰富性。——编译者注）；更由于理性人格是在变化中恒定固守的，故而那个抵挡变化的理性或规定功能如果是完善的，就必然有最大可能性的独立和内敛。人的感受性（感觉功能）越是得到多方面全方位的培育，它就越是灵活聪敏，为现象提供的面越广，人就越能发展他自身内的天禀，也就越能把握这个世界；理性人格越是有力和沉静，就越多地获得理性的自由，也就越能理解这个世界，越能在他自身周围创造丰富多彩的形式。因此，文明培育我们的修养在于：第一，为感觉功能提供最多样化（与世界）的接触，同时把感觉方面的被动性推向尽可能高的程度；第二，为规定功能获得最大的独立性（不依赖于感受功能），同时把理性的主动性推向尽可能的高度。什么时候我们将这两种特性和谐地统一了起来，我们就在什么时候实现了最大的独立性和自由，并与生存的最高的丰富性结合在了一起（在前第六封信里也有

〔1〕如果说要断言这两种冲动的对抗性是一种本原的、必然的对抗，那么为了保持人身体内的一体性，就必须使感性冲动从属于理性冲动，不如此似乎找不到其他办法了。但是，如若果然如此，我们只会看到单调，看不到契合，看不到它们之间的相得益彰，人仍然继续地永远地分裂着。虽然这种从属关系是必要的，但却是相互的。确定无疑的是，限制不可能建立绝对，自由不可能依赖时间；但绝对也不可能通过它自身建立限制，时间中的状态也不可能依赖于自由。所以，这两种冲动的原则，彼此间既是从属关系又是并列关系；它们处于相互的作用当中，离开了形式体现不了物质，离开了物质也无法显示内容。观念世界中的理性人格到底是怎么样一种情况，我们不太清楚，但我们清楚的是，理性人格如若不接受物质，它就根本无法在时间世界里显示出来。因此，世界上的物质不仅是在形式的支配下给他物以规定，而且它并不是一定要依赖于形式，与形式并列地规定他物。尽管感觉在理性的领域不可能作出任何决断，但理性也不敢在感觉的领域里决断什么；它们之间的相互疆界是必然不能被侵扰的。人们在为这两种冲动划定疆域的时候，已然排除了有可能的另外的疆界，一旦逾越各自的疆域都会给双方带来害处。在先验哲学中，我们习惯于把形式从内容中解放出来，以避免必然性受到任何偶然性的侵染，故而很容易地把物质想象成障碍，又因为感性恰恰横亘在内容活动的道路上，人们就自然而然地想到感性的偶然永远处于同理性的必然的矛盾之中。这样一种想象方式决然不符合康德体系的精神，最多它只符合康德体系的字面意义。——作者原注

如此表述。——编译者注)。这样，人就不但不会被世界的诸多现象淹没，而且还把世界及其现象的全部(包括无限的可能)揽入了自己的怀中，并让自身的理性一体性得到了空前的稳固。

但是，如果达不到规定的要求，人就可能颠倒上面的理性关系。这有两种情况：一，他可能把能动力所必需的内敛性放在了受动力方面，让物质冲动侵害了形式冲动，让感觉功能替代了规定功能；二，他也可能把应归于受动力的外延性分配给了能动力，让形式冲动侵害了物质冲动，暗地里让规定功能更换成了感受功能。如果是第一种情况，人将不是他自己，变成了只有感觉没有理性的人；如果是第二种情况，人将不是其他，变成了只有自我没有物质的人；所以，在这两种情况下的人，不是非我就是非他，所以说他等于无他。〔1〕

显然，起规定作用的如是感性冲动，感官就是立法者；若是把理性人格压制到了几近于无，世界随着感官拥有了绝对的支配权也就不再是客体；但是，只要人仅限于是时间的内容，他就不再存在，因为他这时已然失去了内

---

〔1〕谁都很容易看出，单纯的感性占优势时，容易对我们的思维和行动形成坏的作用，而单纯的理性占优势时，对我们的认识和行为产生的有害影响，就不是那么容易被看到。因此，我将举出两件事来说明这类思维和意志侵害了观照和感觉而造成的巨大危害。

自然科学进步得如此缓慢，其主要原因之一，就是对目的论判断的那种几乎是代替了一切的和不容被怀疑的偏爱。即把这种判断当做了“有立法权” 的原则来进行运用，这时，人的生动的感受功能就会被规定功能冒充；我们就会在大自然中只寻找我们给予他的那些规定，而不去寻找任何别的东西。我们不是要大自然向内朝着我们展示，而是用我们的急躁去干预理性向外朝着大自然追逐。这样，大自然那千变万化的现象我们就会视而不见，即使是大自然一而再再而三地有力地触动我们的器官，但由于我们已经有先入为主的规定性判断，我们也会白白地让它流逝。这就是为什么有那么多有头脑的科学家虽然致力于科学中最好最优秀的地位而收效甚微的原因。

同样，仁爱实践也遭到了破坏，世界越来越变得冷漠，其原因到底是由于我们的欲望过于强烈，还是我们的原则过于严格；到底是我们的感官过于自私，还是我们的理性过于死板，这些都很难确定。在这里，要使仁爱发扬光大，则感觉和性格必须统一到一个目的上。如同为了使我们的眼界开阔，不能只靠感官的木然感受，还必须同知性的潜力相契合一样。 我们的天性要求我们具备这样的能力：忠实而又真诚地吸收别人的性格，把别人的环境当做自己的环境，把别人的情感视为自己的情感。如果我们不具备这样的能力，何谈仁爱？我们也不可能恰如其分地、和善地对待他人。即使我们赞成仁爱的准则，我们也做不到。在情感过于活跃的情形下，性格要固守它的原则是非常困难的，所以人们通常采取一种较便当的办法，即通过钝化情感来确保性格。当然，这样陶冶下的人，自然地不会是粗野的人，但却同时阻挡了人对自然的一切感觉。

在评判他人和评判是否应该帮助他人时，如果完全严格地按照理性的“完善”去要求人，会造成对“完善”的滥用，这是非常有害的。前一种情况(评判他人)将导致狂悖，后一种情况(评判是否应该帮助他人)将导致冷酷和无情。如果有人想在思想上开导要求我们帮助的人，使他变成大致上能够自助的人，那么这一理性使他的社会义务变得相对容易。真正具有卓越性格的人是对自己严格，对他人宽容。但普遍的情况是：一旦对他人宽容，则对自己也宽容；而对自己严格的人对他人也严格；最不可原谅也是最可鄙的人的行为是：对自己宽容但却对他人严格。——作者原注

猥亵

大卫·小特尼尔斯　约1650年

人的本能与理性始终在冲击着人的心智,图画中的老农民正在猥亵可怜的女仆,画家用丰富的细节直露这不堪的场面,推门而入的老女仆看到眼前的一切惊呆在那里,是感性冲动,还是让本能压倒了人的心智?

容；他的状态也就随着他把理性人格的扬弃而自己也被扬弃，这两者的概念是相关的——变化要求有一个保持恒定的东西做自己存在的保证，被限制的实在要求有一个无限制的实在赋予自己以显现的自由（理性人格和现存状态是彼此独立的，它们的关系又是相互依存的，故没有一个保持恒定的东西，变化无从谈起；因此，理性人格一旦被扬弃，其状态也不会存在，当然更不会有变化，人也就不再有内容。——编译者注）。若是形式冲动起主导作用去感觉，或者说，若是思维悄悄地站在了感觉的前面，世界（这一客体的位置）就被理性人格所侵占；这时，理性人格就不再具有独立的“力”，也不成为独立的主体。因为恒定的东西要求变化来保证自己的恒定，绝对实在为了显示自己要求限制其他的实在；只要人还仅限于是一种形式，他这时就没有了形式；而一旦失去了形式，状态也被封闭了起来；随着状态的

乌尔宾诺的维纳斯

提香　油画　1538年

威尼斯画派的绘画表现世俗是一种趋向,提香这幅绘画，与乔尔乔内的入睡维纳斯如出一辙，然而不同的是它在画面中增加了空间，让观者可以看到女神背后的生活场景，让人觉得女神也生活在现实中，与我们同在。

浪子生涯　威廉·荷加斯　约1735年

荷加斯注重作品的教化和劝寓功能，因而作品中充满了情节和故事，让人在冲动面前保持理性，美好的生活不仅仅是物质和本能的满足，还有道德和理性的人格。

变化被扬弃，理性人格也一同被扬弃。一言以蔽之，只有当人处于独立的地位，他之外的才是实在，他才能够感受；只有当人处在感受的时候，实在才于他之内存有，这时，他才可以说具有一种思维的“力”。

所以，需要限制两种冲动的“力”，我们设想两种冲动都是一种潜力，则它们都需要规范或放松自己的冲动。感性冲动不要试图侵入立法的范围，形式冲动不要试图侵占感觉的领地。但是，要特别说明的是，感性冲动的松懈，绝不是将物质的作用锁定起来，使其造成感觉迟钝的结果；这种结果在任何时候和任何地方都是应当被唾弃的。它的松懈必须是一种自由的行动，即是理性人格的一种自由的活动，亦即通过精神的强度来抑制感性的过分趋强，通过控制印象来使感性之“力”不向深度发展而向广度扩容；人之性格必须给气质规定一个界限，因为感性之“力”只可在精神的作用下才会消失。同样，形式冲动的松懈，也绝不是把精神禁锢起来，使其不能作用于思维或意志，造成思维疲竭或意志萎钝的结果，这种结果往往使人堕落；这里，要把感觉的冲动好好地利用——感觉的丰富性必须是它充满活力的源泉。感性本身也要保护好自己的领域并保持必胜的力量，来抵御精神的粗暴干预（它往往喜欢向感觉施加暴力）。总而言之，理性人格必须使物质冲动保持在它自己的疆域之内，不得越雷池半步；感性或自然也必须使形式冲动保持在它自己的疆界之内，同样不得越半步雷池。

第十四封信

人性追求的无限是怡乐的冲动

RENXING ZHUIQIU DE WUXIAN SHI YILE DE CHONGDONG

从主体中排斥一切自由是感性冲动（物质）的必然，以便取得独立的强制的统治权；从主体中排斥一切受动是形式冲动（精神）的必然，也要取得独立的强制的统治权。因此，两个冲动都在带强迫性地控制人心，只不过一个是假道自然法则，一个是借助于精神法则。当它们被怡乐冲动结合在一起并进行共同活动时，怡乐冲动就取代了前述两个冲动的强迫性权力，自己掌握了控制权；由于它是同时从精神方面和物质方面达到这一目的的；并且把一切偶然性加以扬弃，因而怡乐冲动实际上在得到控制权后就随即扬弃了强制，让人在精神方面和物质方面都得到空前的自由。

我们已经知道了两个冲动之间的相互作用，一个冲动在活动的同时，为另一个冲动的活动奠定了基础，划定了限界；而且一个冲动能够在最高程度上显示出自己，必然依赖于另外一个冲动的能动力。当然，这种关系只是人的理性的一个任务，如果人的生存没有达到尽善尽美的地步，是完不成这个任务的；因此，我们只能把它看做是一种人的人性观念——从最根本意义上说，它是一种人性追求的无限；我们只是在时间的流延中与之越来越接近，但永远也难以达到。人

公园场景

让·巴蒂斯塔·帕特　油画　18 世纪上半叶

画面描绘公园中男女情欲场面，艳情艺术作品在洛可可艺术时期为人们所追逐。情欲是人本能的需要，但是赤裸的性欲已冲破了人的理性，单纯地满足财色与欲望，只会让人走向堕落的深渊。

在追求形式时不应该牺牲他的实在，人在追求实在时也不应该牺牲他的形式；相反，他应该在一种特定的存在中，寻求绝对的存在；他应该在一种无限的存在中去寻找特定的存在。他应该朝向一个世界，并积极地与世界接触，因为他需要显示自己的理性人格；他应该具有理性人格，以便在感受外在世界时能够保持他的不变，否则他只能变成世界的物质。他应该去感觉外在的世界，因为他意识到有一个自我；他应该意识到有一个自我，因为他正在感觉世界。只要我们仅仅只满足于感性冲动和形式冲动当中的一个，或者我们先满足一个后再满足一个，我们就不是完全意义上的人，也不是现实中的经验的人，而只是一个仅存于观念上的人。其中的原由在于，如果人只是在感觉，他的理性人格或曰绝对存在对现实的他来说就永远是个秘（永远意识不到）；同样，如果人只是在思维，他的在时间中的存在或曰状态对他来说也是一个永远的秘（永远感觉不到）。这里，如果我们假设有一种状况：人同时意识到双重经验——他既感觉到自己是实存的，同时又意识到自己是自由的，既认识到自己是精神的，同时又感觉到自己是物质的；如果出现这样一种状况，而且绝对地只是在这一种状况下，人就会惊鸿一瞥地观照到他的完整的人性，而且那个引起他惊鸿一瞥的对象，就会成为他已经实现的一个规定的象征，引起他的流连忘返，并成为他在时间的整体中已经达到的具有无限意义的一种表现和标志。

也就是说，如果这类状况在一个人的经验中出现，一个新的冲动就会在他身体内部被唤起，并因为这个新的冲动是与前述的那两个冲动一起活动的，从各自的角度看去，它与那两个冲动并不是一样的，而且呈对立状态，所以称为新的冲动。那么，要求变化、要求时间有一个内容的感性冲动，和要求废弃时间、要求保持恒定的形式冲动，两者结合在一起并同时运动的那个新的冲动，我们暂时称它为怡乐冲动（随后会进一步论证这一称谓）。这个怡乐冲动所指向的目标是：在

奥德修斯与塞壬　沃特豪斯　油画　1891 年

罪恶与美德交融，是艺术家的灵感。奥德修斯是特洛伊战争的英雄，但在面对海妖的诱惑时，也让理智产生摇摆，感性冲动一时间会占据理性思维的位置。

发现摩西 油画

对新生命的热爱是人的天性，一个幼小心灵正在受到许多人的呵护与扶持，人与人之间的感情在此时得到升华，即当理性与感性集于一体时，人本能地焕发出一种博大的仁爱。

时间中扬弃了时间，让演变和绝对存在、变化和保持恒定合二为一了。

感性冲动要感受它的对象必然要求被规定，形式冲动要创造它的对象必然要求自己来订立规定；而怡乐冲动一经被唤起，就力争如同是自己在创造一样地来感受，同时力争如同感官在感受一样来创造。

从主体中排斥一切自由是感性冲动（物质）的必然，以便取得独立的强制的统治权；从主体中排斥一切受动是形式冲动（精神）的必然，也要取得独立的强制的统治权。因此，两个冲动都在带强迫性的控制人心，只不过一个是假道自然法则，一个是借助于精神法则。当它们被怡乐冲动结合在一起并共同活动时，怡乐冲动就取代了前述两个冲动的强迫性权力，自己掌握了控制权；由于它是同时从精神方面和物质方面达到这一目的的，并且把一切偶然性加以扬弃，因而怡乐冲动实际上在得到控制权后就随即扬弃了强制，让人在精神方面和物质方面都得到空前的自由（这一论述的整个意思是：一个冲动占据了统治地位后，就形成强制，就必然压制另一个冲动；于是此冲动的一切行为就不是必然的而只是可能的，即成为偶然的。又由于怡乐冲动被唤起后，结合了两个冲动的功能并同时从两方面强制我们。这时，偶然性就没有了，先前的两个冲动的一切活动都是必然的了。既然两个方面都是必然的，它们就互相地抵消，不能继续地形成强制，所以说是自由的（活动）了。——编译者注）。比如，我们被情欲驱使而去拥抱一个我们正在鄙视的人时，一定感到我们正被自然所强制，会很痛苦；而当我们去敌视一个我们不

入睡的维纳斯　乔尔乔内　油画　约1505年

16世纪的威尼斯较少政治力量的束缚，艺术家在宽松的氛围中喜欢用光鲜的色彩描绘世俗状态下的女人体。乔尔乔内的《入睡的维纳斯》是这时的经典之作。

得不尊敬的人时，我们也感到正被理性所强制，同样是一种痛苦。但当一个人在赢得我们的爱慕的同时（感觉认为应当爱慕），又博得了我们的敬仰（理性认为应当尊敬），此时的感觉强迫性和理性强迫性都消失了，一种来自于神性的、纯洁的、发自我们内心自由的"爱意"油然而生；也就是说，我们的爱慕和我们的尊敬一同地进入怡乐的境界。

此外，当我们受到感性冲动的物质性、形式冲动的精神性强制的时候，前者的形式就带有偶然性，后者的物质也带有偶然性。也就是说，不管是我们的幸福感觉去依附我们的理性完善，或是我们的理性完善去依附我们的幸福感觉，都无一例外地必然地成为偶然。因此，当怡乐冲动将两个冲动统一起来进行活动时，都将使我们的形式特性和物质特性即我们的理性完善和幸福感觉同时成为偶然的。正因为它能使两者都成为偶然，又因其"必然"这样的"偶然"随即消失，因而怡乐冲动的偶然性也被扬弃，它把物质渗合进形式，又把形式渗入到实在。这样，它在夺去了感觉和热情的那种强制性影响后，就让它们同理性观念趋于了一致；它在消除了理性法则的精神强压后，又让它同感官的愉悦相契合了起来。

第十五封信

具有鲜活的形象以及对它们的一切感悟和欣赏就是审美

JUYOU XIANHUO DE XINGXIANG YIJI DUI TAMENDE YIQIE GANWU HE XINSHANG JIUSHI SHENMEI

当我们遇到被单纯的义务和严肃的命运这双重重压支配的时候，我们的生活决不可能感到愉快，而当我们用美的怡乐来对待给予我们的重压时，这种重压就被疏解了。所以，这里可以保证的是：美的怡乐可以支撑起审美艺术以及更为艰难的生活艺术的整栋大厦。

在我的引领下，我们在一条十分崎岖的小径上艰难地行进着，我们离目标越来越近了。请您继续地赐恩，跟着我再向前走几步，你会看到，在你面前展现的将是一个更加自由广阔的视野；也许，那个令人心旷神怡的大写意风景可以酬报我们一路上所受的苦辛。

最广意义上的生命，就是我们整个的呈一系列物质存在的感性冲动的对象，这些对象包括了一切直接呈现于我们的感官或给我们的感官以触动的东西。而本义的和转义的人的形象，就是我们所说的形式冲动的对象，这个概念包括了一切形式特性的事物以及事物对思维的全部关系。第三种（怡乐）冲动的对象，浅显地说来就是，一切鲜活的形象以及对这些形象的一切欣赏和感悟，也就是一种最广意义的美（包括审美。

九级浪　艾伊瓦佐夫斯基　布面油画　19 世纪

在大海中航行的人们遇到巨浪，帆船破损只能栖居于水中的桅杆之上，面对波涛汹涌的大海他们的命运是可想而知的。但作品给我们一种宏大的气势和喜庆乐观的气氛，我们在此看到了人性的美：人为了生存不断地拼搏进取的原始力量的美。

下同。——编译者注）。

如果我们对第三种冲动的说明可以作为法则的话，那么不扩张到生物界的全部领域，但也不局限于这个领域就是美的特性。我们看到一块大理石，它是无生命的，如果建筑师和雕刻家对它赋予了某种意义，它就变成了活的形象；一个人尽管有生命，也有形象，但不因此表明他就是一个活的形象。要想形象是活的，一方面需要他的形象是生活的，另一方面需要他的生活是形象的。在我们仅仅意识到某人的形象时，这一形象不包括生活的内容，是纯粹的抽象；在我们仅仅感觉到某人的生活时，这一生活里没有形象的形式，是纯粹的感觉。只有当他的形式在我们的感觉里鲜活地存续，而他的生活在我们的知性中取得了形式时，亦即具有了充满内容的形式和变成形式的内容时，他才被称为“鲜活的形象”，他才是美的。而且只要我们一判断他是美的，不管在任何地方处于任何境遇之下，情形总是如此。

无名女郎　克拉姆斯科依　布面油画　1883 年

画面描绘一位气宇轩昂、仪表不凡的贵妇，她正坐在一辆华贵的敞篷马车上，高傲地俯视着大家。整个画面给人一种无尽的美的感受。因为她的形象是生活的。

母马和马驹　斯塔布斯　布面油画　18 世纪

生活中真正的马是鲜活的生命，存在着动物的本性——对幼崽的慈爱。当我们面对本来无生命的，但是描绘着母马对幼马的关爱的画面时我们也感受到了那种慈祥的生命气息，这是因为它触动了我们的感性情感。

在举出了由于统一而产生了美的成分后，我们依然无法指出美的渊源来自于何处，因为要说明这个问题，即需要透彻地了解统一本身；而这种统一，正如是先有鸡还是先有蛋，也就

沐浴的普塞克　莱顿　油画　英国　19 世纪

面对这幅古典油画，一种宁静、端庄的美呈现在我们的眼前，这种美让人面对少女婀娜的身姿、雪白的胴体也无法三心二意，因为作者用他的巧妙手法让观众的心情处于法则和需求之间的一个恰当位置，既没有受到法则的强制也没有受到需求的强迫。

是在有限和无限之间是怎样产生相互作用的问题一样，我们是永远无法探究明白的（作者认为，美或审美，是有限的（感性的）生活与无限的（理性的、精神的）形象之间相互作用的结果；但究竟来源于哪里，是无法探究的，所以作者放下这一问题，不去研究。——编译者注）。这里只是根据先验的法则，理性必然要提出一个要求：在形式冲动与感性冲动之间应该有一个结合点，这个结合点就是我们称之为怡乐的那种冲动，因为人性概念的圆满实现，只有使实在与形式相统一、偶然与必然相统一、受动与自由相统一。理性的这个必然要求是完全按照其本质行事的——它要极力地达到完满，要极力地排除一切限制。但是前面的两个冲动的活动都具有排他性，都要在人的天性的实现中建立起一种限制，都对人的天性即理性的完满实现设置了障碍。只要理性根据先验的原则作出了决断：人应该有人性。那么，也因此提出了如下的法则：应该有美的存在。

是不是应该有美的存在？经验的回答是肯定的，而且经验给我们的回答，还教导了我们：人性也一定存在。但是，怎么样才能为美，人性又是以什么样的一个状态存在的？这一问题，不管是理性还是经验都无法圆满地回答我们。

人，不仅仅局限在物质方面，也不仅仅局限在精神方面，因此，人性完满实现的途径——美，既不可能是绝对纯粹的娱乐生活（一些浅显的人总是把时代的低级乐趣当做美的贬义词）；也不可能是绝对纯粹的理性形象，就像抽象推理的哲学家和部分用哲学来思考的艺术家所认为的那样，前者过于脱离经验来推理，后者过于受艺术的需要来解释美。

美，是两个冲动结合在一起构成的对象，这个新的对象就是怡乐冲动。

音乐会

从画面中我们看到的是三个妇女正在演奏，一个在唱词，其他两人在和着乐器。她们在娱乐，而我们从画面中体会不到过多的欢乐轻松的气氛，反而看到了一种严肃，但是这种严肃与美联系在一起。

正像这个语词的本意那样，已经完全证明了它的正确性；怡乐这个词，表示一切（无论从主观上或是客观上）偶然的东西都被扬弃，它没有进行任何的强制（既不从内在方面也不从外在方面）。当美进行观照时，人的心情处于法则和需要之间的一个非常恰当的位置；也正因为处于这样的位置，它既没有受到法则的强制，也没有受到需要的强迫。它公正合理地严肃地对待物质冲动和形式冲动，因为它面对前者时，关照到了事实的现实性；而面对后者时，关照到了事物的必然性。它知道前者的行为是为了维持生命，后者的思维是为了保持人的尊严，二者的目标（真实与完善）都是无可厚非的。但是，尊严一掺进了真实，生命的具体活动就变得无足轻重；一旦爱好被吸引进完善里，理性的义务就不再带有强制性；同样，事物的现实性即物质的真实性一旦同形式的真实性即必然的法则结合成一个整体，人的心情就会消除紧张，就会比较自由地、平静地接受事物的现实性即物质的真实性；而直接的观照只要与抽象的必然法则相伴随，心情也不会再受到抽象法则的强压。一句话，当心情与观念结合在一起，一切现实的东西都仿佛变平和了，没有了先前的无羁无束；当理性与感觉融合在一起，一切必然的东西也变得异常的轻松，失去了先前的严肃呆板。

但也有人要加以反驳，认为把纯粹的怡乐当做美，那不是贬低了美吗？那不是把美同那些低级的趣味游戏相提并论了吗？美，昭示着文明，是文明的一个工具，如今你把它当做纯粹的怡乐，不是与美的高尚以及美的尊严背道而驰吗？即使摈弃了一切趣味，怡乐也可以产生或存在，如今你把它建立在了美的上面，那不是大大地亵渎了美的经验内涵吗？

我们从经验生活中得到了这一至理名言：怡乐——正是怡乐这一状态，才使我们在人的一切状态中成为了一个完整的人，才使我们的双重天性得到了发挥，这难道不是已经被证明了的吗？既然如此，你要问我什么是纯粹的怡乐，你一定是根据你对这个问题的意象，并把它认为是受限制了的；而我却根据我的证据证明这个问题的意象是扩展了的。或者反过来说，人的一切舒适、善或完美都是严肃且只表现为严肃，但他们同美联系在了一起，就是在怡乐。当然这并不是说怡乐一定要在现实生活中才能产生，即只有在通常非常物质性的对象那里才是一些有趣味的把戏（如果要在这样的现实生活中寻找我们所说的“美”，那肯定是徒劳无功的）。本来，实际存在的怡乐冲动是与实际存在的美相称相等的，但由于理性的参与，它要求人应该有一个美的理想，同时也提出了人在一切怡乐中也应该追求一个美的理想的要求。

只要一个人在他的怡乐冲动中，有了一个“寻求美”的理性，那在他所走的路上，怎么出错也不会相差太远。我们看到希腊各民族在奥林匹斯大会上的那些寻欢，是通过力量、速度和灵巧的对比（比赛）以及更为高尚的智力竞赛来决定胜负，从中得到愉悦的快感，而且是不流血的。但是，在罗马民族那里，通常是从一个战败的角斗士的鲜血，或他的利比亚对手（狮子）的垂死挣扎中得到娱乐的；通过这样的比较，我们就可以理解，为什么人类要尊崇希腊的竞赛而让罗马的竞斗消亡？为什么不选择在罗马而选择在希腊寻找爱的女神（维纳斯）、天帝（宙斯）、赫拉（天后）、太阳神（阿波罗）的理性形象[1]。于是，理性站出来说道：既然是美的事物，

金色的楼梯　爱德华·波恩·琼斯　布面油画

画家把带有中古色彩的无忧无虑的众多女性形象放置于一个古典的阶梯之上，我们从他的作品中感受到了美的怡乐的力量，我们看到的是一张张幸福的面庞，感受到了解除了任何义务、忧虑和枷锁的轻松与愉悦。

〔1〕即使就近代世界而言，我们把伦敦的赛马、西班牙的斗牛、昔日巴黎的马戏、威尼斯的赛船和罗马的乘车游览等愉悦和美好的娱乐方式（虽然它们之间也有趣味的不同或取乐方式的细微差别），与这些国家上流社会的单调、呆板的娱乐游戏相比较，也能够很容易得到解释。——作者原注

它就不应该是一种纯粹的生活，也不需树立纯粹的形象，而应当是一个丰满的生活，一个鲜活的形象；也就是说，之所以为“美”，是希望人接受绝对的形式性与绝对的实在性这双重的法则，且带有强迫性。如此，理性就可以断言：人同美的关系只应该是怡乐；或者，人只应该同“美”一起怡乐。

归根到底，只有当人成为了完全意义上的人，他才怡乐，才摆脱了感性的物质强制和摆脱了理性的道德强制，才能有一种自由的生活。只有当人在怡乐时，他才可以称为是完全意义上的人，才可以身兼爱好和义务的双重任务，并很好地完成。我们这样的说道，今天看起来有点儿似是而非，但这个道理如果运用到了义务和命运这双重的严肃任务上去的时候，其深刻的含义和巨大的效果就显现了出来——当我们遇到被单纯的义务和严肃的命运这双重重压支配的时候，我们的生活决不可能感到愉快，而当我们用美的怡乐来对待给予我们的重压时，其重压就被疏解了。所以，这里可以保证的是：美的怡乐可以支撑起审美艺术以及更为艰难的生活艺术的整栋大厦。其实，只有在严肃的科学中这个命题才会使人感到突兀，而在艺术中特别是在艺术的最高贵大师——希腊人的感情中，它早已存在并起了相当大的作用，只不过他们把在地上应该做的事情转移到了奥林匹斯山（参见第六封信的第二段。——编译者注）。在这一命题的指导之下，那使凡人的面颊皱纹纵横的严肃和劳作，和那无所事事的人的空乏脸上闪现的无聊光泽，都在希腊人所塑造的天神的额头上，统统消失了；显现在世人眼前的都是群神幸福的面庞，他们解除了永远知足者的任何目的、任何义务和任何忧虑的枷锁，他们让闲散与淡泊者享有令人艳羡的神境般的运命（这是一个专门为表示最自由、最崇高的存在而发明的一个更适合人性的词汇）。不管是来自于自然的物质强压，还是来自于伦理的精

卡拉卡拉皇帝的沐浴

阿尔玛·苔德玛　英国　19 世纪

古罗马皇帝卡拉卡拉修建了当时世界最大的浴池，它长 375 米，宽 363 米，两侧的后半向外凸出一个半圆形，里面有厅堂，大约是演讲厅，旁边有休息厅，可容纳 1600 人。地段的前沿和两侧的前半都是店面，里面有大量的娈童和妓女在这里活动。在巨大的圆屋顶下，设有游泳池、桑拿池和冷水池，周围布满珍奇的植物、精致的雕刻和巧夺天工的镶嵌图案和壁画。

神桎梏，都在希腊人更高的概念下消失得踪影全无了。这一概念同时包含了物质的和精神的两个世界，而他们受享的真正的自由就是来自于这两个世界的有机的统一；在这种统一的和谐的境遇的熏陶和鼓舞之下，我们从希腊人的面部表情中看不到舒适的享乐之情（他们用不着表露），也看不到希图有人来羡慕之情（他们觉得正常之极），更看不到他们曾经抹去过意志的一切痕迹（他们从没有抹去过意志的侵扰，因为他们的意志既不侵扰精神，也不侵扰生活），或者确切的说，他们使这一些都无法辨认，因为他们懂得这些东西是在最内在的联系中融合在一起的。朱诺（即赫拉。罗马的朱诺和希腊的赫拉都同为天后，两者有时容易混淆。——编译者注）的雕像试图让我们认识的，既不是优美壮丽，也不是严肃尊贵，更不是两者当中谁的成分多一些谁的成分少一些，而是同时两者兼具。在女神引起了我们的崇敬之情时，女性的妩媚又燃起了我们的情欲之爱；但当我们想象于女性的那种姣丽那种情欲之狂时，女神那无所求的面貌又把我们吓回到了爪哇国，我们避之尚唯恐不及，又岂敢有非分之想。如此，一个完整的理性的形体就那么静静地栖息在它自身之中，完全不可分割，完全不能亵渎。这个完整的创造，仿佛存在于空间的彼岸，使我们既不能前进也不想撤离，既没有空间让我们遐想，也没有时间的缝隙能够侵入；一方面我们不得不被自由的女神之优美所吸引所感动，又不得不与神的尊严保持一定的距离；我们既平静又激动，既张扬又收敛。于是我们产生了一种奇异的感触，对这一感触，我们找不到来自于知性的概念，也找不到来自于感性的语词。

比 较　阿尔玛·苔德玛　布面油画　英国　19 世纪

画面中描绘的是两个穿着华丽，年轻、美丽的少女正在聚精会神地看着同一本书，表现了他们对知识的追求与渴望，他们面对书本追的是一种精神上的上升，他们的外表又无不透漏着精明与干练。

第十六封信

美的冲动在理性冲动和感性冲动中力图保持平衡

MEI DE CHONGDONG ZAI LIXINGCHONGDONG HE GANXINGCHONGDONG ZHONG LITU BAOCHIPINGHENG

我们看到，美德、真理或至乐，是理性的人所思，而行美德之事、握真理之器、享至乐之时，就是行动的人所为。如果我们从后者回溯前者，就是物质和道德培养的日常工作：让伦理道德代替习俗、让认识取代知识、让至乐取代幸福；如果我们把前者覆盖后者，即把前述的美德、真理和至乐变成一种综合的巨大的美，就是我们的审美灵修的日常习课。

前面我们已经谈到，相互作用的两个对立冲动和相互结合的两个对立原则，是美产生的必然条件；仿佛是要报答这一作用和这一结合，美就承担了在它们之间尽可能保持最完美的结合和平衡的任务；既不偏袒感性冲动，又要安抚形式冲动，这甚至成了美的最高理想。但我们也知道，此种完美和平衡永远只存在于观念之中，在现实中是决然达不到的。现实中的一种冲动的因素如果占了优势，总是要压制另一种冲动，而被压制了的另一方总要想摆脱压制，并凌驾于对方，于是永远地不得消停；从经验中我们看到，美最多

无意识的竞争者
劳伦斯·阿尔玛·塔得玛爵士
1893 年　板面油画

美的产生脱离不了两方面的对立，也不能缺少完美的结合。理想化的艺术作品《无意识的竞争者》中完美体现了对立又统一的美，她脱离现实生活的枷锁把人的感性思考一展无余，其中却又包含着一种潜在的理性冲突。画面中两个少女的各有所思和眼神里流露的对性的渴望，暗示着感性的冲动和对立的存在。两边的大理石雕塑为大力士和角斗士的局部，暗示着冲突的发起。

乡村音乐会　阿德里安·凡·奥斯塔德　布面油画　1638 年

美有着松懈与紧张的作用，就如农夫们的生活，当东方的第一缕阳光照向大地他们就要紧张地忙碌起来，为了生存为了繁衍，夕阳西下的傍晚他们会在田间地头、草棚茅舍内说唱、跳舞来娱乐自己，放松自我的情感，消除内心承载的压力。这幅《乡村音乐会》完美地展示了现实的生活场景又很好地反映了美内部存在又起着的松懈与紧张的两个作用。

能做到的，就是在两者之间摆动，时而使形式占优势，时而又让实在占优势。因此，存在于我们观念中的美，可以把它看做是一种永远不可分割的单一的美，因为平衡的最高尺度只能是唯一的；但是经验中的美就是一种双重的美了，因为它在摆动时一忽儿在这边一忽儿在那边，都必然打破平衡，形成一种永远的双重美的方式并向我们显现。

我在前面第十三封信中谈到过，并从迄今为止的全部论述的联系中，也可以用哪怕是最严格的必然性而得出我们的结论：美同时有着并起着松懈作用和紧张作用；要将感性冲动与形式冲动保持在它们自己的疆界之内，不得越雷池半步，就是松懈作用；要将两者都保持一定的张力，并呈可以随时竞斗的状态，就是紧张作用。但是，按照观念或者从根本上说来，美在起这两种作用时，使用的方式只是一种理论上的理想方式，实际上它在起松懈作用时，反而让两种天性同时地紧张起来；它在起紧张作用时，实际上是让两种天性同时地松弛下来。这一点我们是从相互作用这个概念上推论出来的；所以，它们的两个部分必然是同时互为条件又互相制约的。在这样的关系中，它们产生了一个可以说是最纯洁的产物——美。不过，我们从经验中提取不出产生这样的完美的相互作用的例证，倒是随时都看到这样的情形：某种缺陷造成或大或小的不平衡，某种不平衡造成或多或少的缺陷。因此，理性美当中的仅仅在意象中有细微差别的东西，一放到经验美当中，呈现的就是不同的存在；即在理性美当中不可分割的、单纯的美，当处于不同的关系中则显示出疏解的和振奋的特性，这一特性一放到经验美当中，呈现的就是疏解性的美和振奋性的美这一差别。整个的美的情形都是如此——只要把绝对置于时间的限制当中，只要人性的理性观念要给予实现。于是我们看到，美德、真理或至乐，是理性的人所思，而行美德之事、握真理之器、享至乐之时，就是行动的人所为。如果我们从后者回溯到前者，就是物质和

海边别墅 勃克林
布面油画 19 世纪
现实中的人是不自由的，他总会受到外界和内心世界的影响和压抑，也就是一种自制力和外界的强制力在左右着社会人的活动。我们从勃克林的这幅作品中看到了一种沉思，一种内敛的带有古典意味的理性思考，这是人获得自由的必经之路。

道德培养的日常工作：让伦理道德代替习俗、让认识取代知识、让至乐取代幸福；如果我们把前者覆盖后者，即把前述的美德、真理和至乐变成一种综合的巨大的美，就是我们的审美灵修的日常习课。

振奋性的美和疏解性的美都各有缺陷，前者容易让人进入粗野和冷酷的境地，正如后者容易使人堕入疲软和衰竭的泥潭。因为振奋性的美要求的是物质和精神方面的紧张，它给予和增加它们的“力”，一旦过分（这过分与不过分是极难掌握的）就容易发生这样的情况：气质和性格的强力屏蔽了人对自然印象的感受，本来比较温柔的人倒受到了本应由粗野的天性承受的压制，而且粗野的天性还接受了本来只有自由人格应该得到的“力”；如此一来，我们就看到，真正伟大的雄心壮志与貌似伟大的狂妄冒险结下了不解之缘，志向的高远与情绪的癫狂总是相生相伴；故而我们会不时地感到，自然在受追捧的同时又受到控制或压制，既在被超越的同时又在被凌辱。因为疏解性的美要求的是在精神与物质方面的心情松弛，它总是减少和拒绝给予它们的“力”，一旦过弱（这过弱与不过弱同样极难掌控）就容易出现这样的情况：本来是积极的情感潜能，也随着欲望的暴力被压制而窒息，性格也受了本来是针对情欲的“力”的减少而减弱；故而我们在所谓的文明时代常常看到，柔和被疏解成了软弱，广博被互溶成了肤浅，准确被质变成了空洞，自由被蜕化成了任性，轻松愉快被演变成了轻浮松散，严肃冷静被冷酷无情所替代，最不可思议的插科打诨和最庄重的人格被混成了一锅稀粥。对于受粗野和冷酷强制的人（无论是受物质的或是受形式的强制）来说，它们需要疏解性的美来加以调节，而他们早已感受到了伟大和“力”的强制，现在需要开始感受和谐与优美。对于受疲软和衰竭强制（无论来自于精神或物质的）的人来说，他们需要振奋性的美来加以激励，因为他们在文明化的状态中，太过于

夏 日 英尼斯
布面油画 19 世纪

画面中展现的是美国西部牧人在夏日的傍晚饮牧河边的场景，金色的晚霞斜照着树林，使得树叶变成了金黄灿烂的秋叶，牛儿饮水后悠悠地踱回草地，放牧人正在驱赶最后恋水的牛儿，其中一头正抬头看着牧人，似乎在说我还没喝饱……从这里我们似乎看到了最纯洁的美。

忽略和欠缺那种可以给他带来激励的粗野的“力”了。

现在，我们先前提出的在判断美的影响和评价审美修养时经常遇到的那个难题（见第十封信。——编译者注），通过我们的论述，已经得到了解答；只要我们知道，经验中的美是一种双重的美，即疏解性的和振奋性的美；这两个部分各自所坚持的，只是以自己的特殊方式能够叙述的、能够证明的、也能够区分和理解的东西，同时也是我们人类的那种双重需要的东西。所以，我们要了解这两部分彼此的分野，找出它们的巨大和细微的差别；而且要知道，我们的思想中现存的是哪一种美，亦即是哪一种形式的人性，则它们就有可能在我们的行为取向中起到作用，也证明它们各有存在的权利和价值。

故此，我们下面就要进入一个新的领域，把研究审美意义上的自然同人所走的道路当做共同的一个问题，即把美的各种种类提高到一个美的总体概念上去。这也是我要走的道路：把疏解性的美放到紧张的人身上，把振奋性的美放到松懈的人身上，以分别检验它们的作用；从而使美的两种对立的种类最后变为具有一体性的理想美，使人性的两种对立的形式变成具有一体性的理想的人（实际上以下的信件作者席勒只谈了疏解性的美，在《附录·论崇高》中只谈了振奋性的美，至于一体性的理想美就一直再也没有在以下的信件中或其论文中谈到。——编译者注）。

第十七封信

人的天性是既紧张又松懈而美则是介于两者之间

REN DE TIANXING SHI JIJINZHANG YOU SONG XIE ER MEI ZESHI JIEYU LIANGZHE ZHIJIAN

在现实中即经验所提供的人的身上，美所遇到的并不像在理性的人身上具有的那些纯粹的品质，而是已经被腐蚀了的但还在拼命反抗的品质。这些腐朽的品质虽然从美那里得到一部分诸如完善一类的东西，但却同样把它自身的个性特性掺入到了美的里面，而且其数量或性质同他得到的一样多。所以，美一进入现实中，处处表现得如同一种受到极大限制的特殊的变体，而远远不像它本身就具有的纯粹的整体。它在面对紧张的人时，要被迫收敛它那可以使一切富有生气的“力”，而在面对松懈的人时，也要被迫放弃自己的自由和多样性特征。

花 神　伦勃朗　布面油画　18 世纪

画的名字叫做《花神》，不知情者可能就会按照画面的形象去感受神的形象。其实这个画中的“神”是画家的妻子，不管怎样装扮，怎样冠名她始终是现实中活生生的被各种因素限制的人，同时这些限制也促成了个体人的存在。

人的天性概念是直接从理性中汲取的，而理性是一切必然的源泉；既然是必然的，所以除了那不可分割的联系在一起的局限外，我们就不必去设想人的天性还有什么另外的局限；而从人的天性这一概念推导出的美的一般概念，其本身就抓住了天性的本质，我们自然也不会去设想它还有什么别的局限，并且对它在现实表现中可能受到的各种偶然的限制也不予考虑。人性的完满实现需要一个理想（理想人性），而树立了人的理想，也就自然的树立了美的理想。

之前我们都是在观念上行走，现在我们要回到现实的舞台上，去考察那些处在特定状态中的，或者说处在限制之下的人，是怎样的一种状况。我们的目的是要证明，那些诸多的限制并不是出自于纯粹的人的概念，一些外在环境的影响和人在

使用自己的自由时偶然产生的现象才是根本的肇因。显然，从人性（观念）在人身上受限制的方式来说，肯定是举不胜举的，但无论其方式有多少种，我们从人性的纯粹内容里知道，只有两种方式可以偏离人性，这两种方式呈对立的状态，即：不是处于紧张，就是处于松懈。处于紧张是因为缺少了和谐一致，处于松懈是因为缺少了振奋。如果人的完善处于他的感性力和精神力的振奋之中，那么他就有可能失去完善；如果人的和谐一致处于他的感性力和精神力的松懈之中，那么他就有可能失去和谐一致，这样的两种情况都表示现实的人处于限制当中；当然情况各有各的不同，即，不是因为单个“力”（感性力和精神力）的片面活动破坏了“和谐”，就是因为天性的一体性建立在了“力”的松懈上面。这样两种对立的限制，我们只有通过美来加以消除。我们将要证明，美在这方面是完全能够胜任的。它将把紧张的人变成和谐的人，将把松懈的人变成振奋的人，通过这样不断的“劳作”，最后它还能本着它的本性把受到限制的人，带回到绝对的不受任何限制的纯粹的人上面，使人回到他本来的完整的整体上面。

大　车

路易·勒南　油画　法国　18世纪

作品描绘了一幅乡村宁静但充满活力的生活场景，近处的妇女靠着车轮喂养孩子，旁边的家犬靠着主人休憩，后面孩子们正在草垛上玩耍，前面放羊的牧童正与路过的女孩闲聊，到处渗透着一股宁静、安适的疏解性的美。

瓶中的花束　雷东　油画　1912年

欣赏艺术品，亦即是欣赏艺术家的创作。简而言之，美感与设计是不可划分的，而设计则必具有目的，艺术之美如此，自然之美亦如此。

因此，现实中的美与抽象推理中的美是同一个概念，只不过现实中的美在它的活动领域里没有更多的自由，而抽象推理中的美在用于纯粹的人方面，其自由度要大得多。其原因在于，在现实中即经验所提供的人的身上，美所

佩格威尔港湾
戴斯 布面油画

从画中我们看到一种疏解的轻松的存在，描绘的是一家人在海边度假，都在忙着捡拾贝壳的情景。紧张的家庭生活和日常的应酬让我们需要疏解性的美，需要一个容我们休憩的港湾，画中的家庭正是在这个港湾中捡拾他们的疏解和生活的和谐、生活中的美。他们不也是一幅美丽的风景？

遇到的并不像在理性的人身上具有的那些纯粹的品质，而是已经被腐蚀了的但还在拼命表现的品质，这些腐朽的品质虽然从美那里得到一部分诸如完善一类的东西，但却同样把它自身的个性特性掺入到了美的里面，而且其数量或性质是一样的多；所以，美一进入现实中，处处表现得如同一种受到极大限制的特殊的变体，而远远不像它本身就具有的那种纯粹的整体。它在面对紧张的人时，要被迫收敛它那可以使一切富有生气的“力”，而在面对松懈的人时，也要被迫放弃自己的自由和多样性特征。不过，美的这种看似自相矛盾的表现，在真正了解美的性质的人面前，并不会被迷惑。我们不像那些浅薄的判断家，草率地从个别经验中就去给美下定义，或把那些在人的影响下表现出来的“变体”归罪于美。恰恰相反的是，我们知道是人把他个性当中的“腐朽”或不完善转嫁在了美的身上，是人在它的自然行进的路上，假道于主观的限制为美的昂首挺进设置了一重又一重的障碍，也是人本身把本来是尽善尽美的绝对理想，贬谪到了虽然是种类繁多但性质归结为两种限制的表现形式。

之前我已有过断言，紧张的人需要疏解性的美，松懈的人需要振奋性的美；这里的“紧张的人”，就是被感觉强迫或被概念强迫之下的人，他们受两种基本冲动中的任何一种的强压（如果其中一种处于单独的统治地位的话），进入了一种被强迫或被强制的状态，打破了人的两种天性的和谐一致（这两种天性只有在共同作用时才能和谐一致），从而夺去了人的自由。这里面，又分情感被强迫的人和形式被强迫的人两种；片面地受到情感控制的人，也称为感性紧张的人，只有通过获得形式（即主动地获得形式的羁束）才能得到松弛，重获自由的心境；片面地受到法则控制的人，也称为精神紧张的人。只有通过获得感性的物质（即主动的获得感性的慰藉）才能得到松弛，重

白 马
康斯太布尔 布面油画
英国 19世纪

明媚阳光普照着大地，蓝蓝的天空，乡村小镇外的河边，宁静的河水倒映着蓝天白云，河边有小船停靠，撑船人已经休憩，还可以看见远方的居所零星的点缀着。整幅作品以一种逼人的气氛令人无法抗拒地去感受这份宁静、祥和。

获自由的心境。为了完成这样繁重的任务，疏解性的美只有用两种不同的形体来分别应对：一，面对生命的粗野的“力”时，它用一种宁静的形式来缓缓的羁束它，让它慢慢地从感觉过渡到思想，从而缓解它的粗野；二，面对抽象冷漠的形式时，它以一些活生生的形象来为它增添感性的“力”，使他从概念回到观照，从法则回到情感，从而疏解它的冷漠。第一种情况通常是在面对自然人时的表现，并为他服务的；第二种情况是只有面对文明人时才会出现的形体，并也为文明人服务。但是，刚才所举的两种情况，疏解性的美都没有支配它的对象的自由，都是呈被动的方式服务的。它所面对的不是无形式的自然就是反自然的艺术给它提供的对象，因而容易沾染对象本身的流弊，即它在前一种情况下虽然努力地引导，但极有可能让对象在自己身上留下物质生活的泥点；在后一种情况下虽然努力地疏解，也有可能让对象在自己身上留下纯粹的抽象形式的钉索；当然，其功大于弊。现在，我们的任务是弄清消除这两种紧张的方法和手段，并追问：为什么只有“美”才能胜任？同时找到这两种紧张在人的心情中产生的根源并加以研究。因此，我要请求您下决心在抽象推理的领域里，再逗留一会儿，以便随后就不再回来，并永远地离开这个领域，让自己在经验的原野上继续前进时步履坚定，心无旁骛。

第十八封信

美学的全部精髓在于对立和整合的不断循环

MEIXUE DE QUANBUJINGSUI ZAIYU DUILI HE ZHENGHE DE BUDUAN XUNHUAN

我们的任务是把美从感觉和思维这两种对立的状态中加以连接，就必须有一个介于两者之间的东西；那么，我们就来解决这一矛盾——矛盾的现象来自于经验和自然，解决矛盾的要求则由理性直接提出；这是我们的责任所在，无可推诿。

美的（仅指疏解性的美。下同。——编译者注）作用是把感性的人引向形式与思维，把精神的人带回到物质，回到感性的世界。

这样我们似乎找到了一个突破口，在物质与形式、受动与能动的相互关系中，似乎存在着一个折中状态，而美就处于这个折中状态的当中；确然，凡是对美的作用进行过反思的人，绝大多数都会在头脑中形成这样一种概念，而且经验似乎也在证明这一点。但是，当我们一想到物质与形式、受动与能动、感觉与思维之间的距离是无限的时候，我们就找不到处于折中的那个状态到底处在什么位置；或者准确地说，这个处于中间的状态以什么作支点呢？它没有一个支点作支撑，又怎么能够进行居间调停呢？所以，在大多数人心中形成的那个概念，不可能

惊 马 斯塔布斯 布面油画 18 世纪

画家描绘了狮子与白马这对自然中的矛盾体，对夜色的表现使画面大部分为黑暗深沉的色彩，暗示着矛盾与危机的存在，白马的雪白在画面中特别突出，与夜色的深沉、狮子的隐伏形成对立。通过色彩的对比与两种动物的高度对立情境的表现，画家完美地表现了冲突的瞬间，令人震撼，令人惊栗。

是合理的，而且是非常矛盾的。但问题也接踵而来，我们的任务是把美从感觉和思维这两种对立的状态中加以连接，就必须有一个介于两者之间的东西；那么，我们就来解决这一矛盾——矛盾的现象来自于经验和自然，解决矛盾的要求则由理性直接提出；这是我们的责任所在，无可推诿。

古罗马　透纳　布面油画　19 世纪

古罗马的强大与它形成的文化体系是古典的象征，是大一统的古典艺术的经典时期。但是那种追求完全的持续的统一的精神没能实现，古罗马人留给了我们一些他们对理想追求的印记，圆拱桥展现了当时的宏伟与崇高，但对立的内核终究会使它成为画中的一席之景，供人凭吊。

这样，我们就走到了解决美的全部关键问题的门口，即最终归结到一个关口；在这个关口前，我们如能得到圆满的解决方案，如能找到贯穿整个美学迷宫的线索，我们也就同时解决了全部的美学问题。

摆在我们面前的，是极不相同的两种研究方式，虽然方式不同但它们又是相伴而行的，故我们在研究时都要用到它们。我们知道，美的作用就是把两种对立的，而且永远也不会合而为一的两种状态彼此连结起来；这种“对立”就是我们的出发点，而把它们彼此连接就是我们当然的工作。首先，我们要最大可能地（即必须）完全彻底地理解和承认这一对立，使两种状态完全彻底地被分离开来。不然，我们的统一就不会是统一，而只是一种搅和或混淆。其次，我们要把美的两种对立状态有机地结合在一起（我们前面对美的作用的概念可以作为这种方式的指南），也就是让美彻底地扬弃对立。由于它们是永远呈对立状态的，我们如要使它们相统一，除了扬弃这种对立之外没有别的办法。于是，我们更为重要的工作就是让这种统一达到最大程度的（即必需）完善；也就是完全彻底地实现这种统一，让它们形成一种新的状态（即第三种状态，但又不是刚才提到的那种没有支撑点的折中状态；这一状态是设想的，而且是独立于对立的两种状态的。——编译者注），并让对立在第三种状态中彻底地消失，亦即在新的状态中再也找不到原来对立状态的丝毫痕迹。不然，我们先前的分离就只是把它们分成了一个一个的个体，没有实现它们的统一。迄今为止，哲学界在美的概念这一问题上的一切争论都源由于此，不是在研究时没有把两种冲动彻底地分开，就是最后未能达到完全彻

威尼斯风景
透纳 布面油画 英国 19 世纪
透纳是一个能真正理解美，真正理解美的范畴中整体与统一的人。在这幅作品中我们如果想追求细节，在不知不觉中会进入一种整体的、浑然一体的美感；当我们进入这个整体之时似乎可以触摸到教堂的墙角和听到她的钟声。

达纳伊德斯
罗丹 大理石雕刻 法国 19 世纪
我们看到这件作品无不惊叹作者的高超技艺，从中我们看到了集于一体的美，粗糙的大理石，有着坚硬、刚强的特质，但雕刻的少女躯体却给人一种柔软、细腻、软滑的感受，作者让这两个对立的状态彼此连结到了一起。

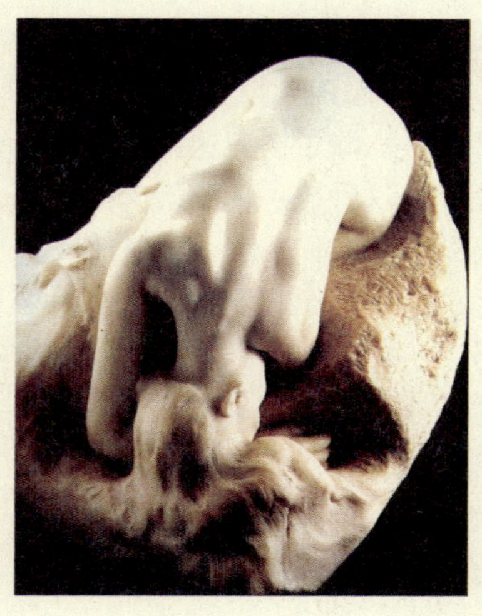

底的统一。一部分哲学家在反思时受自己情感的左右，在美给予他的感官印象的总体中，分辨不出个中差别来，使感性冲动和理性冲动相互搅和，于是不可能得到一个清晰的美的概念；另一部分哲学家又把知性当做对美的研究的指南，在他们的心中总是把美的整体当做一种个别来对待，即使是当美达到精神与物质的一体性完善时，也依然把它们看做是永远分离的个别。所以，他们也不可能得到美的一个整体概念（通常的情感（即自然）是把世界看做一个统一的整体，而知性总是要分解世界，即把世界看做是一个一个的个别（便于认识世界）；故而对美的概念的认识如果只受情感左右，就看不到个别而只看到整体，只承认情感上的统一而不承认事实上的对立；同样，如果受知性的左右，就只看到分离的个别而看不到统一的整体，只承认相对立的个别而不承认它们有相结合的可能性。——编译者注）。第一种情况下的人担心，在情感中相统一的东西如今要分离，就会扬弃美的动力，使其失去了相应的作用；第二种情况下的人担心，把知性中已经分离并清晰认识了的东西再加以统一，就会扬弃美的全部内涵，使其显得没有了逻辑。前一种人的本意是：美起了什么作用，我们就顺其自然地去思考它；后一种人的本意是：我们怎么思考美，美就会起什么作用。因此，无论是前一种还是后一种人，都不可能获得对

色雷斯姑娘与俄耳甫斯的头颅
莫罗　布面油画　1876 年

19 世纪末，英国的唯美主义运动对象征主义绘画产生了重要影响。唯美主义运动主张“为艺术而艺术”，其哲学基础是康德的审美不涉及功利学说。莫罗是象征主义绘画的中心人物，以描写神话和宗教题材的充满情欲的绘画著称，他的画中充满了异性的冲突、生与死的谜语、善与恶的寓意。此图是莫罗最负盛名的象征主义杰作。

美的洞见，也不可能得到真理。因为前者是想把他们的有限思维去傍附无限的自然，后者又想把无限的自然限制在有限的思维法则之内。前一部分人顾虑的是：过于严格的分解会使美失去自由；后一部分人则担心，过于大胆的统一会使美的概念的确定性遭到破坏。但是，前者想不到的是：他们本来正确地评价于美身上的那个本质性东西——自由，并不是分离开了后就不受法则的制约，就可以随意地飙驰自己的个性，而是还有一个最高的内在必然性也就是还有一个各种法则的和谐性在制约着它们。后者想不到的是：他们同样正确地加附在美身上的那个确定性东西——完整的内涵，并不意味着统一了一切实在后就要排斥个别的实在，而是在绝对地包括了一切实在的同时，它也是无限的整体，而不是有限的个体。我们下面的研究，将会避开这两部分人之所以被“搁浅”的暗礁，直接从美于知性面前被分成的两个因素方面入手，但随后就进入纯粹的审美一体性——这个一体性在对感觉发生作用时，前述的两种对立状态都将彻底地消失，也就是我们认为的美的真谛所在[1]。

---

〔1〕我们在作这样的比较的时候，读者一定已经看到，我们称为唯感论的美学家们（即本文中的前一种人）注重的是感觉的证据而不注重抽象的推理，因此单就事实而言他们比唯理论的美学家们（本文中的后一种人）更接近真理，但就审视力而言，前者大大地不如后者。将此现象运用于自然和科学之间的关系，情形也总是如此；自然的感性考虑的一直是“合”，知性又一直在“分”，而理性又一直地在“再合”。所以，自然的感性的人，即还没有进入到哲学思考层面的人，比那些正在研究哲学但还没有上升到理性高度的人更接近于真理。因此，一个哲学家如果不能像炉边闲谈一样的来陈述其哲学推论的话，人们就会以“谁更接近真理”为由来使他缄口；另一个哲学家如果想靠牺牲人的知性来建立新的哲学体系的话，人们就会以“谁更具有审视力”为由来使他沉默。——作者原注

第十九封信

人的认识的彼岸和意志的彼岸就是审美的自由

REN DE RENSHI DE BIAN HE YIZHI DE BIAN JIUSHI SHENMEI DE ZIYOU

人是依仗感觉体验到了一种特定的存在，同时依仗自我意识体验到了一种绝对存在，那么感觉与自我意识都现实地存在了；此时，感性冲动和理性冲动都现实地有了对象，它们必然活跃起来；前一种冲动因对象（体验到生活）而觉醒，并伴随着个体性的开始；后一种冲动因对象（体验到法则）的引示也觉醒了，随之而升起了理性人格的诉求；这时，而且仅仅是在此时，即两种冲动都现实地现存以后，他作为人的人性才建立了起来。

山林女神与潘　布格霍　布面油画　19 世纪

这是一幅情节性很强，人物形象突出的优秀画作，在对时间和空间的限定上都做得恰到好处，时间上它选取了山林女神在拉扯潘，潘却向后退却，后面的另一个女神正呼唤同伴的富有戏剧性的一幕；画中人物轮廓突出，前后虚实到位。

人的身上具有两种不同的状态，这是我们不难区分的，一个是被动的可规定性，另一个是主动的可规定性（我们将在稍后的时间再详谈这种规定性），以及因其性质而显现的另两种状态：被动的规定和主动的规定（精神有了特定的目标和方向后，才具备了内容，同时思维也被限制在了这种内容之中，形成主动的或被动的规定。——编译者注）。我们就从这条捷径开始向美的真谛这一目标进发。

如果感官印象还没有给人以任何规定，人的精神就处于一种无边的可规定性状态之中。此时，人的想象力可以凭借无穷的空间和时间来自由地使用，并且前提是还没有任何固定的东西出现在这个可能的广阔领域中，因而我们也无须排除任何的东西。这种无规定状态我们可以称为空的无限，但决不表明我们可以把这种空的无限当做无限的空。

而一旦我们的感官被触动，先前是规定的无穷可能性，此时出现了唯一的现实性，于是，一种意象就在我们的身上产生了。先前在前一种状态即单纯的可规定性状态里，那种作为空的功能而存在的“力”，现在开始发生作用，赋予了一个内容；当作用力一旦开始作用，它同时也就有了一个界限（先前它作为单纯的功能时，是不存在界限的），以便装载“这内容”；所以，一旦有了实在性，就必然失去了无限性。比如，我们要在空间描绘一个形体，必然要在无限的空间中划出一个界限；同时，我们还要把时间的整体划分成部分，以便让意象在时间的变化中显示出来。所以，只有通过限制我们才能得到实在，只有通过否定或排除才能得到肯定或固定，只有通过牺牲本来是自由的可规定性才得到了规定；亦即这个特定的表象就是我们在空间或时间中确定的一个点，我们是通过把凡是不等于A的东西加以否定或排除，才到达了B这个固定的点上。

阿斯卡尼俄斯射杀西尔维娅的牡鹿　克洛德·洛兰　1682年

一幅宁静的风景画内的拇指大人物活动显示了一个富有深意的道理，只有相对凝固的瞬间时间才会有永恒的时间。画中表现的是猎人张弓射鹿的时候，箭正在弦上，发不发在猎人的一念之间，鹿正无路可逃，生死也在一线之间。

假如不存在可以被我们排除的东西，或我们不是通过精神的实际活动把否定和肯定相联系，把不固定这一无穷可能性的因而也是不实在的与固定的东西相对立起来，那么，我们永远得不到实在——排除既不可能，感官感觉也变不成意象。这一类精神的或曰内心的活动就是我们的判断或思维，这种活动的成果就是我们的思想。

同样，如果我们不在空间规定一个点，那对我们来说，空间存不存在对我们来说没有意义，或叫做根本就不存在空间；反过来说，如果没有绝对空间，我们也永远无法规定出一个点。时间也是如此，如果我们没有时间的瞬时，时间的永恒与否对我们来说没有意义，或者说时间根本不存在；但是没有永恒的时间，我们也永远得不到瞬时时间的意象。因此，我们只有通过部分才能对照出整体，只有通过界限才对照出无限，即只有通过个别才对照出一般；同时我们也只有通过整体才对照出部分，只有通过无限才对照出界限，即只有通过一般才对照出个别。

帕里斯的审判　克洛德·洛兰　布面油画　法国　18 世纪

对于帕里斯来说三女神在感官上都是美的，但是美确实没有把感觉同思维，承受和能动之间的鸿沟填补。在对美的评判中帕里斯由于他对自己利益的理性追求，而作出裁判维纳斯为最美，其理由就是自己思维和能动的需求，仅此而已。

当我们作出美的断言——它是从感觉过渡到思维的必需时，我们决不能认为仅仅通过美就笃定能把感觉同思维、承受同能动之间的鸿沟填平。若没有一种独立的新的功能（指思想。——编译者注）来居间调停，来采取直接的赋有绝对功能的行动，是无法填平这条无限的鸿沟的；个别永远是个别，永远变不成一般；偶然永远是偶然，不可能变成必然。但是，思想这种绝对功能的外显，又必须来自于感官，这里只是指它的功能来自于感官，而外显本身并不依赖于感性；相反，外显本身只有通过对感官印象的抽象思维并形成与感性的对立才显示出自己的。思想的这种绝对功能具有绝对的独立性，它把任何外来的影响都排除在自身以外，不受其他任何“力”的影响。故而，美能成为一种手段，使其能够把人从物质引向形式、把感觉引向法则、把一个受限制的存在引向到绝对的存在；并不是因为它对思维有帮助（显而易见，这里的矛盾是必然的），而是它为思维创造了可以进行外显的自由——根据思维自身的规律。

但是，这里的前提是，思维的自由并不是畅通无阻的，它时时可能被阻碍（这一点和它的独立功能相冲突）。也就是说，当一种功能仅从外界接受它所作用的物质时，它只有通过窃取物质才能实现，即它受到的阻碍是消极的；如果认为可以从积极的方面压制感性的激情（即心绪）的自由，那对精神的本性是一种误认。我们当然可以从经验中看到大量的事实，当感性的激情在强烈地起作用的时候，此时的理性看起来受到压制，处于弱势的地位。但是，这里的分野是：我们不能从情感的强来推论精神的弱，只能通过精神的弱来证明情感的强；因为精神如果不自愿地暂时停止它的作用力，它就一直地处于支配地位，而情感无论再强，也无法在一般情况下取得一种对人的支配力。

显然我在通过上述说明来反驳一种非议的时候，又被卷入了另一种非议，好像我只有靠牺牲心绪的一体性来确立心绪的独立性。而恰恰在这时，心绪的一体性是暂时看不见的，这时的心绪只是分离的并独立的而且是对立的；假如它不是这样，则就没有了取得非能动性和能动性的基础。因为感官感觉是非能动性的，而能动性是属于思维的，在精神里面，不可能有这两种对立活动的基础，而在心绪里面却存在。

我们在这里又要有一个限制，即我们所谈的精神是有限的而非无限的，有限的精神只有通过承受（感官感觉）才能达到能动即思维，即只有通过承受才会变成能力，只有在接受物质（或物质影响）的情况下，它才会启动自己的能力，才会起创造作用。因此，有限精神一经启动，总是把要求形式或绝对的冲动，同要求物质或有限的冲动结合在了一起，如果不存在这样的结合作为条件，它就不可能产生第一种冲动（即感性冲动），当然更不可能满足这种冲动。那么在同一个实体中，两种冲动（感性和理性）的对立倾向能在多大程度上保持共存，这个问题确曾使形而上学的思想家感到难堪，但在先验哲学家那里却解决得比较轻松。当然先验哲学家也不能贸然说他阐明了事物的可能性，他只是能够确定知识并满足于此，因为这些知识可以推论和理解经验——经验来自于心绪的绝对一体性，同时经验也来自于心绪中的对立。当先验哲学家把这两种概念都看做是经验也必须具有的必要条件时，他就有理由不再进一步地考虑这两者是否能够结合。如此，我们就可以把精神本身的问题导入心绪的“公式”之中：在将那两种基本冲动彻底区别开来的前提下，则它们的共存就绝不会与精神的一体性相矛盾。诚然，存在于精神之中并在其中起作用的那两种冲动，并没有造成什么灾难性的后果，因为精神既不是物质也不是形式，既不是感性的“东西”，也不是理性的“东西”，它就是其本身。这一点，一些人似乎永远想不到，或理解不了，他们在人的精神活动方式与理性相一致时，就认为精神是自由的或自主的；而当它们不相一致时，就认为精神是纯粹被动的。

阿波罗与林芙　吉拉尔丹东　大理石雕刻　1667 年

《阿波罗与林芙》是巴洛克雕塑家吉拉尔丹东的重要作品，太阳神阿波罗正在接受仙女的沐浴，中间的阿波罗虽然周围围绕着忙碌的仙女，但他保持着从容与理性，享受着沐浴，不失庄重。

两种冲动（感性冲动和理性冲动）其中任何一种，如果一经启动，都必然要得到发展和满足，正因为这种必然性加上他们追求的对象又是对立的，所以蕴涵在其中的强制性就被相互抵消，刚

才我们谈到的精神的那个“东西”就保持了完全的自由——这个精神的“东西”就是意志。意志通过选择使某种东西成为现实，并作为现实性原因对两种冲动都具有了支配力。这种支配力是非常必要的，如果缺失了这一支配力，任何一种基本冲动都不可能支配另外一种。一个天性暴虐的人，即使受到最积极的推动（这种推动力在他来讲是轻而易举的）要从事某项正义的事业，他也免不了要干下不义之事；一个刚毅勇敢慈眉善目的人，即使受到最强烈的本性诱惑（在他的生活中这种诱惑是经常发生的）想贪图享乐，他也不会破坏他的原则去干下不义之事。所以，意志在人的身上具有完全的支配力，享有完全的自由，除此之外，再不会受其他的支配。

人在身外的感官感觉，是具有必然性的，对它我们没有了自主性；它规定着我们的状态，规定着我们在时间中的存在；它对我们起什么样的作用，我们就得承受什么样的结果。但是，人由于身内的必然就具有自主性，更由于它同感官感觉的对立，使它时时刻刻地要意图展现内心的理性人格；这一身内的必然就是人的自我意识。当自我意识主动地对感觉进行加工时，它的表现是一种内在的必然，是一种原始的显示；此时，我们的意志还没有参与进来。所以，理性人格的原始显示并不是我们的什么功绩，如果它不显示也不表明就是我们的错误，即自我意识还不是意志的产物，它的显示与否同我们的意志无关。但是，自我意识将决定我们后面随之而起的自由意志，故而我们要向意识到自我的人要求理性，即要求他的意识具有绝对性、一贯性和概全一切性。在此之前，一个人还不是理性的人，我们就不能期待他会作出理性人的行为。形而上学家无法说明由于感觉的自由独立所必然受到的限制（即具有普遍的局限性）；物理学家又无法解释出在这种局限下可以让理性人格得到扩充（即具有普遍的无限性）。于是，不论是抽象的思维还是经验的生活，都不会再把我们引回到产生普遍性与必然性概念的那个源泉；而观察家决然看不到这个泉源在原初时的表现，形而上学

游吟诗人　马丁　布面油画

诗人通过自己特定的感觉意识，感受了现实的存在，形成了自己独立的人性。在面对自己的独立人性的维持和外界强行干预其停止时，他们会在两者的斗争中获得更大的空间去寻求他的自由，甚至失去自己的生命。画面中描绘的就是被追杀的最后一个游吟诗人的英勇不屈。

日出·印象　莫奈　布面油画　19 世纪

相对于印象派之前的创作和人们来说莫奈对日出的表现仅仅是出于个人印象和个人的感受，但恰恰相反莫奈才是最有理性思考的，他没有像古典画家那样把作品变成自己内心的理想描述，而是针对事实来表现。

家又不了解这个源泉具有它的超感性。但是，今天我们有了自我意识以及伴随而生的永不改变的一体性，我们就有了充足的理由，为人而存在的一切和通过人而形成的一切，以及人的认识和行动的一切都设立起一个一体性法则。至于这个一体性法则的真理以及合理性，早在感性时期就有所显现。如我们在时间中看到的永恒，在一系列的偶然中看到的必然：虽然那时我们还说不出它从何而来，以及是如何产生的；现在我们知道了，它们都在我们认识的彼岸，也同样在我们意志的彼岸。

另一方面，人是依仗感觉体验到了一种特定的存在，同时依仗自我意识体验到了一种绝对存在，那么感觉与自我意识都现实地存在了；此时，感性冲动和理性冲动都现实地有了对象，它们必然活跃起来；前一种冲动因对象（体验到生活）而觉醒，并伴随着个体性的开始；后一种冲动因对象（体验到法则）的引示也觉醒了，随之而升起了理性人格的诉求；这时，而且仅仅是在此时，即两种冲动都现实地现存以后，他作为人的人性才建立了起来。在此之前，人之一切都是按照自然的必然法则而显现的，现在没有了自然的保护和羁束，需要由他自己来维持和护卫自然在他身上开启的人性了。也就是说，当两种冲动在他身上一经开始活动，就都失去了它们的强制力，这两种必然的对立反而成了他的自由的源泉。

第二十封信

审美状态是一种既实在又主动的可规定性状态

SHENMEI ZHUANGTAI SHI YIZHONG JI SHIZAI YOU ZHUDONG DE KEGUIDINGXING ZHUANGTAI

要把这样的无规定性以及同样无限的可规定性，同最大可能的内容相统一，因为我们必须从这种状态中直接产生出某种可肯定的东西；而一旦要产生出可肯定的东西，就须牢牢抓住他原来通过感官所接受的规定才有可能（不能失去实在性）。同时，这种规定如果还是一种限制，我们就必须予以消除，我们要的是一个不受限制的可规定性；因此，我们是在既消除又保持状态的前提下才给予规定的；而这只能采取一种方式，即把另一种规定放到本身已有的规定的对立面上去，如同两个秤盘的天平，当它们空着的时候是平衡的，但当两边放着同等重量的东西时，也是平衡的。

单从“自由”这一概念中，我们就已经看出：自由是不受支配的；如果取自然这个词的最广的意义，自由还是由自然产生的，因而自由不是人的功绩，也不是他的作品；那么，自由就可以通过一些自然的手段加以促进和羁碍。如果人是自由的，就说明他作为一个人是完全的，并且他的两种基本冲动都已经得到发展；相反，如果一个人是不完全的，他的两种冲动中有其中一种被压制或排除，他就必定缺乏自由；即只要我们给人以“完全”，那么他的自由是必定现

星 空
文森特·梵高　布面油画
19世纪

从梵高的作品中我们看到了受到压抑的感性精神的释放，那闪烁的、螺旋般的星空，像火炬腾腾向上的树冠。这是一种感性冲动的外在的极度表现，我们似乎可以从他画面中的每一个颜料的颗粒里感受到那颗炽热的心。

存的。

实际上，无论是从人类整体还是在单个的人身上，我们都看到“人”是不完全的，或者准确地说是还不完全的；当我们看到人的不完全时，必定表明那两种冲动中只有一种在人身上活动或只有一种占绝对统治地位。但这里有一个先后问题，人始于单纯的生活，随后才有形式，即他作为单个的人比作为理性的人时间要早；也就是说，他是从限制走向无限的。因此，感性冲动发生作用要比理性冲动为早，感觉必定先于意识。于是，我们找到了解决人的自由的全部历史的钥匙——感性冲动先行。

考察生活的经验我们知道，当形式冲动还没有干涉生活冲动之前，生活冲动是呈自然和必然的状态进行的，人身上除了意志以外，还没有受到任何别的支配力的支配。所以，感性就是唯一的一种支配力，即感性的本身就是一种意志。但是，人总须向思维进发即过渡到一个具有思维的人的层面，而在思维状态中的人必须以理性作为支配力，也就是用逻辑的或道德的必然代替物质的必然；这样，在法则要成而未成之际，即在法则还未取得支配地位之前，必须先让感觉的支配处于“消失状态”；也就是说，一种原来

艺术与诗歌女神集合在神圣的森林
夏凡诺　布面油画　19 世纪

感性对于存在动物性的人来说始终是先行的，就像：饿了，自然会去找东西填肚子；冬天冷了会找地方和东西来御寒。艺术与诗歌是抒发人情感的重要方式，在人类产生的同时它就存在了，而且受到特别的重视，对艺术与诗歌女神的赞美也就是对感性、情感的颂扬。

戴珍珠耳环的少女
维米尔　布面油画　17 世纪

振奋性的美和疏解性的美都有缺陷，但是在维米尔的这件作品中我们看到了二者的存在，同时他们相互补充形成了一个整一的美。女仆的装束和生怯的眼神与高雅、富丽的珍珠完美结合天衣无缝，成就一个既无世俗土气又无上流贵气的平淡、高雅的美。

海德公园的夏日　约翰·里奇

面对永恒的时间，空间艺术中的二维的绘画艺术只能通过对一个个瞬间时间中的场景进行描绘。绘画越是要体现他的时间性就越要注重画面中事、物被描绘的瞬间存在情形与过去和将来的连贯性。如：人的动作和动势，动物的跃起等。

没有的东西现在要进入，如果不让原来有的东西停止存在，那是绝对达不到目的（取得支配地位）的。因为人不可能从感觉一下子跳转到思维，他必须要退避一下，让一种规定被消除，让另外一种相反的规定出现。因此，为了把被动的承受转换成自主的接纳，把被动的规定转换成主动的规定，人就得（哪怕是暂时的）要摆脱先前的一切规定，而进入到一种纯粹的可规定性状态之中；即，他必须以某种方式再回到纯粹的无规定的否定状态之中（在他的感官还没有得到任何东西给他的“印象”之前，他就曾经处于这样一种状态——一个无任何内容的“空态”）。现在的问题是，要把这样的无规定性以及同样无限的可规定性，同最大可能的内容相统一，因为我们必须从这种状态中直接产生出某种可肯定的东西；而一旦要产生出可肯定的东西，就须牢牢抓住他原来通过感官所接受的规定才有可能（不能失去实在性）。同时，这种规定如果还是一种限制，我们就必须予以消除，我们要的是一个不受限制的可规定性；因此，我们是在既消除又保持状态的前提下才给予规定的，而这只能采取一种方式，即把另一种规定放到本身已有的规定的对立面上去，如同两个秤盘的天平，当他们空着的时候是平衡的，但当两边放着同等重量的东西时，也是平衡的。

所以，从心绪感觉过渡到思想，必须经过一个中间状态（心境）；在这样的心境中，感性和理性都同时活动着，一方面，它们的起规定作用的那种“力”就在活动时被相互抵消了，即通过它们的对立造成了它们的否定；另一方面，此时的心绪既没有受到物质方面的强制，也不会受到来自道德方面

诗 鲁西尼奥尔 布面油画 20世纪

对于一个诗人来说心境的重要性是毋庸置疑的，它是感性和理性的中间状态，在这个状态中我们可以获得思想。我们在读诗的时候可以感觉到诗人的思想，同时感觉到他当时的心境。画中的少女正在一个宁静、平和的花园中思索，寻找她的思想，观者也被这种宁静的气氛感染不忍出声，恐打断她的思绪。

的强制；所以，它们的活动，我们有理由特别地称之为自由的心绪活动，把此时的心境称之为自由的心境；如果我们再把先前表述过的感性的规定状态，称为物质状态，把理性规定的状态称为逻辑的和道德的状态，我们就进入了一种既实在又主动的可规定状态——审美状态〔1〕。

---

〔1〕这个词常常被人滥用，我们必得对它进行一番解释。现象中出现的一切事物，通常有四种关系，一是和我们的感性状态（关系到我们的一般生活或康宁）即物质性质有关；第二是可能和我们的知性（关系到我们的认识）即我们的逻辑性质有关；第三是可能和我们的意志（关系到我们的理性对对象的某种选择）即我们的道德性质有关；第四是可能和我们的整体的“力”（不是仅仅满足于我们身上的单独的“力”及对某一特定的对象）即我们的审美性质有关。一个人可能具有勤勉的品质使我们觉得可亲可爱，也可能由于他有着恬淡的素养而启迪了我们的思想智慧，也可能由于他具有亮丽爽快的性格使我们觉得应该尊敬；或者，我们并不因为他有着前述的一切，在我们判断他时，既没有某种利益目的也没有某种法则在强制我们，仅仅是由于他的整体表现就使我们特别地喜欢，这就是一种真正的审美判断，或曰我们对他的判断是真正审美的。所以，一个人可能仅仅在进行健康的修养，也可能仅仅在进行审视力的培养，也可能仅在道德方面进行培育，但也可能是在进行一种趣味和审美方面的灵修；这最后一种灵修的目的是：尽可能地在和谐的氛围中培育我们在感性和精神方面的整体素养。同时，如果人们仅仅是受到一个虚假或浅薄的趣味引诱，并由于同样一个虚假的论证就认为所谓的审美就是如此一个浅薄的状态，那么，他就是把一个任性的没有任何价值的概念掺入到了审美的概念之中——这种谬误是需要驳斥的。虽然，心绪在审美活动的状态中是自由的，它在最高程度上是摆脱了一切外在的强制的，但并不意味着它在自身方面不遵循一些法则；这样的法则同思维时的逻辑和祈愿时的道德必然的区别在于：心绪在此时所遵循的法则还没有形成观念；即是说，心绪在实际行动时不会考虑那些必须遵循的法则，但在它自身“内里”也自动地遵循了它应该遵循的法则的。不过，由于这些法则在行动时没有遇到任何的反抗，所以它们并不是以强制的面目出现的。——作者原注

第二十一封信

审美心境的营造来源于天性的自由

SHENMEI XINJING DE YINGZAO LAIYUANYU TIANXING DE ZIYOU

一旦有了自由，人就达到了某种无限。当我们回溯感觉的开始以及思维的过程时，我们一定能够看到，感觉时的自然的片面强制和思维时由于排它性的立法而被肆意剥夺的，不就是这一尊贵的自由吗？那么，我们在审美心境中又得到的这一赠品，不是一切赠品中最高贵的赠品吗？这一赠品就是：人性。

我们现在来进一步地论述前面第十九封信中提到的那个命题：双重的可规定性状态和双重的规定性状态。

心绪是可规定的，因为之前它根本没有被规定；但是，如果它不是通过排它性（受限制的可规定性）才被规定的，它即是可规定的。前者是一种纯粹的无规定性（它没有受到限制，故而它没有实在性），后者就是一种审美的可规定性了（它也没有限制，因它把一切实在性都统一在了一起，消除了限制）。心绪是被规定的，只要它受到了外界的限制；但是，如果它从内心里自己给自己加以了限制，它也是被规定的。第一种情况是当心绪感觉时，第二种情况是当心绪思维时。所以，思维一经规定，就如审美状态一样，进入了可规定性之中；但是，思维的规定所造成的限制是因为内在有无穷的“力”，而审美状态却是由于内在有无穷的丰富性而否

阿尔巴洛的游园

马尼亚斯科　布面油画　17 世纪

全景式的构图给人一个广大、深远、开阔的空间，我们的思绪也可以随之扩大得到一个广阔的想象空间，内部无限的丰富性也减少了限制和规定人们思绪的因素，从而让人感觉到一种壮阔、静谧的美感。

定了任何特殊的规定和限制。所以，感觉与思维在心绪的状态中彼此相同的一点（唯一的一点）是：它们都是被规定的，要么是个感性的人，要么是个有理性人格的人；也就是，它们绝对地是这个而不是那个。除此之外，它们总是彼此分离，各自按不同的方向趋于无限。审美的可规定性与纯粹的无规定性同心绪的情况完全一样，也是在唯一的一点上相同：两者都排除了被规定的一切存在，却在其他一切方面，就像“无”与“整个”一样，它们都具有无穷的不同。所以，如果纯粹的无规定性的无规定（它没有内容），被设想成一种空的无限，则它的对立面（即审美的规定性）就必须被看做是充满了丰富内容的无限。这种状态正是我们之前研究的结果的再现，且完全吻合，毫厘不差。

梦　夏凡诺　布面油画　19 世纪

梦可以视为人感性思维在很少受限制的情况下的驰骋，所以梦里许多景象都是脱离现实情形的、理想的、荒诞的。夏凡诺的这幅作品表现的是一个饥寒交迫的夫人睡在荒原的一个美好梦境，仙女正向她飞来并投递着鲜花。

如果人们只去注意那些个别的结果，而看不到审美的整个功能，而且他们看到的只是人身上没有了特殊的限定，那么就可以说他在审美状态中完全没有得到任何东西；而且我们还要认可他们的认为是一种完全正确的认为。他们之所以完全正确，是因为美以及美让我们的心绪所到达的那个心境，对我们的认识和意向没有任何的果实可以采摘，故而显得完全的无关紧要。确实，站在这一立场上，美其实就是一个“零”，它并没有提供任何一个个别的结果，无论是在知性方面还是在意志方面；它也没有实现任何个别的目的，无论是在智力方面还是道德方面；它也并没有向我们提供任何一种真理，帮助我们完成任何一项个别的任务甚至义务；总之，美既没有为我们建立起有用的性格，也没有让我们的头脑得到什么启蒙。因此，即使是经过审美素质的培育，只要人的个人价值和尊严还在依赖这个人的生存而存在，你就仍然还是原来那个样子（完全的未受规定）。结论是：美什么也没有达到，美的功能只是在天性方面使你能够从你的自身出发，让你为其所欲为——把自由完全归还给你，使你可以是其所应是。

但是，一旦有了自由，人就达到了某种无限。当我们回溯感觉的开始以及思维的过程时，我们一定能够看到，感觉时的自然的片面强制和思维时由于排它性的立法而被肆意剥夺的，不就是这一尊贵的自由吗（详见第十九封

古代遗迹画像画

卡纳莱托　布面油画　18 世纪

卡纳莱托经过审美和美的过程，创造了一个美丽、虚幻的景物。他是意大利景观画的重要代表人物。他们通常将不同的风景置于同一个画面中形成特殊的效果。这幅作品就是把一个颓废的古代建筑置于新建筑之中形成的一种美感。

死亡之岛　勃克林　布面油画　19 世纪

勃克林的这幅作品没有任何典故，也不是对某个神话故事的描绘，他仅仅是作者的一个心境的表达。一种恐怖、伤感的气氛笼罩着整个画面，表现人面对死亡时的不安和恐惧，同时每个人又不可逃避。

信结尾。——编译者注）？那么，我们在审美心境中又得到的这一赠品，不是一切赠品中最高贵的赠品吗？这一赠品就是：人性。当然，按照人的天禀，他在可能进入任何一种被规定的状态之前，都已然具有这一人性；可是从事实中我们看到，他在进入任何一种被规定状态之时，就已然地失去了这一人性（受到强制，人性无从谈起）；如果他意图向另外一种相反的状态转换，都必得经过美的或审美的这一过程，其后，人性才能重新回到他的身上[1]。因此，我们可以把美称为第二“造物者”，从诗意的角度看，它应该是被允许的；从哲学的角度来看，它也不无正确。不过，美只是让我们具有了人性，至于我们要在实际上把这一人性实现到什么程度，当由我们的自由意志来决定了。在这一点上，美及审美同第一造物者——自然的功能是一样的，自然给了我们取得人性的可能，而我们将把这一“可能”应用到什么程度，也由我们自己的意志所决定。

〔1〕这一人性（即美和审美的心境，亦即从感觉到思维的过渡）的回归在一些人身上表现得过于快速而不易察觉；其原因是：这种人的性格使他们的心绪不能长久地忍受无规定状态时的空虚，他们迫不及待地要求得到一种结果，而这在审美的无限状态中往往不能天遂人愿。也有一部分人，把审美的享受（即人性的回归）放在整个的功能上，并不在意这个功能的个别的活动状态；所以，他们往往能够向审美状态的更加广阔的方向扩展。前一种人非常的害怕无聊空洞，后一种人非常害怕受到限制；故而我们不用深入思考就能够推论出：前一种人生来就是为了局部利益而卑躬屈膝地干着小小的实务，后一种人生来就是为了整体的利益，是为了干出大的事业而如此的（但他们需要将实在性同这种功能结合起来）。——作者原注

第二十二封信

审美的最高境界是心绪的自由和舒心的爽快

SHENMEI DE ZUIGAO JINGJIE SHI XINXU DE ZIYOU HE SHUXIN DE SHUANGKUAI

音乐趋于完善到最高程度，它就变成了具有形体的东西，使我们能够感受如同雕塑般的静穆的影响；造型艺术趋于到最高的完美，则必然会使我们感受到音乐般的跃动；一首达到了最完善境界的诗文，必然使我们感觉到有声有色的强烈，并同时把我们放到恬静而爽畅的氛围中加以雕刻。因此，各个种类的艺术如果达到了相当的完美，则可以消除这种艺术本身的局限，但又没有把此类艺术的长处一并抛弃；即，如果把这一艺术的特点聪明地运用，就能够使它更具有普适性，更能展现艺术的美。

我们再从另一个角度来看心绪的审美心境。前一封信我们论述了当人们的注意力只贯注在个别的和特定的作用上时，他就什么东西也不会得到，即得到的是一个“零”；那么当他处于另一种情况下，人们看到了这里不存在任何的限制，而且在同一个实在中共同活动的各种“力”都被汇成了一个整体；这样，就可以看做是一种能够得到最高、最大实在的状态。同样，我们也认为这些人的看法是完全正确的；他们之所以完全正确，是认为审美状态在认识与道德方面可以给予最丰硕的成果，一种心绪的心境既然把人性的整体都包括在了自身之中，按照功能它也必然把人性的任何个别的外显囊括了进来；而且它在人的天性的整体中剔除了一切限制，当然也会从天性的任何外显中剔除一切限制。即它不保护人性的任何一个单个的功能，却能给任何一个功能提供没有丝毫区别的利益，而且正因为这一可以使一切功能

黑与灰合奏　惠斯勒　美国　19 世纪

作者通过对画面中的黑色、白色、灰色的处理形成一种沉寂感，左边大面积的深灰色与妇人黑色衣服连成一片，然后过渡到背后的浅灰色墙壁，墙上的黑色框中的白色起到了重要作用，在整体的黑灰色中框定的白色给人一种冷漠、寒酷、压抑之感。

都成为可能的功能，它就不会为任何一个个别的功能提供独有的方便。经验告诉我们，其他一切的训练或培育或学习虽然可以给心绪赋予某种独特的本领，但在给予本领的同时也为它划定了一个界限，只有审美的训练可以把心绪引领到不受任何限制的美好境界。平常时候，我们在可能进入任何一种状态前，都要回顾一下这一状态之前的一种状态是什么样子的，并且还须分析一下它的下一种状态将会出现什么样的情况；只有审美的状态是自成一体，无须它顾（审美的起源以及得以延续的一切条件都被统一在了它的自身之中）。所以，一旦我们进入了审美状态，我们就觉得仿佛是脱离了时间的羁束，并享有了充分的自由，而完整表现的就是我们人性的纯洁——一如它没有受到过任何外来（外在力）的玷污。

通过我们的感官并在随后的直接感觉中觉得舒服——凡是这一类东西，都表示着我们可以接受任何的一种印象，以便润浸我们的心绪，使其越来越温柔而灵活；但是，它同样可以使我们忘掉了人的发愤图强。那些能够使我们的思维紧张起来并进入到抽象概念里面去的东西，一方面可以使我们的精神增强进行各种抵抗的力量，但同时也使我们的精神变得越来越冷漠寒酷，白白地丧失了我们人的鲜活的感受性（虽然它能够使我们取得更大的自主性）。所以，无论是前者还是后者，到了最后都必然趋于疲沓或衰竭，因为鲜活的“材料”需要富有创造的力才能存在，它不能长时期地缺少这样的创造力；我们身上的各种“力”的存在，也不可能长时期地缺少宜于创造的“材料”。而与上述情况相

许拉斯与水中美人
约翰·威廉·沃特豪斯 布面油画
19世纪

画作中的男子许拉斯一意和自己的同伴去寻找金毛羊，在金毛羊没有寻得的路上就被水中的美女诱杀。就像心绪和审美心境一样，当人们的注意力只贯穿在个别特定作用上时就什么也得不到。

反的是，如果我们能够置身于真正美的享受之中（哪怕是这样的一个片刻），我们也能主宰我们的承受力和能动力，使其达到均衡；或者在严肃和怡乐之间，在静止和运动之间，在信从和拒抗之间，甚至在抽象思维和观照之间都能够游刃有余地转换于其间，丝毫不觉得费力或疲惫。

奴隶船　透纳　布面油画　英国　19世纪

人生活在宇宙大地中是非常渺小的，我们无法摆脱对现实中各种各样的外界事物的依靠。在波涛汹涌的大海里人的渺小和受限制性展露无余，不管我们怎样挣扎、拼搏都无法逃离外界的某些限制。

如果我们再把精神的这种高尚的宁静和自由，与刚毅的性格和精明的知性相结合，就能达到那种仿佛从一件真正的艺术作品中把我们的桎梏加以解脱的那种心境，这是检验是否具有真正的美的品质的试金石。但是，如果我们经历了这样的美的享受之后，还仍然对某种感觉或行动格外地倾心，而对另外的感觉或行动感到厌恶，那就确切地证明了，我们并没有体验到那种纯粹的审美，也即是说我们还没有达到纯粹的审美境界。

薄暮月初升　列维坦　布面油画　俄国　19世纪

面对这样一幅优美的风景画作品，它会促使我们迅速进入一种审美状态，透着空气和水面，还有夕阳的光彩，我们仿佛脱离了时间的羁绊，感觉到了一种完全的自由自在，不想让任何外界的东西进入到这个画境，打扰自己的宁静。

事实上，由于人不可能摆脱实际中的对各种“力”的依附，我们也不可能完全地体验到纯粹的审美；我们说，一部杰出的艺术作品具有相当的审美作用，也只是说它接近了纯粹的审美理想。我们虽然可以把自由作为纯粹审美理想的巅峰，但当我们处于某种特殊的境遇中时，或当我们带有一种独特的倾向时，我们总是要偏离或背离这一最高的自由。所以，一种特定的艺术种类或这一种类中的一部特定的作品，如果给予我们心绪的那

有房屋的风景　毕沙罗　布面油画　法国　19 世纪

毕沙罗是印象派中以画风景著称的，他有他自己独特的艺术形式。他的绘画色彩凝重但却不失艳丽，线条粗犷但不缺细腻，画面表现出一种毕沙罗式的洗练与厚重。

种心境越舒适，如果给予我们心绪的那种倾向限制得越少，我们就认为它是一种愈加高贵的艺术，这部作品也是一部愈加杰出的作品。我们可以比较一下不同的艺术作品，或者同一种艺术的不同作品所给予我们的感受来作进一步的说明。当我们听完一段美妙的乐曲，我们的感觉就活跃了；当我们读完一首美丽的诗文，我们的想象力就如同吸进了新鲜的空气或刚喝了提神的咖啡、醇酒，显得生气蓬勃；当我们欣赏完一座美的雕像或雄伟的建筑，我们的知性就如同春天的大地，缓缓地苏醒了过来。所以，在高尚的音乐刚刚享受之后就去进行抽象思维，在美好的诗歌享乐刚刚结束之后，就去做那些须要精确地按照规章制度操作的事情，在刚观赏完一座美的雕像和宏伟的建筑之后，就去刺激自己的想象力和扰动自己的情感，那他就是典型的狂躁症患者（完全地没有时间感，完全地不合时宜）。

当然，如果某一部艺术作品能达到更高的水准，或者不同种类的艺术已经达到相当的完善，则不但它们可以产生亲和力，而且必然地对心绪产生越来越相似的效果，这种效果是在它们各自的客观疆界并没有改动的前提下产生的。如果音乐趋于完善到最高程度，它就变成了具有形体的东西，使我们能够感受如同雕塑般的静穆的影响；而造型艺术趋于到最高的完美，则必然会使我们感受到音乐般的跃动；一首达到了最完善境界的诗文，必然使我们感觉到有声有色的强烈，并同时把我们放到恬静而爽畅的氛围中加以雕刻。因此，各个种类的艺术如果达到了相当的完美，则可以消除这种艺术本身的局限，但又没有把此类艺术的长处一并抛弃，即如果把这一艺术的特点聪明地运用，就能够使它更具有普适性，更能展现艺术的美。

但是，艺术家的艰难并不在于他要聪明地处理他所采用的那种艺术种类的局限，而是要面对他意欲加工的材料（素材）所带来的局限。我当然认为，一部真正的艺术作品，起作用的并不是它的材料，而是形式（处理材料即素材的方式）；因为形式可以对人的整体的“力”产生效力，而材料只对人的个别的“力”产生效力。无论一部艺术作品的材料如何的高尚和宽泛，其间都会对我们的精神产生限制，只有舒心的形式才能给予人最大的审美自由。因此，真正的艺术秘密一经被艺术大师掌握，他就会用形式来消除材料的局限。因为越是难于驾驭的材料，在消除了局限后就越是动人，给观赏者的感觉就越有诱惑力；当材料越来越充分地显示它的作用时，观赏者就越是喜欢这些材料，那么，这一艺术作品就越是成功。这里的“成功”的含义，就是观众或听众在欣赏完一部艺术作品后，他的心绪没有受到任何的损害，且保持了完全的自由，就像他脱离出第一创造者（自然）的保护时那样，他在走出艺术家为他设置的魔圈时，也保持了高度的纯洁和完善。即使是最猥琐的对象，在经过了艺术家的处理后，我们仍然可以直接从这个对象转向最高尚的严肃。最严肃的事情一旦被艺术家高明地处理后，我们仍然能够直接地转换成最轻松愉快的怡乐。像悲剧一样的激情艺术，乍看起来，仿佛不会给人以轻松，即不会使人感到有完全的自由（因它必须将悲壮一般的情愫强加给欣赏者）；但是，真正懂艺术的人知道，当如同狂飙一般的激情达到了高潮之后，留给我们的必然是心绪的自由和必然的爽快，而且它留给我们心绪自由的空间越大，这一作品就越完美。有关情或性的艺术我们已经见过许多，本来情欲或性欲就艺术来说并没有多少美的东西值得展示，但美的艺术的效果最后会不可避免地摆脱掉情欲或性欲的不美的影子，让人同样感到是美的艺术。但是，用美的教诲（去教育人）或从道德方面去遏恶劝善的艺术，却是不美的，因为再也没有比给人的心绪加上一个特定的倾向更使人讨厌的了，这一意图是与美的最高概念相冲突的（作者这里特别指出是最高的美的概念，而不是一般的美。即“美”再美，或道德再高尚，都不能借艺术的功用来给观赏者强加一个心灵的倾向。否则就违背了美的宗旨。——编译者注）。

风雨将至　特罗容　布面油画　19 世纪

作品用竖构图的形式，顺应着树干给人向上的感觉，宁静的林边湖畔有路人正在饮马，湖中的树林倒影与他们融为一体。此时的天空、树、人等所有的东西给人一个整体的美感，让我们尽情来享受美的整体恩泽。

月光中的埃格尔、僧侣与处女
霍德勒布　面油画　19 世纪
一幅富有象征性的画作，画面只有简单的图示和凝练的色彩，但是读者一看到它就会散开自己的思绪去联想它的含义。画面简单信息又会限制人的思绪，把它框定在一定的范围，霍德勒的这幅作品正给我们一种这样实验的机会。

不过，一个判断者仅仅从一部作品中得到了内容的收获，并不证明这部作品就没有形式，只能证明这个判断者看不到形式；也就是说，他不是太松懈就是太紧张，不是纯粹用知性就是纯粹用感官去欣赏艺术。对他来说，即使面对一部最成功的整体作品，他也只流连于细节；即使是具有最美的形式他也只看到物质。这种人只配受享未经加工的素材。他在享受一部作品时，不但看不到这部作品的整体与和谐，看不到它的有机组成，而且还费尽心机地搜寻艺术大师已经使之消失了的个别；他之对于艺术的兴趣，不是在道德方面寻求教诲，就是在物质方面寻求感官刺激，偏偏不会在他应该在的地方，即审美。这样的人，当他聆听一首庄严而悲壮的诗歌时，以为他在听一篇布道词；当他遇到一首质朴的或打趣的诗歌时，以为那不过是一杯平淡的饮料。既然他毫无审美的情趣，就一定会在一出悲剧或一部史诗（哪怕是一首颂扬救世主的史诗）里寻求修身或养身的方法和道理，而不是享受美的整体恩泽。

第二十三封信

美的法则使人在一切外在生活中保持内心生活的笃定

MEI DE FAZE SHIREN ZAI YIQIE WAIZAI SHENGHUO ZHONG BAOCHI NEIXIN SHENGHUO DE DUDING

在物质生活这一看似无关紧要的领域里，人就必须开始营造道德生活的环境；也就是说，还在他承受物质规定的同时，人就必须开始具有自主性，还在他受感性限制的同时，人就必须开始具备理性的自由；即使是他的某个爱好，也必须有意志的法则来作主导；即是说，人必须在材料本身的限界内，通过怡乐的方式去攻打甚至打赢这场针对材料的战争。另外，人必须学会和具备一种高尚或更高尚的欲求，以免他在不经意的时候，盲目地走到崇拜强大（强悍、强暴等）即貌似崇高的邪路上去。这一切，我们只有通过审美的灵修才能做到；人的任性，不会受到自然法则甚至理性法则的束缚，它总要盲动；我们要把受任性支配的一切，都归属于美的法则之下，并在它给予的外在生活的漂浮的形式中，展现出我们内在生活的笃定。

现在我将把在第十七封信的结尾处割断了的思绪接起来，那是为了把提出的原则运用到实际的艺术以及对艺术作品的评价上而不得不割开的。

感觉的状态是被动的，而思维和意愿的状态是主动的，要将它们结合在一起，需要一个中间的状态即通过审美自由才能完成。正如我们前面谈到的那样，这一中间状态于我们的见解和意象起不了决定性作用，对我们的智力

音乐师
阿尔贝特·约瑟夫·摩尔
布面油画　19世纪

画面中描绘的是一个音乐家正聚精会神地为他的两个听众演奏竖琴，但他们却慵懒地相互倚靠，似乎要沉沉睡去，可以看出他们可以感觉到琴声的存在，但他们的意志可能正沉沦于相互的温暖之间。

的和道德的价值也产生不了丝毫的影响；但是，它是到达见解和意象的唯一通道。或者说，要把感性的人向理性的人转换，除了把他首先转换成审美的人之外，别无它途。

在第二十一封信中，我们已经说得够清楚了，在知性或意志方面，美提供不了任何的有益的结果，它也无法干涉思维所作出的决断，美只是赋予了它们一种能力，但对怎样实际使用这种能力它也丝毫没有加以规定。这一能力的付诸实现不需要任何的外力，到达知性只需要纯粹的逻辑形式（概念），而意志方面只需要纯粹的道德形式（法则）。

但是，美能做到的是，它把感性的人变成了一种纯粹的形式，这一形式只有心绪处于审美的心境时，才名副其实。从外界来的真理，并不是一种现实或事物的感性存在，而是一种思维的自主和自由创造出来的东西，这一点，我们在感性的人身上是找不到的。原因是感性的人已经从物质方面被规定了，因而不再拥有可规定性的功能；要想把被动规定转换成主动规定，则首先要重新获得可规定性。而要重新获得已经丧失了的这种可规定性，办法只有两种：一，它放弃已经加诸于身的被动规定；二，他本身的规定里已经包含着他想转化的那种主动规定。但是，第一种办法使他在失去被动规定的同时，也就不再具有接纳主动规定的能力，亦即他不再能够思维；因为思维的形式需要一个材料性的物体作倚靠，否则就变成不了现实的存在。于是，剩下来的就只有第二种办法，即他本身的内里包含着他所需要的主动规定，也就是说，他必须是同时地被主动规定和被动规定规定着的；这样，他就必然是一个同时受感性和理性规定的人，亦即审美的人。

故而，在审美的心境下，其本身范围里的感觉支配局面将会被理性的自主性打破，物质的人只要按照自由的法则就逐步地净化到精神的人。如此的净化过程——从审美状态到逻辑和道德状态，亦即从美到真理和义务状态，比他先前一步的净化——从物质状态到审美状态，亦即从纯粹盲目的生活

勃克林之墓　凯勒　布面油画　19 世纪

勃克林是象征主义绘画大师，凯勒在这幅作品种描绘了他的墓地，凯勒是勃克林的忠实追随者，他以一种逼真精细的手法表现了目的的情景，画面中四周都是黑压压的一片，唯有墓室处闪烁着亮光，似乎暗示勃克林的思想的闪耀。

状态到形式，不知要省力多少倍。先前一步的净化，是从某一特定目标的被规定状态到不受任何限制的、无限的可规定状态，亦即通过纯粹的自由（不是通过意志，此时的意志表现得完全地无能为力）完成的；此时他只需要接受而不需要给予，只需要他不停滞在自然造物的阶段，则总会从粗糙的物质的人，走向审美的人，走向审美的心境；而一旦进入审美的心境，他就开始有了一个崭新的面貌，他的全身也进入到了一种崭新的活动之中。此时，为了帮助已经进入审美的人具备审视力和伟大的意象，只需要给予他重要的机会，即提供一个高尚的机遇，让他的意志功能最直接地产生作用，其他什么都用不着我们操心；可是，要仅仅只有感性的人做到这一点，则首先必须改变他的天性；而要改变他的天性，只有让他进入另外一种天地（即审美的世界）之中。

因此，所谓文明的最重要的一项任务，就是让人在他尽可能的范围内成为审美的人，并从审美的状态中产生出道德状态（从物质状态不可能直接发展到道德状态）。一个人，如果想在任何一个个别的情况下具有人的类属（即整个人类）的判断能力，或者想在一种有限的存在中找到通往无限存在的道路，想从某种依附状态中具备向上（自主和自由）飞腾的翅膀，他就必须认识到：任何的时刻，他都不仅仅是个人，即不仅仅是被自然的法则所禁锢的人；他必须具备一定的能力或本领，以便使自己能够从自然目的的狭隘圈子里解放出来，向着理性

云海漫游者　弗里德里希　布面油画　1818 年

《云海漫游者》描绘的是一个漫游者突破自然的重重障碍爬上了山的顶峰，把云海踩到了脚下，暗示了他追求自己理想的本领和坚强意志力，也象征着人从自然的圈子里解放出来，向着理想进发的追求。

吻　克利姆特　布面油画　奥地利　19 世纪

克利姆特的绘画透漏着一种神秘的精神质的感觉，他用色凝重又透着一些浮华，所绘人物形象怪异，带有一种病态，他表现着他内心的一种恐惧和紧张感，他表现的是他纯然的感性之中的一部分，得到了很多人的接受和认同。

温水浴室 沙塞里奥 法国 19世纪

在古典主义画家眼中，浪漫主义画家们的作品的情感显得没有节制；在浪漫主义画家眼中，古典主义的作品又显得过于呆板。那么在这幅《温水浴室》画中，将是这两种情趣、两种画法的结合。画家以古典主义极为细腻的手法塑造画中前景着衣女子形象和半裸体人物，同时画家又以稍粗放的笔触和色彩描绘隐没在不同明暗层次里的人物，摈弃了古典造型的线条和清晰的轮廓，空间的层次与虚实、人物动态的自由放纵与人物之间的情绪交流等，都体现了浪漫主义的画理画法，使古典主义与浪漫主义结合得天衣无缝。

的高度进发。而要做到这一点，他就必须在受自然目的支配的时候，就已经在为适应理性的崇高目标——精神的自由而训练自己，就已经在按美的法则来把他的物质规定加以修订。

当然，人是可以做到这一点的，这与他的物质目的并不产生矛盾。自然对人的限制仅仅是对他行动的内容发生作用，至于他采取什么方式行动，并不曾有所规定，只有理性的要求才严格地限制着他活动的方式。因此，在道德规定方面，人才表现出他的绝对的自主性，才是需要纯粹道德的；但在物质规定方面，人是不是纯粹物质的，他的态度是不是必须承受物质等等，都无关紧要。而且就其物质规定的本身来说，人在其中到底是仅仅作为感性实体和作为自然力（即物质是怎样就产生怎样的作用力）来完成物质的规定，还是同时也可以通过绝对的力和理性实体来完成物质的规定，是完全可以任意决定的。比如，一个人如果从纯然的感性冲动出发，去做那些需要纯正动机才能做的事，也决不会受到什么羞辱，更不会使他堕落；另外，如果一个普通的人，在满足他的物质需求的同时，也在追求法则，追求和谐或无限，当然能使他受到尊敬，或使他本人趋于高尚（用聪慧的和审美的自由来处理这种日常的现实，在任何时候任何地方都是高尚的标志。相反，如果在日常的现实中，在一个人的面部表情中，或在某一部艺术作品中，或其他等等，若是处处突出了知性的表现，那它就决不会是美的，同样也决不会是高尚的；因为它无非强调了无助的依赖性和强制的目的性）。

总之，一旦进入真理和道德的领域，感觉不能有规定权，而在人的舒适与高尚（即幸福）的领域，不再拘泥于形式，它可以存在，但怡乐冲动享有了支配权。

所以，在物质生活这一看似无关紧要的领域里，人就必须——如果你允许我使用“必须”这一强调性词语的话——开始营造道德生活的环境；也就是说，还在他承受物质规定的同时，人就必须开始具有自主性，还在他受感性限制的同时，人就必须开始具备理性的自由；即使是他的某个爱好，也必须有意志的法则来作主导；即是说，人必须在材料本身的限界内，通过怡乐的方式去攻打甚至打赢这场针对材料的战争。另外，人必须学会和具备一种高尚或更高尚的欲求，以免他在不经意的时候，盲目地走到崇拜强大（强悍、强暴等）即貌似崇高的邪路上去[1]。这一切，我们只有通过审美的灵修才能做到；人的任性，不会受到自然法则甚至理性法则的束缚，它总要盲动；我们要把受任性支配的一切，都归属于美的法则之下，并在它给予的外在生活的漂浮的形式中，展现出我们内在生活的笃定。

圣保罗主教堂　克里斯托夫·雷恩设计
英国　古典主义建筑　18 世纪

建筑是十分重视数字结构的艺术，这一点建筑在内部体现为建筑力学，在建筑外表上表现为体积、面、线条等的和谐比例关系。这个教堂有一个中央的穹顶和两侧的塔楼，略带神庙式的立面形成了主要入口框架。三角形的门楣、修长的圆柱、半圆形的穹顶构成了和谐的韵律，使建筑显得庄严端庄。

〔1〕需要把高尚的行为和貌似崇高（亦即强大、强悍、强暴等）的行动加以区别。前者看似超越了道德的限界而后者没有超越，故我们尊敬后者大大超过了前者。我们尊敬后者，并不是因为它没有超越道德法则，而是因为它超越了我们的主体经验，亦即超越了我们的意志品质和意志力度的认知，使我们不得不产生惊异和崇敬。但这是一种对象在人面前的显示，我们尊敬它，表明我们屈服于它的威强，即它取得了对人的胜利。但反过来思考，高尚的行为并不是以超越人的天性的面目而出现的，它是自然而然地从天性中呈完全自由的状态产生出来的。故而我们尊敬高尚，是因为它对物质目的（本性）的超越，这一超越是引领我们进入精神的领域的必需，我们对它表示赞叹，是因为我们让对象充满了朝气，也就是说，是人取得了对对象的胜利。——作者原注

第二十四封信

审美使人既保持尊严又享受幸福

SHENMEI SHIREN JI BAOCHI ZUNYAN YOU XIANGSHOU XINGFU

本来，理性的冲动如果运用到思维与人的行为方面，将会引导人进入真理和道德的彼岸，但现在他与人的现实承受和感觉产生了关联，则只会产生无限的物质追求和绝对需要。因此，人在刚进入精神王国时，不是得到了幸福，而是收获了疲累和迷茫；虽然这也是理性的结果，但却是因为理性选错了对象，不是使人从有限中发展出无限来，从限制中发展出不受限制的事物来，而是把理性直接运用在了材料上。所以，任何要求无条件幸福的体系都是建立在理性的错误选择上，无论这些幸福的渴求是为了今天一日，还是为了整个一生，或者是为了永恒的全部——无论经过多么高雅的伪饰后的幸福（体系）都丝毫不值得我们尊重。

综前所述，无论是单个的还是整个的人类，都是分为三个阶段或时期发展的，只要意图实现人的全部规定，都必然是按照这三个阶段次第展开；除偶然的原因（或者是外界事物的影响，或者是人本身的任性）外，这些时期可能被延长或缩短，但却无法完全地跳开，甚至这些时期的次序也不可能因为自然的或意志的原因而被颠倒——一，在物质状态中，人只承受自然的支配；二，摆脱这种支配只有通过审美状态；三，随后的道德状态中，人又取得了控制这种支配的权力。

在人还流连于感官的快乐，还没有让美给予他自由观赏的快乐之前，

卢昂大教堂　莫奈　布面油画　法国　19 世纪

随着人类科技的发展和认识的不断增加，人们开始对光进行研究并认识了它，在限于对光的认识后，莫奈追求着真实的去反映光的瞬间变化的效果，但是由于自然的支配，在他的画面中是不可能实现这一理想状态的。

或者说他的粗野生活还没有让松懈性的美使他趋于宁静之前，人的生存目的永远是死板而千篇一律的，他随心所欲地作出判断，他自私自利却无法自主，他拒绝约束却不享有自由，他是奴隶之身却不做遵守规则之人；在此情形下，世界的万千形态只是一个个恐怖的形象，每一个都代表着他无法征服的势力；他不知道可以把世界作为对象，来进行研究或尝试哪怕

麦 田　雷斯达尔　布面油画　荷兰　17 世纪

这幅作品描绘了大自然丰富、壮丽的景色。作者巧妙地把地平线置于较低的位置，这样观众处于一种比较高的视角，而天空的面积加大使得画面给人壮阔、无垠的感觉，同时作者利用一条村间大道将人们的思绪引向更远方。

是些微的控制；在他的意识里，除了那些为他创造了生存的事物，就不知道还有其他的存在；特别是那些没有施于他也没有取于他的事物，如果告诉他那是存在的，他一定会嗤之以鼻。虽然，他也感到在许许多多的实体当中，自己的孤单和黯寂，但他无法看到任何哪怕是些微的光亮。所以，他以为在他面前存在的东西都是当然的最高存在，而一切变化哪怕是细微的变化都是万难的创造；因为他自身的内里不存在必然性，所以他身外的必然性也自然地不存在，更遑论他能够看到后一种存在的优越性——这种必然的存在可以通过变换，把一个个形体组合成一个浩大的宇宙。在人的感官面前，自然的那些丰富的壮丽的多样性在白白地消逝，而人的感官所看到的，除了他的掠夺品之外，其他什么也看不到；甚至，他把自然的强盛和伟大也当做了敌人，他毫无顾忌地扑了过去，渴求把自然全部地占为己有；而当自然带着破坏性的灾变向人逼近时，他出于恐惧和憎恶，只能妄图把自然推开。无论出现刚才描述的哪种情况，都表明人同感性世界是直接接触的；但这个人却永远地惧怕着感性世界的进逼，他无休无止地受着不可抗拒的欲求的折磨；那么，他除了极度疲惫之外，不会得到安息，除了欲求衰竭坠入茫茫炼狱之外，不可能到达一个界限之点，更不可能到达理性的彼岸。

提坦们强壮的胸膛
和精力充沛的骨骼
还有那些无畏的遗传……
可是天帝铸造的铜箍

水磨坊 霍贝玛 布面油画 荷兰 17 世纪

这幅作品描绘的是一个宁静的世外桃源，观众好像就是这个桃园外的人在看着里面一样，树背后的小屋舍，宁静的池水停靠的小筏，一派无欲无求的隐者气质，让我们内心感受到格外的轻松和安慰。

紧扣在了他的额头
让他那胆怯的阴郁的目光
再也看不见忠告、勤勉、克制和隐忍
从此，他的每一个欲望
都化为了愤怒，这愤怒
飘荡在漫无边际的虚空
——《陶里斯岛上的伊菲格妮》[1]

认识不到自己作为人的尊严，则不会尊重他人的尊严；而一旦被自己的粗野贪欲所支配，则妒忌和惧怕另外的与他相类似的生物来分享他的贪欲；在他的身上从来看不到别人的东西，他却在别人身上总是看到属于他自己的物质；社会的交往不但没有把他扩展成为人的类属，反而被这种自私的交往更为紧密地禁锢在“我”之中。在这一系列阴沉的郁闷的限制之下，他只有黑暗的迷惘，只有承受物质的重压。但是，自然本身有一种有利的因素，可以把他那阴暗的感官的材料重新推开，这就是反思的能力；反思可以让他和事物代表的物质相分离，并最后通过意识的反映，终于看到了本来须臾不能离开的对象；这对象已经不是可怕的势力，而是可以亲近的也是由诸事物构成的精神世界。

以上描述的带蒙昧性质的自然状态，或许我们不能找到任何一个特定的民族，也不能找出任何一个特定的时代来加以证实，但可以把它看成是一个观念，这个观念与我们举出的众多的经验在个别点上是丝毫不差地吻合的。我们可以下断语，说人从来就没有完全地处于动物状态之中；但也可以同样下断语，人从来就没有完全地脱离出动物的状态。毋庸置疑，即使是最蒙昧的人，也有迹象表明他们具有一定的理性自由，但是我们在最有教养的人身上，也不难找到一些阴暗的自然（粗野）状态的影子。让最低级的东西与最

〔1〕摘自歌德的著名歌剧，作者摘录时有细微改动，如把“他们”改为“他”。提坦，希腊神话中曾经统治世界的巨人族（巨人神），共有 12 位（故原歌剧的诗中是“他们”）；后被宙斯（即诗中的天帝）家族打败并取代了其统治地位。作者在此摘录此诗是想说明，被感官快乐控制的人，即还没有进入审美心境的人，再有怎么强大的力量（胸膛、骨骼和遗传），再有怎么大的欲望，如果听不见来自精神和理性的声音，也只有失败；只有将欲望化作愤怒的眼神，漂浮于漫无边际的虚空。

高级的东西在我们的天性中得到统一，本来就是人之为人的工作；如果一个人能够严格地区分这两者，我们就说这个人有理性，有尊严；但是，这个人的幸福也建立在能够巧妙地扬弃这种区分；既然文明的任务，就是为了人的尊严和人的幸福能够和谐统一地相处，因而，我们就必须关注这两项原则在它们最紧密的混合中，是怎样保持各自的最高纯洁的。

人的身上第一次出现理性时，并不表明他就开始了人性，此时他还是为了明晰的乐趣而牺牲了尊严的慎独，也就是他为了乐趣而让人的感性脱离了对自然的依赖，使感性没有了限界，他使乐趣和尊严彼此独立却不是和谐地统一在一起（这一现象的重要性和普遍性至今还没有人透彻地阐发）；而人性需由人是否自由来决定。我们知道，人通过它要求绝对的东西（站在自身的立场上要求必然的东西）来让理性在其身上附着，因为他不如此则在物质生活的任何个别状态中永远得不到满足；故而他迫使人离开物质，让有限的经验生活上升到观念（亦即理性的概念）。虽

奥维涅的日落

卢梭　板面油画　法国　1830 年

这是巴比松画派的著名画家卢梭的一幅杰作，乍看去感觉这仅仅是一幅描绘大自然风光的风景画：夕阳西下，一个人正在田野里观看日落，但是我们用理性的思维细想时会发现其中包含着人类在奇伟的大自然中显得单薄和渺小的深意。

矿 井

画面描绘的是工业时代到来时，人们对自然资源的掠夺式开采，他们不尊重自然，他们被自己的贪欲所支配，他们害怕其他的贪求者的争抢，他们从来看不到自然的创伤，同时他们也只会看到属于自己的物质，毫无精神。

然这种要求的本来目的，是为了让人挣脱时间的限制，让人从感性世界升进到观念的世界，但人们往往曲解了它真正的意义（如果是感性占统治地位，这样的曲解绝对是不可避免的且经常发生的），容易把矛头对准物质生活；这样，它就不是让物质独立，而是把物质推入可怕的奴役境地。

事实也确然如此。人为了追求未来的自由，必然想跳出现时的狭窄限制，让自己的想象力插上飞腾的翅膀以便尽快地逃离单纯的动物性。但是，当他面对无限这一斑斓多彩的图景时，他的心还是生活在物质的个别之中，还在受眼前的这一瞬间的奴役（他不可能不如此，否则他就不是现存的）。他越是看到未来的多彩斑斓，就越是对他目前的兽性处境深恶痛绝，也就越是渴求有一种绝对的冲动（即理性冲动）加附在身上。在这多重沉郁的状态之中，他已然忘记了要追求永恒的东西，而是更加地追求物质的和暂时的东西；他被个体所局限，并把那种绝对的冲动当做他无穷扩展个体的动力——他越是追求物质的东西，就越显得筋疲力尽，为了保证他在不断的变化中有力量跋涉，他必须绝对地保证现实的生存并永无止境地追求生活的享受。所以，他会无穷无尽地追求材料，而把追求形式忘在了爪哇国。这一切，都是因为想象力与走上邪路的理性冲动相结合所造成的；本来，理性的冲动如果运用到思维与人的行为方面，将会引导人进入真理和道德的彼岸，但现在它与人的现实承受和感觉产生了关联，则只会产生无限的物质追求和绝对需要。因此，人在刚进入精神王国时，不是得到了幸福，而是收获了疲累和迷茫；虽然这也是理性的结果，但却是因为理性选错了对象，不是使人从有限中发展出无限来，从限制中发展出不受限制的事物来，而是把理性直接运用在了材料上。所以，任何要求无条件幸福的体系都是建立在理性的错误选择上，无论这些幸福的渴求是为了今天一日，还是为了整个一生，或者是为了永恒的全部——无论经过多么高雅的伪饰后的幸福（体系）都丝毫不值得我们尊重。我们知道，人类的永无止境的延续只能依赖于生存、安康和快乐。但是，要是仅仅只为了生存、安康和快乐，那

白日梦

罗塞蒂　布面油画　英国　1880 年

拉斐尔前派画家罗塞蒂的这幅作品以典型的唯美风格表现了一位妇女在花园中读书，她的书本被手中的花儿掩盖，抬头看着前方若有所思，这象征着一种理性冲动和感觉产生了联系。

不过是由我们的渴求产生的一种理想，是我们为了追求逃离兽性而提出的一种要求；并因此理性的外显，表明我们人已经逃离了一般动物的限定性；至于人性，这一外显并没有为我们提供什么。现在，我们同动物相比，只是具有了一个并不值得称道的长处，即我们可以为了追求远方的幸福而牺牲现时的占有；但是，当我们仔细想来，我们追寻的整个无限的远方到底有些什么东西时，我们又看不到别的——在那里，仍然是那时的现时。

死亡之岛
勃克林　布面油画　1883 年
勃克林的作品《死亡之岛》，沉寂，笼罩着雾气的海面上突兀的岩石岛屿，秀美挺拔的松树都带着一份令人惊栗的优雅。白色背影令人心惊似乎是亡者的灵魂。作品带有一种梦幻般的神秘美，也体现了作者的惊人想象力。

但是，要是理性没有选错对象，没有提错问题呢？是不是情形就要好一些甚至得到相反的结果呢？回答是：仍然不会。由于我们长时期地处于感性之中，而感性将会伪造答案来迷惑我们。只要知性开始对人产生作用，必然要按照原因和目的来链接他周围的一切现象，而理性也会根据概念的要求绝对地给予链接（它的链接不是只适用于个别情况的链接，而是普适的链接），而且并不需要论证的、即按照事物本身就应该是的那样的无条件根据来加以链接。所以，在此情状下——并且仅仅就这一个情状，我们也必须提出一个要求：人必须超越感性。但是，感性也会利用这个要求，再把我们强行地拖曳回去。于是，我们就到了人既要完全超越感性，又要克服被感性拖曳以便轻松地向纯粹的理性王国飞腾的那一个点上。由于知性只永远停留在有条件的事物的范围之内，所以它要永远地不断地提出问题，但永远也得不到终极的答案；同时，我们今天所谈到的人，还不具备那种理性的抽象能力，故而他在他的感性认识的范围内找不到的东西（此时的人还不能超越这个范围去到纯粹理性中寻找），就必然要到他的情感范围内去寻找；而感性是惯于伪造假象的，于是他按照假象的指引就以为已经找到了。感性虽

英格兰海岸上
威廉·霍尔曼·亨特
布面油画 1852年

亨特描绘了迷途的羊群正在海边游荡，失去了自己的方向。尽管画面给人一种现实感，但艳丽得过分的色彩让人难以置信，给人一种虚假的信号。人的思想发展也会如同羊群，总会面对一些迷途与谬误，重要的是看我们能不能顺利走出这一境况。

然不会教会人怎样辨识哪些本身就是他自己的根据以及哪些可以自己给自己立法的东西，但却指给人哪些是可以不用理会任何根据，以及哪些是不需要尊重任何法则的东西。既然人还不能用终极的和内在的根据使惯常喜欢提问题的知性加以平息，就必然会使用“无根据”这个概念来使知性默言；既然人还不能把握理性的高度必然性，他就理所当然地停留在物质的盲目强制的范围之中。本来，感性除了它自己的利益之外并不存在任何别的目的，于是就以为除了盲目的偶然以外，并不存在任何其他的原因；这样，人就进入感性的狭窄圈子之内，以感性的利益作他行动的指南（*规定者*），奉盲目的偶然为世界的主宰，并甘愿臣服在它多变的铁蹄之下。

甚至在人身上具有神圣性质的道德法则，当它最初进入感性当中进行表现时，也容易被感性的伪造假象所迷惑。因为道德法则只是禁止和反对人的自私，因此，当人还不理解这是感性的自私时，就把它当做是某种外在的东西加以反对；如同理性的声音还没有真正地到达自我时，自我也是把道德法则当做某种外在的东西加以拒绝一样。这样，人就总是觉得理性给自己戴上了枷锁，而感觉不到理性是在给他无限的自由。他也觉察不到自己身上居然还有“可以立法”的自主性，只是感到一种强迫的重压和无力反抗的臣服。在人的经验中，感性冲动总是先于道德冲动，于是就以为感性冲动手里握有必然的法则，亦即让感性冲动有了一个在时间上享有在先原则的优越位置。而受这个不幸中的最大不幸的影响，人就把他自己身上那些本来是不变的或永恒的东西，变成了可以随时随地被转换的偶然性的东西而大加贬谪。人还说服自己，一切不合理的或合理的东西都是一种法令和规章，对这些规章法令，除了意志把它们引进之外，并不具有永恒的效力；正如他在解释自然的个别现象时，总是越过自然，在自然之外去寻找本来只须在自然的范围之内就能够找到的缘由。人在道德的解释方面，也是越过理性的范围去寻找神性，而把自己的人性忽略不计。这一点，我们丝毫也不觉得奇怪，比如那些以抛弃人性为宗旨的宗教教义，人们总是不问它的来历，也不管它是否具有永恒的根据，而是只管把它当做不具有永恒约束力的东西来对待；他们认可这样的教义，并不是看它是否具有神圣的性质，而是因为它具有强大的力量并可以控制自己；即使他们赞同这一教义的宗旨，也是为了能够卑下地生存，或为了得到对恐惧的安慰，而不是为了提高他自己的灵性。

人偏离他自己的理想有多种多样的原因，当然这些偏离不会发生在同一时期；通常的人，总是要经历从无思想到谬误的思想，从无意志到意志的孱弱再到意志的衰败等许多阶段；但一切的偏离都是由物质状态造成的，或者换句话说，是由生活冲动胜过了形式冲动而造成的。到底是因为理性在人身上还没有话语权，物质的盲目必然还在人身上享有着支配权？还是因为理性和感性还混合着没有达到径渭分明的地步，道德还在受着物质的控制甚至欺凌？无论是两种情况中的哪一种情况，在今天的人身上唯一享有权威的依然是物质的原则，从人的最后的倾向来说，他依然还是一种感性的生物；区别只是：人在前者的状态中，他是无理性的动物；而在后者的状态中，他是有理性的动物。但是，人不可能就是前述两种中的其中一种，他应该还有另外一种样子。在这另外一种"人"里，自然不能单独地支配，理性也是有条件地支配；两种立法既独立存在，又有机地协调地结合在一起。

麦 田
康斯太勃尔　布面油画　英国　19 世纪

康斯太勃尔在这幅作品中描绘了一个平和的小村在金秋季节的忙碌与和谐气氛：农夫正在收麦，牧童伏在路旁的清泉边喝水，猎犬在看着他的主人。作品中看不到任何社会道德等的枷锁，给人一种纯净、清新自然的感受。

钓鳟鱼的渔夫
肯塞特　布面油画　19 世纪

在原始森林里一个渔夫正在垂钓，他似乎与外界毫无瓜葛，以一种独立、自然的人性展现在我们面前。同样，作品中没有任何社会道德的枷锁，给人一种淳朴、平和自然的感受。

第二十五封信

世界作为一个对象存在 就是因为人类有审美的心绪

SHIJIE ZUOWEI YIGE DUIXIANG CUNZAI
JIUSHI YINWEI RENLEI YOU SHENMEI DE XINXU

只要我们懂得，自然中一切令人惊恐的东西，都可以被我们赋予一个形式，即把它转换成一个（自己的）对象，那它就没有什么值得我们害怕的力量了，而且我们还能够战胜它。曾经的众神的威严，在人举起高尚的自由来反对它时，也不得不扔掉它那吓唬童年人的鬼怪面具，变成了一个人的模样来青睐人类；虽然我们仍然对他们的力量和形象表示惊愕，但他们到底变成了人的样子。而在东方，那些神怪曾经用野兽的横蛮面孔来统辖世界，但在希腊人的缓缓浸染之下，也不得不收敛为具有和人类一样的和蔼可亲的面目；最后，提坦族的王国覆灭了，无限的形式制服了无限的力。

如果人总是苟延在最初的物质状态里，被动地接收感性世界，被动地感觉感性世界，那他就是和感性世界完全融为一体的；因为他本人就是世界，所以他就无法认识世界，也感觉不到世界的存在。但是，如果他能够进入审美状态中，用自己的理性人格，将世界与自己分开，以便观赏世界，即把世界当成一个对象，那世界对他来说才是存在的[1]。

人一旦开始观赏（反思）世界，就是他同周围宇宙发生的第一个自由的关系；当他把世界推向远方并观赏它时，就是在帮助对象逃开激情的干扰，并进而使对象成为自己真正的、不会再丧失的所有物。在纯粹感觉状态里的自然的必然性，曾经享有不可分割的支配威力，但却在人反思的时候悄悄地

---

〔1〕这里要再次提醒，虽然在观念上必须将物质状态和审美状态的两个时期分清，但在经验中它们总是或多或少地搅混在一起。也不要认为，人是在某种情况下处于这种物质状态，而在另外的情况下，就完全脱离了这种状态。确然，当人看到一个对象时，他就不仅仅是处于物质状态中，但当他再继续地看下一个对象，他就必定处于物质状态中；因为他只有感觉才能看到对象。我在前一封信的开头谈到的无论是单个的人还是整个人类，其发展都必须经历的三个阶段（时期），放到任何个别的知觉中也是如此。它是我们通过感官所得到的每一个认识的必要条件。——作者原注

林中小涧　杜兰　油画　美国　19 世纪

当我们有时候置身于一个优美的风景园区时，我们可能无法看到她的美丽和妖娆，因为我们自己就是其中的一部分，当画家用他的画笔记录下这一美丽的景致时，我们却惊奇地为之慨叹，我们应该将自己与世界分离再去发现它的美。

白嘴鸦回巢

萨符拉索夫　布面油画　俄国　19 世纪

艺术家描绘了冬雪还未消融的初春，寒意犹在，在空旷的原野上白嘴鸦已经感受到了暗藏的春意回到了自己的窝巢。简单的风景描绘从雪到白嘴鸦让我们看到了自然的生命气息。

离开了；于是，人的感官出现了短暂的平静，时间的永恒变换这时也停止不动了，意识的光线也由之前的分散被汇聚在一起，闪闪烁烁地照射在具有无限摹象（图景）的生灭无常的台基上。人的身内一旦有了亮光，他身外的黑夜瞬时消失不见；人的身内一旦平静，他身外的宇宙风暴也就销声匿迹；自然中各种正在斗争着的力也已然平息。因此，在远古的诗篇中，把人的内心的这一现象当做伟大的事件来加以谈论，并借用终结了萨杜恩（即指希腊神话中的克罗诺斯——宙斯的父亲，意为时间之神。——编译者注）统治的天帝宙斯的形象，来说明思想可以战胜时间的法则，也就没有什么奇怪的了。

如果人只懂得感觉自然，那他就只能做自然的奴隶；但如果他开始思考自然，他就立即从奴隶变成自然的主人，并享有了立法的权力。原来他受自然的强制力支配，现在自然变成了他的对象；既然被当做了对象，显然不再具备支配人的力量，反而要在人的威力面前接受审视。人赋予了物质以形式，故而物质就再也侵害不了人，因为任何强悍或不强悍的东西都不能侵害精神，除非精神不享有自由；既然精神能够赋予无形式的东西以形式，就表明了它是自由的。只有在沉重的和无定形的物质占优势并占统治地位的情况下，在那种不确定的界限内左右摇摆的地方，才会出现明暗混淆的轮廓，人们才可能在精神上产生畏惧。不过，只要我们懂得，自然中一切令人惊恐的东西，都可以被我们赋予一个形式，即把它转换成一个（自己的）对象，那它就不具

方丹家族　荷加斯　英国　18 世纪

随着市民阶层经济地位的上升，以前只能由上流社会所把玩的奢侈品逐渐在平民阶层流行起来，绘画就是一种。此图描绘了一群 18 世纪的人们在庭院中议论刚买的一幅洛可可风格的绘画，显示了当时人们的审美风尚。

有什么值得我们害怕的力量了，而且我们还能够战胜它。曾经的众神的威严，在人举起高尚的自由来反对它时，也不得不扔掉它那吓唬童年人的鬼怪面具，变成了一个人的模样来青睐人类；虽然我们仍然对他们的力量和形象表示惊愕，但他们到底变成了人的样子。而在东方，那些神怪曾经用野兽的横蛮面孔来统辖世界，但在希腊人的缓缓浸染之下，也不得不收敛为具有和人类一样的和蔼可亲的面目；最后，提坦族的王国覆灭了，无限的形式制服了无限的力。

我突然发现，本来我应该在脱离物质世界的出口和进入精神世界的入口处论述，但却被我自由的奔驰的想象力引入到了精神世界中了，反倒把我们一直在寻找的美抛在了后面，即我们已经越过了审美的状态。这样一种跨越是不能被允许的，它违背了人的天性，我们还是回到感性世界中来吧。

诚然，我们必须带着美这一自由观赏的作品，才能进入观念世界（但要告诫的是，此时我们并没有脱离感性世界，只在认识真理时需要暂时地离开感性世界）。因为之所以为真理，它即是一种抽象的纯正的产物，它须要分离出一切物质的和偶然的东西，是纯粹客体，其中没有任何主体的局限；并且它还具有纯粹的自主性，任何被动性成分都不能被掺杂进去。但是，我们也要看到，即便是最高的抽象（即纯粹的真理）也并不意味着就没有回到感性世界的路径，人的思想往往会触动内在的感觉，即使是在逻辑的和道德的一体性方面，其产生的意象也会转化成一种和谐的情感。但是，在我们看到某种意象并为认识到某种真理而感到快乐时，我们能够非常精确地把这种意象同伴随而起的感觉加以区别；此时的感觉会被我们当做是某种偶然的来客，如果没有这样的来客，并不影响我们的认识。然而，如果这种感觉是和美的意象连接在一起的，我们要分别辨识它们就显得徒劳无功；因此，美的意象和感性感觉不是一个是另一个的结果，而是它们同时都是原因和结果，也就是互为因果。再者，我们为认识而感到快乐时，能够清晰地分辨出它们谁是主动谁是被动，以及它们是如何转移的，我们甚至清楚地看到后者在萌动在成长，前者在隐匿在消失。但当我们为美而感到赏心悦目时，就怎么也分辨不出它们谁是主动谁是被动，更看不到它们的更替；此时的反思和情感被完全地交织在一处，以至于使我们错误地认为已经直接从感觉进入到了形式。因此，美既是对象（有反思作条件，我们才对美有所感觉），但同时美又是主体（有情感作条件我们才对美有反思的意象）。总之，因为我们的观赏，美是一种形式；但同时又因为我们的感觉，美是一种生活；即：美既是我们的行为又是我们的状态。

由美同时是两者则可确凿地证明：被动性不排斥主动性，材料也没有排斥形式，局部也不排斥无限。因而，人在物质方面的依附性绝不会影响道德自由的建立。美的如此证明——如果再加以强调则可以说：只有美才有资格向我们如此证明。当我们在享受真理或逻辑的一体性的时候，已然发现感觉并不总是与思想一致，它只是一种偶然的伴随；真理能够向我们证明的只有：感性和理性相伴确实是有可能性的，它们都是随着天性而生成的；但这两种天性并不是并存的，它们彼此间也不发生相互作用，也就是它们不是绝对地和必然地合为一体的。反而是当我们思考时，没有情感，当我们感觉时，无法思考。由此我们可以推论出感性和理性这两种天性并不是兼容的，因而哲学的分析家们为了证明纯粹理性在天性中具有可实现性，就把它说成是“先天的或绝对的命令”，除此之外，他们的确提不出任何更好的证据来加以证明（作者这里主要指康德。康德在《纯粹理性批判》里，把纯粹理性视为先天的、绝对的。——编译者注）。但是，当我们享受美或享受审美的统一体的时候，在形式与材料、主动与被动之间一直发生着一种瞬息的或称暂时的转换和统一；这无不证明，两种天性具有无可争议的可兼容性，即无限在有限中的可实现性和有限在无限中的可存在性，从而证明了最高度的人性有理所当然的实现性。

既然我们已经证明了美的道德自由和物质依附是完全可以并存的，所

坎内的大景观

博纳尔　布面油画　法国　19 世纪

博纳尔的绘画追求自由的形式和方法，尽量以心灵的感触来画画是他的一大特点，它描绘的坎内的大景观超越了现实的情景，也改变了纯粹的客观感受，我们看到了他从日常走向美的现实，从纯粹的生活感觉走向了美的感觉。

第聂伯河的月夜　库因芝　布面油画　俄国　19 世纪

第聂伯河的月夜是那样美丽和宁静，作者利用大块的深色和这块颜色中的一线光亮突出了月光的皎洁，大面积的天空突出了大地的宽广、无垠。天空中云朵留下的轮廓是人的幻象与作品的气氛相结合的产物，令人不禁要去审视作品无尽的美。

以，人为了表现自己的精神则用不着脱离物质；那么，我们就不再对寻找从感性依附转变到道德自由的道路感到困窘。如同美向我们证明的那样，人同感性结为了统一体的时候是自由的；如同美的概念所表明的那样，自由可以是某种绝对的和超感性的。那么，人怎样才能从限制中飞升到绝对，怎样从他的思考和意愿中与既要脱离感性又要同感性保持亲缘关系，即怎样从美过渡到真理，也不存在什么问题了，因为我们从美的演绎当中已经找到了路径，因为我们从真理的功能中已经看到了“美”。现在的问题是，人是如何在找到的路径上行走的，他是如何从日常现实走向美的现实的，以及怎样从纯粹的生活感觉走向美的感觉的。

第二十六封信

审美的心境来自于自然但却营造着自由

SHENMEI DE XINJING LAIZIYU ZIRAN DANQUE YINGZAOZHE ZIYOU

无论是任何一个单个的人还是任何一个民族，只要我们从他（们）身上看到了正直和自主的幻象，则可断定他（们）是赋有精神的，是有着高尚的趣味的（甚至还看到其他诸多的优点）；如在古希腊那里，我们看到的是理想支配着现实，荣誉远胜于财产，思想或智慧超越了享受，永生的冀望鄙弃了现时的生存；在那里，公众的口碑是令人畏惧的唯一，用橄榄枝编织的花冠远比华贵的锦袍更受人尊敬。而在没有正直和自主幻象的人群身上，我们也看到，软弱的无力和乖戾的反常总是他们的避难所，低劣的享乐充斥了晦霉的家园，他们不是通过幻象来填充实在，就是通过实在来冒充（审美的）幻象，他们既无道德价值，也无审美的情趣和能力。

如前所述，自由是审美心境产生的；但不能反过来思维，即不能说审美的心境来自于自由；同理，也不可能来自于道德；那么，它就只有一种可能：来自于自然，即它是自然的馈赠。对蒙昧的人（粗野的人）来说，除非自然有偶然的惠顾，否则不可能打破物质状态的羁束，把他们引向美。

而就是这偶然的惠顾才产生了美的幼芽。但在下述情况下美的幼芽将不会得到发展：当自然还处于清淡贫乏时，它不会为人类提供任何的快乐，人的感官迟钝到没有感觉也没有需求；或

睡 莲　莫奈　布面油画　法国　19 世纪

莫奈的睡莲能发出声响具有生命，他能感染观众又能让观众进入到水池边感受这美丽幼芽的成长，美丽花蕾的绽放，轻柔的空气触动着我们的感官，暖暖的阳光轻抚着我们的肌肤，令人享受着这蓬勃的生机。

欲求（无论强烈与否）从没有得到过任何的满足，所以美的发展将无从谈起；或者当自然处于极度的奢侈时，人类无须自己作任何的努力就能够得到满足，所以美的发展就显得多余。或者，人躲在洞穴里，孤独地打发着他的光阴，除他自身之外，从没有见识过任何的人性（本自然段和后面几段里的“人性”特指理性人格。——编译者注）。所以，周围是否存在着美，洞穴人无法感觉也无法知晓，更遑论让美得到发展；即使是人已经进入游牧生活，如果他在自身内从来没有寻找过人性，他的内心里只有所牧牲畜的数目时，那他就是与所牧的牲畜同类，美的幼芽的发展也同样举步维艰。只有当人在他的蜗居里发生了同自己的交谈，而一旦走出蜗居又能够同其他人交谈，美的幼芽才开始成长，美的蓓蕾才可能绽放。这是因为，轻柔的空气触动了人的感官，让人感觉到了舒适；而暖暖的阳光照射在了丰富的材料上，让人感觉到了蓬勃的生气；这是因为，盲目的物质王国已经被生命的创造所推翻，连最低下的自然也被胜利的形式裹挟而变得高尚起来。人们发现，即使在可以寻欢的条件下和可以享受幸福的地方，也必须以行动来获得享受，再以享受来导致行动（人行动的目的是为了享受，不像低等动物那样，仅仅是受到饥饿的物质强制就产生行动。——编译者注）；人们更发现，生活的本身涌出了神圣的秩序，而神圣的秩序下带来的仍然是生活；人们还发现，只有在想象力当中才能逃离现实，而现实的牵扯又使天性单纯的想象力不至于走上歧路——只有在前述的种种情况下，精神与感官、创造力与感受力才能获得均衡，并因此均衡而向前发展；这种均衡与发展正是美的灵魂和人性的必要条件。

野人进入人性的标志或曰现象是什么呢？无

圣彼得堡的落日

沃罗比约夫　俄国　19 世纪

自然的美最让人心醉，在中国古典绘画中师法造化是各朝各代很多艺术大师追求的艺术宗旨，审美心境仅仅来源于自然，却触动着心灵。这幅作品完美地展现了自然景色原生的美丽和灵动。

论我们对人类历史的探究深入到什么程度，得出的结论怎样的千姿百态，这个标志在所有脱离了动物状态的民族中都是普遍存在的，那就是对幻象（本意是指幻化的虚像，这里指审美状态中的观赏对象，是人类创造出来的一个对象。——编译者注）的喜爱和对装扮（装饰）与怡乐的爱好。

春 光　海德尔　木板油画　19 世纪

当我们面对这幅颜色单一、带有一定虚幻特色的作品的时候，我们的幻想马上会开始启动，春天森林里，绿草油油，小溪潺潺，溪水中有鱼儿在嬉戏，松树林里狗熊正带着宝宝踱步感受着阳光。

最大程度的愚昧和最高等级的知性有一个共同的特征，两者都只对寻找实在感兴趣，而对纯粹的幻象都表现得完全的无动于衷。但是，通过对象在感官中的直接出现，前者的愚蠢才会被惊醒；通过把概念再带回到经验的事实上面，后者的知性才会被恢复；即，愚昧不能高枕无忧地躺在现实之上，知性不能在真理之下保持它的静默。因此，只要对实在的需要与对现实的依附仅仅是由于现实的缺乏而造成的，那么对实在的轻蔑和对幻象的兴趣就表明人类从物质状态进入了审美状态；这一步是人性的扩大和走向文明的一个决定性的标志。首先，证明了自由的外在因素，只要起主宰作用的是强制，只要人的需求在进逼，而为着这需求要得到满足，人的想象力就会发挥出它那不可抑制的能量；其次，证明了自由的内在原由，因为我们看到了内在的“力”，它不依赖于外在的材料，仅凭它本身就能够活跃起来，并调动起它自身的潜能，就能够抵挡物质的进逼。事物在给我们的感官以印象的同时，表明了它具有当然的实在性，故事物是它自己的作品；当我们凭借自由的想象力创造出事物的幻象的时候，表明它不是我们接收过来的。所以，事物的幻象就是人的作品。一个对

没 落　马克西莫夫　布面油画　俄国

这是马克西莫夫的名作，当时俄国的贵族地主已经没落，但他们保留了那种傲慢自大、自以为是的旧贵族习气。他躺在具有富贵气息的椅子上，似乎还憧憬着过去的美好，但现实中已经不复存在，只能在幻想中见到。

记忆·永恒　达利　布面油画　20 世纪

达利是超现实主义绘画的重要代表人，他的绘画以一种神秘和荒诞诉说着他的如梦如幻的幻想，他的画作中的内容经常会是他的梦境，他把自然分开的东西加以组合，也会把连接起来的东西加以分离来组织形成自己的画作。

幻象产生兴趣的人，已然不会再以接受东西为乐，而是以创造事物为乐。

我们刚才所谈到的幻象是一种审美幻象，而不是指逻辑幻象；前者并不与现实与真理等同，但后者总是和现实与真理相搅混——因此，人们喜爱审美幻象，不是因为它里面蕴涵着什么好的东西，而仅仅就因为它是幻象。不言而喻，人们只有从审美幻象里才能得到怡乐，而在逻辑幻象里只能收获谎骗（正像这个词语本身所包含的逻辑混乱一样）。如果我们认可第一种幻象，则表明这一幻象起作用时绝不会损害真理，因为里面不存在冒充真理的契机。如果我们对审美幻象不予重视，即表明我们对一切美的艺术都不重视，因为那就是美的艺术的本质。因而，我们需防范知性因其对实在性的偏狭追求而诋毁美的艺术：仅仅因为美的艺术是幻象的，就对全部美的艺术作出轻蔑的判断。至于美的幻象是否有限界的问题，我们将来再另行讨论（作者在 1795 年有专门著述谈论这个问题。——编译者注）。

人之所以会由实在提高到幻象的高度，全因为自然本身使然，它给人配备了眼睛和耳朵这两个感官，使人不必经过物质而仅仅通过幻象就能认识到现实。由于眼睛和耳朵并不需要物质的直接营养，所以它们排除了物质的强制，即不受物质的支配。只要人一开始用眼睛来看东西，用耳朵来倾听“东西”，他就得到了享受；而且这种享受还具有独立的价值，也就是说，它在审美方面享有完全的自由。它甚至从经验中明白，从幻象中得到的快乐，比从直接的现实中得到的快乐要多，于是，怡乐冲动就立刻活跃了起来。

这种饱含快乐意蕴的怡乐冲动一旦启动，创作（至少是模仿）的冲动就紧随其后；而所谓的创作冲动当然是把幻象视为独立自主的东西，从中人们得到的快乐又更大。当然，后来的人发展到了能够分辨幻象与现实，亦即能够分辨形式与物体，他们自然也就不会沉湎于本身是假象的幻象之中。因而，人类是同时得到自然赠予的模仿艺术能力和形式能力的（对形式的追求是以另外一种素质为基础的，这里无须赘述）。至于审美的艺术冲动或迟或早的发展，当与人盘桓于纯粹幻象的程度有关——爱之深、切，则早；爱之浅、浮，则晚。

由于一切幻象都源于有意象力的人，那么当人按照自己的法则来处置幻象时，那也只不过是人在自由运用他的绝对所有权而已。既然人可以在不受任何约束的前提下，把自然分开的东西加以组合，只要他对此进行了综合的考虑；他同样可以把自然连接在一起的东西加以分离，只要他在知性中对此进行了分解。只要人牢牢地把握住他自己的领域同事物存在的领域的那条界线，他唯一需要考虑的就是他自己的神圣法则。

人对待艺术中的幻象，也自有他的支配权；这里面的“我的（形体）”和“你的（实体）”，他区分得很清楚。他的这种区分越严格，就越给予前者更多的独立性，也就是越把美的疆域加以了扩充，并且也越发严守了真理的界线；因为他必得使现实与幻象分离，以便他在消除幻象中的现实的同时消除现实中的幻象。

但是，这种主宰权仅限于在幻象的世界中，或者说仅限于无实体的想象力的王国中。这种限制在如下的情况里有着特别的作用：理论上，他认真地抑制自己不要把幻象当做实际的存在；实践中，决不借助于幻象的施舍来代替实际的存在，因之，如果一个诗人在自己的理想中被强行地注入了实际的存在，或者假使他的目的就是想借助于理想达到某一特定的实际存在，那么这位诗人就超出了他自己的界限。对于

最高法院名妓的身体
格罗姆　油画　1861 年

对一个有生命的女性的美的喜爱和赞扬在古希腊的这个故事中得到充分的体现，《最高法院名妓的身体》名妓弗里内受到控告，在法庭上她的辩护人当众扯下她的衣裙，她秀美的胴体让众法官倾倒，于是被判无罪。

前者，他超越了诗人的权力，用理想干预了经验的领域，意图通过纯属可能的东西来规定实际的存在；对于后者，他又丢弃了本来的权力，用经验干预了理想的领域，把完全的可能性扼杀在了现实的条件之下。

当幻象公开宣称它放弃对实在的一切要求时，它是正直的；而当它宣称不需要任何实在来提供帮助时，它就是自主的；只有这两点都具备，幻象才具有审美的价值。一旦幻象冒充实在，它就是虚假的；一旦幻象失去了纯洁性，即需要实在的帮助才能发挥作用时，它就变成了一种获取物质的拙劣的工具，其间的精神自由被亵渎得一干二净。另外，我们对美的幻象下判断时，不必去考虑它的实在性，同时在它当中发现没有实在性也是顺理成章的事情。当然，一张图画上的美的女性，我们会喜欢；而一个有生命的女性的美，也会使我们喜欢，而且会比前者更使我们喜欢。但是，她既然比前者更使我们喜欢，就一定不是作为享有自主性的主体让我们喜欢，也不会是作为纯粹的审美情感使我们不得不喜欢；因为要得到纯粹的审美情感的青睐，必须使有生命的东西作为现象在我们眼前呈现，即使是现实的东西也必须以观念的面目出现。不过，要想在有生命的物体身上感觉到纯粹的美的幻象，恐怕要比让幻象赋有生命更加地困难，其所要求的对美的修养水平不知要高出多少倍才能使我们的审美如愿以偿。

拉奥孔雕像前的学生
库克林　油画　2000 年

《拉奥孔雕像前的学生》是库克林对古希腊艺术致敬的一个表现，在著名的古典雕塑《拉奥孔》前面不同肤色的学生正在品读、模仿、感受着这件作品，它们正在享受着一次美的盛宴，感受到了其中人物的鲜活。

无论是任何一个单个的人还是任何一个民族，只要我们从他（们）身上看到了正直和自主的幻象，则可断定他（们）是富有精神的，是有着高尚的趣味的（甚至还看到其他诸多的优点）；如在古希腊那里，我们看到的是理想支配着现实，荣誉远胜于财产，思想或智慧超越了享受，永生的冀望鄙弃了现时的生存；在那里，公众的口碑是令人畏惧的唯一，用橄榄枝编织的花冠远比华贵的锦袍更受人尊敬。而在没有正直和自主幻象的人群身上，我们也看到，软弱的无力和乖戾的反常总是他们的避难所，低劣的享乐充斥了晦霉的家园，他们不是通过幻象来填充实在，就是通过实在来冒充（审美的）幻象，他们既无道德价值，也无审美的情趣和能力。

我们谈了审美幻象在道德方面的

曼 托　罗伯茨　布面油画　19世纪

罗伯茨描绘了一个美丽的海湾，金色的阳光照着大地，小船正靠岸，旅游的妇女正在水边静静地坐着感受着这美好的一切。画面给人一种宁静而又富有活力的感觉，观看这幅作品时美的意象和人的感性感觉同时萌动，分不出谁是主动谁是被动。

作用，然后再谈它在这方面的范围。我们说：正因为审美幻象既不需有实在，也不想代表实在；所以，它的范围有多大，则在道德世界中的范围就有多大。再者，审美幻象的性质决定了它不会危及道德习俗的真实性，即它从不会干预道德习俗；如果你能找到有的地方不是这样的，那我就可以断定说，那儿的幻象不是审美的。比如，在没有审美幻象的境遇下，一个从未参与过交际的人，会把出于一般礼节的客套言辞当做一种亲切殷勤的承诺牢记于心，但随后的事实一定会使他感到失望，那他必会抱怨如此的虚伪。但是，相反的情况是，一个交际中的“美”从没有认识也没有经历的人，必会为了虚假的客套而说出虚伪的言辞，或为了讨人喜欢而说一些明显的阿谀奉承的话。这里，前者缺少对自主幻象的熟悉和理解，而后者缺少的就是实在，并想用幻象来代替实在。所以，他们的幻象都不是审美的。

在现实的生活中，我们对审美幻象的重视（当然这一点做得还不够），全因我们离纯粹的幻象还有远远的路程，亦即我们还不能充分地把生存同现象分离开来，从而使两者的界限得到永远的固定。于是，我们无法享受如下的美的盛宴似乎就是应该的：我们对自然中的美既不渴求也不欣赏它的鲜活，我们对模仿和创作的艺术从没有问过目的，我们不承认想象力有它的绝对的立法权，也想不到这种立法权会通过它的作品来显示它的尊严——我们没有享受到这些，那是我们的罪过。

第二十七封信

审美可以解决看似永恒的对立并建立起自己的王国

SHENMEI KEYI JIEJUE KANSI YONGHENG DE DUILI BING JIANLI QI ZIJI DE WANGGUO

人的两性差异被一种更为美好的必然性联结在了一起。早先的随意而就和反复无常的性欲建立起来的媾合，如今被两心通感的结合所替代，这有助于保持长久和作为人的两性的品质。早先的眼睛只看到形体，燃起的性欲之火不是暴烈就是阴郁，如今平静的眼光使他们挣脱了枷锁而肝胆相照；早先的那种性的交换是为了自私的快乐，如今变成了宽宏博大的相互爱慕。自从人性融化进性欲的对象，性欲就变成了情欲，最后情欲的本身扩展提高到了爱情的高度。早先那种只为了感官的快感，如今越来越受到鄙视，人已经取得了更为高尚的意志形式的胜利。要想取得异性的青睐，再强的强者也必须接受快乐的温柔这一裁判的裁决；否则，他可以利用强力掠夺来得到快乐，但真正的爱必须是自愿赠予的赠品，而且只有这样才能得到真正的快乐；而要想得到这一高尚的或曰梦寐以求的赠品，他唯有通过形式，却不能通过物质。他如果产生了用“力”去触动情感的想法，必须迅速喝令制止；他必须懂得，在知性面前，他不能作为现象出现，只能听任自由的召唤。美，就此解决了两性的永恒对立；这是它解决人的天性冲突的最简单、最直接也是最纯正的事例。

如果一个人缺乏足够的教养，是无法理解审美幻象的概念的，而且他还会滥用这个概念。避免滥用这一概念的唯一办法，只有通过文明的发展来实现，而一旦文明发展同时也使任何对这一概念的滥用都不会发生。我前面提出的关于审美幻象的概念如果能够得到普遍的认同，则具有了普遍的意义，那你就用不着再为实在和真理担心。当然，要想得到自主幻象的青睐，或者人要追求自主幻象，比之他把自己局限于实在上面，需要更高度的抽象能力、更广博的心胸、更宽泛的自由和更强大的意识潜能。不过，人如果意图将自主幻象握在手里，他必须先走在现实的路上，那种以为走向理想的道路就是为了不走现实道路的想法，是大错而特错的。当然我们不必担心，在审美幻象的道路上行走，会对现实产生什么危害；相反，我们只担心现实会对幻象造成危害。这是因为人们受长时期的物质束缚，总是把幻象用来为物质目的服役，从来没有让幻象享有自主的权力；除非他现在承认，幻象在理想的艺

术中具有自己的纯粹人格（即幻象有它自己的独立性，它不依赖于任何别的东西，它自己就是自己存在的基础；它不为任何目的服务，它自己就是自己的目的。——编译者注）。而要他认可这一点，那在他的整个感觉方式中，需要进行一场彻彻底底的变革；否则，他不但找不到通向理想的道路，而且还会把审美幻象引入歧路。因此，当我们发现那里在进行审美幻象的无利害评价，那里露出了审美幻象的自由自主的痕迹，我们就可以推断，那里的人正在进行翻天覆地的天性变革，人性已然在他们身上开始呈现。实际上，我们应该称道的是，人在为美化生存环境的最初的或初级的尝试中，就已经显露出了这一类痕迹；我们之所以要称道是因为人这样做，要冒生存的感性环境恶化的风险。总之，如果一个人开始把形象放在第一位，把材料放在次要的位置，并敢于为了幻象（如果他能够辨识这一类幻象的话）而牺牲现实的存在，他就已然脱离了低级的动物性，他就把自己置于一条虽然没有尽头但却阳光灿烂的通途之上。

现在，人已经不是仅仅满足于自然的需求，他开始追求剩余的东西。最初，他只要求物质的剩余，以便使享受超越眼前的自然需求，使欲望不至于被局限，即：使欲望有伸展的空间；随后，他就要求在物质的剩余之上还要有一种附加物——那就是美和审美。这一要求的目的是为了满足他日益增强的形式冲动，是为了把享受扩展到眼前的和意欲的需要之外，也就是为了满足一个他自己还没有明白，但总是被牵引到一个对象身上的那种要求。回过头来我们再看，如果人仅仅是为了将来的用度而进行物质储备，并

大宫女　安格尔　油画　法国　19 世纪

安格尔笔下的“大宫女”表现了女性优美的体态，充满着古典的美感。这种美是从物质的束缚中独立出来的，追求物质剩余的结果。它使人的欲望不被局限，而是延伸到更广的空间，这样一个过程，即是美和审美。

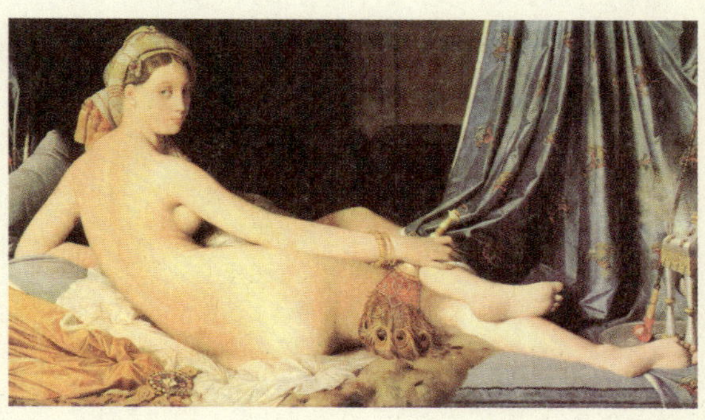

春　提索特　油画　19 世纪

画面描述了三位少女在春天的树林里聚会。她们悠闲、放松，充满对大自然的期待与好奇。当人们能够抛开表面的自然景观，去思考景观带给人们的情感，那么审美也就开始了。

在想象中预先就对这些储备的享受乐不自禁的时候，他确实是超越了眼前的瞬息，但却没有超越整个的时间，他依然被整个的时间所限制；即他的储备越多，享受也增多，但享受的东西的质没有什么变化。可是，如果他在享受物质的同时，还能够享受形象的话，他就不仅在其范围上有了扩展、在其程度上有了提高，而且在其方式上也趋于高尚化了。

当然，即使是对无理性动物，自然的慷慨赠予也比它们的最低需求要多，这也可以看做是自然在无理性动物的灰蒙晦暗的生活中洒下的一缕自由的辉光。比如在狮子不为饥饿所迫、又没受到别的野兽侵扰的时候，它就要用它那剩余的精力为自己塑造一个对象——即用它的雄壮的嘶吼在山野、平原或沙漠中激荡；我们可以把这看做是无目的的消耗，但也可以视为它是在自我享受；即享受它刚才用剩余的精力塑造起来的那个对象。同样的道理，我们可以用来对待阳光下翩翩飞舞的昆虫和树林中唧唧鸣唱的鸟儿；昆虫的飞来飞去是在自得其乐；鸟儿的悦耳鸣叫，并不全是欲求的呼声。当然，无可否认的是，这些动物中呈现的些微的自由，还不是摆脱了所有物质需求的自由，它们摆脱的仅仅是某种特定的、某种外在的需要的自由。如果推动它们活动的“力”是物质的缺乏，那么它们就是在劳作；如果这种推动力是受剩余下来的“丰富”的刺激，那么，就说明它们是在游戏亦即怡乐。甚至自然中的那些没有灵魂的生物，也会出现这种“力”因规定的松弛而溢出现象；单就物质的意义来说，它们也是在游戏或怡乐；一棵树，它的幼芽的数量和伸展出的根、枝、叶等等，远远超过它为维持自己的生存和成长所必需的数量；也就是说，树木本身有大量的东西不是它需要的，那只是还赠给原始自然王国的；在这样的回赠中我们可以看到有生命的物质在欢快地挥霍着大自然原来的馈赠。所以，自然在物质王国中就为我们演出了一首无限的序曲；这首序曲让我们看到，它已经部分扬弃了对生物的束缚（在形式王国中，它才会完全彻底地解除束缚），它从物质的严肃和需求的强制开始，经过剩余的强制或物质怡乐，然后再转人审美怡乐。而一旦进入审美的自由之中，自然也得到了提高，并通过这样的提高去超越任何目的的强制。而在此之前，自然已

画 廊　杜米埃　油画　法国　19 世纪

17、18 世纪的法国，由于皇帝对艺术的支持和赞助，使法国艺术逐渐繁荣，使欧洲艺术的中心从意大利转移到法国。古典主义、浪漫主义、现实主义、野兽派、立体主义等等诸多艺术流派都率先兴起于法国。同时，民众的艺术鉴赏力也得到加强，此图即为当时人们在画廊观赏作品的情景。

经为我们（在它的自由运动中）昭示了这种独立性，哪怕这样的昭示还在它遥远的从前——因为自由运动之所以为自由，就是自由是它自己的目的，同时又是它借以达到目的的手段。

被维纳斯和三女神解除武装的玛尔斯
达维特　油画　19世纪

画中三女神卸下战神玛尔斯的盔甲武器，端来美酒和杯子，维纳斯坐在床上给他戴上花环，小爱神解下他的鞋带。这一切似乎宣告了战争的结束，昔日戎马生活的勇士，现在正快乐地享受着美和爱情。此画描绘物体有着特殊的象征意义，是对古希腊生活的重现。

既然人体是由各种器官构成，它也是一种生物（或动物），那么理所当然地也有着它自己的自由运动和物质怡乐。人的想象力也同样，只不过想象力的怡乐并不与他的形体发生关系，他更多地体现在不受法则和规定的束缚亦即享有独立的自主性方面。这种带幻想性质的怡乐没有受到形式的丝毫干预，他的全部魅力的组成是无数的无拘无束的形象。但是，虽然这种怡乐是人所特有，却依然没有脱离人的动物性范畴；假如他不把一种独立的创造性注入他的怡乐之中，则表明他不过是刚刚从一切外在的感性强制中解放了出来[1]，他的观念的自由交替（即观念联想）还是一种物质性的怡乐。如果他在想象力的怡乐的同时，试着使用一种自由的形式，那才是把物质性的怡乐提升到了审美怡乐的高度。这是一个飞跃，我们之所以把它称为飞跃，是因为它的活动里有一种全新的“力”在起作用；在这里，立法的精神第一次干预盲目本性的活动，它们中间必然产生摩擦，审美怡乐想使想象力的任意活动服从于它自己的永恒不变的一体，并把它的自主性贯注于那些可变的事物之中，还想把它的无限性让感性事物接受；但

〔1〕在日常生活中大量表现的怡乐形态——比如游戏，并不完全依赖这种观念自由交替的感觉，它只是尽量地摄取这种感觉的最大魅力，使游戏的过程充满自由的形象流，所以它仍然是一种现实的物质怡乐。这不能视为他已有了最高的天性，反而证明了这是一种灵魂的怠惰或一种创造力的消极。灵魂或创造力只有脱离现实，才会提高到理想，想象力只有在它的再现方式中摆脱了外来的一切法则，才能按照它自己的法则活动。当然，之前它本身完全没有法则，如今又要独立地内在立法，这一步迈得确实太大，而且它还必须在怡乐的同时得到一种全新的“力”即观念的功能，方才能够成功迈进。但是，这种“力”的发展和对怡乐的襄助比以前容易多了，因为我们已经懂得，感性并不反对这种“力”的掺入，未被规定的事物至少从否定方面已经同无限无异。——作者原注

花神的胜利
普桑　油画　法国　18 世纪

“由于以外观为快乐的游戏冲动的出现，立即便产生出把外观看成是某种独立的东西的模仿再现的冲动。”关于“外观”的问题，多少保留着“镜子”说的痕迹，即游戏的“模仿”特点。但是在早期的“镜子”说中，席勒强调的是艺术反映生活的真实性与教育作用，而在“游戏”说中，他强调的是模仿现实的外观的摆脱实存的“独立”性。

是，初级的自然也用它的法则——永不间断地从一个变化转向另一个变化——来抵抗审美怡乐的干预，用它的变化无常的任性去对抗审美怡乐的必然性、恒定性，用它的依存性去反诘审美的自主性，以它的贪欲去拒抗精神的质朴和高尚。这样，审美怡乐在这场初始的战斗中的表现只能说是差强人意；因为感性冲动以它那惯常的我行我素的习性和低俗粗野的欲求不断地进行死缠烂打。

所以，初级的趣味不能算是审美怡乐。它感兴趣的只是新奇、怪诞以及暴烈，唯独质朴与宁静引不起它丝毫的兴趣。初级的趣味如果说有创造性，它创造的形象也是荒诞不经的——转变的急速、形式的浮华、对照的强烈、光线的耀目、吼叫的激昂等等；这些都不能激发人的感情和供给他材料（只有这些，人才能感觉到美——激发感情是为了实现自主，供给材料是为了进行可能的创造）；在这样的情状下，人的判断形式就会发生显著的变化，他要寻找的不是初级的趣味，而是另外一种高等级的情趣。这个情趣供给他的不是某种必须接受的东西，而是给予他某种可以促使他行动的东西；这个情趣提供的对象，不是为了迎合某种需求，达到什么物质目的，而是因为它可以满足某种法则；这种法则藏在人的胸中，他时常和它窃窃私语，虽然声息微弱，他也觉得那是天籁之音。

随后不久，人就不再满足于被动的喜欢（让他喜欢的事物也是他被动接受的——编译者注），他要想法让自己使自己喜欢；最初他还是通过那些归属于他的东西，最后他就能够通过他自己本身来创造东西。从此，那些他所占有的和他所创造的东西的全部，都抹去了服务于他的那些谄媚的怯懦的痕迹，即不再是为了取悦于他的目的而让他拥有。当然，这些东西依然在进行某些方面的应尽的服务，但同时它们又具有了那种思考的和聪慧的知性，以及那种选择它们时的明朗的自由的精神。也就是在这个时候，古日耳曼人身上有了光彩夺目的兽皮，背上挎有了富丽堂皇的鹿角，餐饮时有了轻巧别致的角杯；古苏格兰人在他们的宴席上布放了既色彩斑斓又新颖别致的贝壳；甚至佩戴的武器也不再仅仅是用来威胁对方的利器，而是赋予了它一种“可以用来相互取乐”的意蕴；所以，精巧的剑鞘其引人注目的程度，并不亚于它里面装载的用于战斗的剑刃。之后，更享有自由的怡乐冲动不再满足于把审美的剩余再归还到必然的事物里面；它最后一跃，完全挣脱了“低等需求”的枷锁，使美的本身成为了人所追求的一种对象；人开始了自己美自己，自由的美的欢乐被人纳入了需求之列，先前那些多余的东西，不久就变成了人的快乐生活中最不可舍去的也是最好的部分。

当美的形式从外部（住所、用具、服装等等）渐渐地装饰了人的时候，它又渐渐地从内部占有了人的本身；前者改变了人的外表，后者改变了人的内心。最初时那种为了取乐而随意进行的没有规则的蹦跳，后来变成了舞蹈；本来没有一定规则的手势变成了可以交流的优美的手语；为了表现内心感受的那种胡乱发出的声响，进一步地发展就形成了节拍，最后转变成歌声。特洛伊的天神们以刺耳的呼喊冲向战场，可希腊的军队却是迈着整齐的步伐静悄悄地靠近他们将要征服的敌人。在最初的场合中，是盲目的“力”在放纵，在后来的情状下，是形式的胜利和法则的纯朴和威严。

拉尔森画店　华托　法国　18 世纪

艺术创作与艺术欣赏紧密地联系。艺术创作是艺术欣赏的基础和前提，艺术欣赏对艺术创作又具有反作用，具体表现为：艺术欣赏以“消费”的形式刺激艺术“生产”，从“消费”方面赋予艺术“生产”以切实的社会价值和功能。正是因为 18 世纪法国社会各阶层对艺术的需求和“消费”，才促进了法国艺术的繁荣。

还有，人的两性差异也被一种更为美好的必然性联结在了一起。早先的随意而就和反复无常的性欲建立起来的媾合，如今被两心通感的结合所替代，这有助于保持长久和作为人的两性的品质。早先的眼睛只看到形体，燃起的性欲之火不是暴烈就是阴郁，如今平静的眼光使他们挣脱了枷锁而肝胆相照；早先的那种性的交换是为了自私的快乐，如今变成了宽宏博大的相互爱慕。自从人性溶化进性欲的对象，性欲就变成了情欲，最后情欲本身扩展提高到了爱情的高度。早先那种只为了感官的快感，如今越来越受到鄙视，人已经取得了更为高尚的意志形式的胜利。要想取得异性的青睐，再强的强者也必须接受快乐的温柔这一裁判的裁决；否则，他可以利用强力掠夺来得到快乐，但真正的爱必须是自愿赠予的赠品，而且只有这样才能得到真正的快乐；而要想得到这一高尚的或曰梦寐以求的赠品，他唯有通过形式，却不能通过物质。他如果产生了用“力”去触动情感的想法，必须迅速喝令制止；他必须懂得，在知性面前，他不能作为现象出现，只能听任自由的召唤。美，就此解决了两性的永恒对立；这是它解决人的天性冲突的最简单、最直截也是最纯正的事例。既然如此，美也同样能解决社会整体中的冲突，虽然这种冲突更为错综复杂——至少可以把解决这类冲突当做尽力的目标，它可以按照在男性的“力”与女性的“柔”之间所建立起来的那种自由结合的模式来进行，以便调和道德世界中的一切“柔”的与“强”的东西。它把“弱的”变成神圣的，把“强的”（哪怕它有不可遏制的强力）变成耻辱的；它让骑士般的宽宏大度和扶弱抑强来平衡自然的不公正布局。让那些在任何暴力面前都昂首挺胸的人，在羞怯的迷人红晕面前却自动解除武装；让感动的令人窒息的泪水，浇灭那些任何办法都扑灭不了的复仇之火；让无可抑制的怨毒和嫉恨，在荣誉的柔和呢喃声中烟消云散；让征服者的剑在已经解

时髦的婚姻　荷加斯　英国　18世纪

艺术欣赏历来被视为高雅的娱乐活动，所以在古典艺术盛行的时代，一般人富裕之后都会购买艺术作品来装饰居室，尽管很多购买者并不懂得欣赏。图为英国讽刺画家荷加斯的名作《时髦的婚姻》组画之一，描绘了贪财好利的贵族的腐朽与庸俗，尽管他们的室内挂满了艺术品，但却没人欣赏。

除武装的敌人面前自动入鞘；即使是在恐怖的海边，也为陌生人架好了炉灶并升起了好客的炊烟——而在从前，等待他的只能是杀戮。

于是，在“力”的无羁王国和法则的刚硬王国之间，屹立起了第三个王国，那是审美的创造冲动于不知不觉之间建立起来的；这个王国由怡乐和幻象以及它们所带来的快乐所构成。在这里，一切称为强制的东西都没有市场，无论这些强制是以物质的还是以道德的面目出现，都将立即被审美创造冲动的高雅和神圣给驱逐出去；在这里生活的人，已经找不到先前套在他们身上的一切关系的枷锁。

如果说，强力国家是以权力来维持的，人与人之间是以“力”的大小来划分的，那么人的活动必然受到限制；而在伦理国家中，是以义务来维系的，人的对立面是法则的威严，那么人的意愿也必然受到束缚；而现在有了一个第三王国——审美的王国，人与人以及与对象（国家主体）都是建立在美的原则之上的，亦即通过自由给予自由来作为立国的基础的；所以，人和人之间的交往只能是以形象彼此互见，只能作为自由怡乐的对象相互并立。

强力国家是以自然的“力”来抑制自然的“力”，其结果只能使社会成为可能的社会；伦理国家是以个别意志服从和服务于普遍的意志，其结果也只能使社会成为（道德的）必然社会；只有审美国家能使社会成为现实的社会，因为它是通过每一个个体的天性来实现人的整体意志。尽管迫使人置身于社会的是他的基本需求，尽管人要培植起融入整个社会的原则靠的是理性，但只有美才能赋予人诚心诚意的融入社会的性格；即只有在审美趣味之中，人

俄狄浦斯与斯芬克斯
莫罗　油画　19世纪

莫罗的这幅作品表现的是俄狄浦斯在旅途中遇到了挡道的怪兽斯芬克斯，由于他回答出了斯芬克斯的问题，按约定斯芬克斯跳崖而死。

凡尔赛宫的大厅装饰

18世纪初，凡尔赛宫殿和花园的建设全部完成并旋即成为欧洲最大、最雄伟、最豪华的宫殿建筑和法国乃至欧洲的贵族活动中心、艺术中心和文化时尚的发源地。凡尔赛宫不但本身是优秀的建筑艺术作品，而且其中收藏了大量的绘画、雕塑等艺术珍品。

农舍旁的森林风景　霍贝玛　油画　荷兰　18世纪

画面中描绘了一个具有朴素与宁静的乡村风光，河水静静地流淌，远处有几户人家，河边树木葱郁，正有行人经过。我们平时随处可见的风景散发出一种迷人的美，在审美王国里的一切东西都可以产生美感，乡村景观也不例外。

的个体身上才能培植出和谐，并把它带入社会。除此之外，其他一切形式的意象都是给人带来性格的裂解；因为就人的本质关系来说，其他的形式不是完全建立在感性部分，就是完全建立在精神部分；只有美的意象才能将感性和精神结合成一个整体，并且保持了绝对的和谐一致。除此之外，其他一切形式的沟通都会造成社会的分裂；因为就社会的本质关系来说，其他形式不是完全与私人间的感受发生关系，就是完全同私人间的疆域发生关系，因而也就是同他们的区别点发生关系；唯独只有美的沟通才能使社会形成统一，因为它是建立在所有成员的共同点的关系上的。我们作为个体来享受的只能是感性的快乐，而感性对我们的同类来说肯定是无法分享，既然我们不能使个体分解为普遍的什么“体”，我们也不可能把我们的感性快乐扩展为普适的快乐。我们作为人的类属来享受的也不是认识的快乐，因为认识的普遍传达则必须将个体的痕迹精心地从判断中加以剔除；既然我们不可能把别人的个体痕迹从别人的判断中加以剔除，我们也不可能在自己的判断中剔除“我”的痕迹，故而我们的理性快乐也不具有普遍性。唯有美的快乐，无论是个体还是人的类属都是同时可以享受的；也就是说，一个人享受了美，他也是作为人的类属的代表在享受；整体的人享受了美，也涵盖了单个的人的享受。再以善为例，感性的善只给感觉到善的人带来幸福，因为它是以这人的私自享有为背景的，既然私自享有，它必会造成某种排他的后果；而且感性的善也只能给人带来片面的幸福，因为理性人格并没有参与；而绝对的善只有在不能假定为普遍的条件下才能给人带来幸福，因为这时的真理只是否认（或否决）的代价，除非一个人具有绝对纯洁的心，他才能相信绝对的纯洁意志，也才能感觉到幸福。只有美的魔力，才会使全世界都得到幸福；因为任何一个人任何一种事物，只要它被美的魔力拣选上了，它就扬弃了自己的局限，融入了世界的整体之中。

如若是怡乐统领了全部，而美的幻象王国又在扩展，那么，任何优先权，任何独占权（即霸权）均不会被容忍。

如果这个王国是向上发展，它将迎来理性绝对的必然的统治，那时，一切的物质都将消失无存；如果它是向下伸展，它将被迫承受自然冲动的盲目强制，形式的发展更无从谈起；即使到了这样的时候，即到了自然的终极边界，仍然有“趣味”在微微残喘，不允许失去它最后的怡乐执行权——尽管它的立法的权力已经被剥夺殆尽。自私的欲望由于总是与社会格格不入，所以必须放弃；平常只吸引感官的令人惬意的事物，现在也必须罩上一层优美的罗纱，以便纯洁它的精神；严厉的必然性的声音——即义务，必须改变它那一套只在遇到敌对的势力时才显其合理性的公式，以便适应更高尚的信任对顺从的天性表示的尊敬，亦即让义务成为受人尊敬的本能，而不是惧慑于必然的强制；趣味也必须把认识从科学的玄妙中，带到阳光普照的大地之上，让那些（任何学派，任何学术群团）以为是私有财产的常识，变为整个人类的共同财产。而且在趣味的特殊领域里，即使是那些最伟大的天才，也必须放弃他的威严，从高高在上的位置上走下来，亲切的俯就哪怕是儿童的好奇心；再强大的“力”，也应该让优美女神绑缚，再傲慢的雄狮也应该接受爱神的驾御；物质的需要向来以赤裸裸的面目而使人憎恶，这有损于自由精神的尊严，那就让趣味给它罩上一层柔和的面纱，而且这面纱就取自于它本身（即物质的本身也有一定的趣味。——编译者注），以便遮蔽它那同物质剪不断、理还乱的可憎的亲缘关系，也使我们在可爱的自由幻影中眼不见、心不烦。即使是曾经摇尾乞怜的雇役力夫，一旦给他披上趣味的风衣，也能使他一洗往常的尘垢；趣味的魔杖一经开始曼舞，无论是有生命的动物、植物，还是无生命的物体，一旦被它碰触，即刻卸下了身上的枷锁。也就是说，审美王国中的一切东西，无论是最高的权贵，还是自由的公民甚或是无自由的奴隶，包括被人驱策的牲畜、工具等等，一律享有平等的权利。知性本来的工作是分解或驯服那些未成形的物体，并使用它的强力使其屈从于它的目的；现在也得征询未成形

亚历士多德凝视荷马雕像
伦勃朗　油画　荷兰　18世纪

文学与艺术关系甚密，自从起源后就密不可分，二者相互影响，协同前进。二者在创作过程中有很大的相似之处，另外，无数的文学作品为艺术提供了大量的素材。纵观文学与艺术的历史，凡文学上出现过的文学流派，几乎在艺术史上也可以看到。伦勃朗的这幅含义丰富的绘画揭示了文学和艺术的关系。

吉亚尔，有两个学生的自画像
阿代拉伊德·拉比勒　法国　18 世纪

艺术创作是人类为自身审美需要而进行的精神生产活动，是一种独立的、纯粹的、高级形态的审美创造活动。在各种各样的创作动机中，只有符合艺术创作活动的审美性质和规律的，才能创作出真正的艺术作品。

物体的意见，看它是否愿意屈从或继续屈从于自己的强制。我们刚才叙述的这一切，都是说明在审美的幻象王国里，平等、自由的理想能够得到实现；而这种人类的最高理想，即使是在最狂热的物质爱好者那里，也很愿意看到它得以名副其实地实现。据说，美的风尚、美的习俗在帝皇的王座附近能够得到最快和最完美的实现；如果真是这样，我们只能认为这是仁慈的“主”的安排——帝皇们之所以总是把人限制在现实之中，限制在自己的统治铁蹄之下，正是为了尽快地把人推入理想的世界当中。

但是，这样的一个美的幻象的王国真的存在吗？在哪里可以找到它的疆界它的宫墙呢？按照人的需要来说，任何一个心绪高尚的灵魂里，都应该有它的存在，而按照人的实际来说，就像纯粹的宗教教义或共和国的立国纲领一样，人们大概不会在整体当中找到，只能在个别的少数的并且卓越出众的人当中才能找到。在那里，是人本来的天性在指导人的行为，而决不会是愚蠢地模仿外来的习俗；在那里，对付极其错综复杂的关系的，是人的勇敢，人的天真，人的质朴和宁静的纯洁无邪；在那里，人不会也不必为了维护自己的自由就去侵害别人的自由，也不必用牺牲尊严的无奈之举来显示自己的优美。

附录

论崇高——一种振奋性的美

LUN CHONGGAO——YIZHONG ZHENFENXING DE MEI

他看到了茫无边际的远方和天空，看到了大海在他脚下翻涌，看到了自然在威严中透出来的迷人的质朴，看到了自然有更大的计量标准和数目；于是，他被自然的这些雄伟的形体所包围，他的精神已然摈弃了令人窒息的物质生活的狭隘，他的思维中再也容不下渺小和猥琐。谁都知道，那些英明的决策或一些光辉的思想，正是由于心绪在思索时与自然进行了精神的交融或争斗才产生出来的；谁都知道，城市人的性格由于视野的狭窄，容易偏于孤僻和萎缩；相反，游牧民族的思想就如同他们奔驰的大草原或思绪的苍天一样，开阔而自由。

自由是人的全部概念的总括

智者纳旦（犹太人，莱辛的一部诗剧中的主人翁。——编译者注）曾说："世界上没有人必须接受必须。"这句话里面蕴涵的道理，甚至比人们可能给予它的含义还要宽泛。人的属性之一是具有他人本的意识或意志，这一属性从原则意义上说，是其他任何事物、任何人也无法干预的，而理性是这个属性的一个永恒的规则；如果人的行为或行动是符合理性的，则表明人在使用他仅有的特权——意识或意志根据理性来行动。也许别的事物或生命体都可以接受必须，但人这个生命体却是根据他本人的意愿行事，他是否接受"必须"当看意愿的好恶。

受人文艺术迎接的年轻人
壁画　波提切利　意大利　15 世纪

14 至 16 世纪发源于意大利的文艺复兴是对古希腊、罗马文化的复兴。当时欧洲开始重新研究古希腊、罗马文化，希望重现古希腊、罗马文化的辉煌。图为意大利文艺复兴时期的杰出画家波提切利的壁画《受人文艺术迎接的年轻人》，描绘的是古希腊爱神带领一位青年到掌管人文艺术的众神面前。

冰 海 弗里德里希 布上油画 德国

画家塑造了冰冻的海面，碎石隆起，形成利剑般的冰峰，直指蓝天，一艘帆船已被颠覆在冰峰之下。力量的碰撞感与悲凉相互交织，在色调中得到和谐统一。画家以抒情的笔调，描绘了大自然动人心魄的景观。将人引入带有冷寂虚幻的情境之中。

故此，如果强迫人接受某种东西无异于对人施予强暴，谁被这样的强暴欺凌，就表明他作为人的身份正在被抢夺，他的人性正在被撕裂；谁因为怯懦而屈服在强暴之下甚或接受了强暴，谁就是自愿抛弃了他作为人的身份和人性。但是，人的意愿和天性都要求绝对地摆脱一切强暴，那么，他将以什么为前提呢？他有足够的势力与强制的暴力相抗衡吗？而且在他的身边，还有自然王国的其他各种“力”（这些“力”大多数都能胜过并能控制人的“力”）组成的包围圈。看来，人如果不能在这些“力”的围攻下占据至高无上的位置，他将处于自我的意愿和自我的能力相差太过悬殊的永恒矛盾之中。

虽然，人可以通过他的知性增强他自己的“力”，这在一定范围内可以做到，比如用物质的方式支配其他的自然力。但是，有唯一的一个例外从严格的意义上说他无法办到——正如俗话说的：一切皆可应付，唯独无法应对死亡。如果这个“唯一”是真切的，就表明在这一个点上，人受到了束缚；也就是说，人已经不能算做是纯粹意义上的有自我意愿的生命体，因为他不得不接受这个必须（死亡）；这样，人的完全概念也将随之废弃。还不仅限于此，这个人不愿接受却不得不接受的必须，还在人的心中引起了一阵一阵的恐怖，它像幽灵一样伴随着人的一生，就像在大多数人身上看到的那样，这种恐怖的幻想给人造成了种种的茫然和盲目；故而，人所引以为豪的那种意志的自由也变成了绝对的虚无。在这种种情形之下，我们依然要想实现人的全部概念，就只有再回到人是有意愿的生命体这一原始基点上，让意愿的自由带来意志的自由。有了意志的自由，我们才能高屋建瓴地同各种“力”抗衡，包括同强制的暴力抗衡，以便重新塑造我们的人生。而这一自由的重新获取，只有依靠灵修，即通常所说的修养——因为修养可以维护人的意志，可以帮助我们实现人的全部概念，那就是纯粹的自由。

有两种方式可以重新获取这种纯粹的自由，一种是现实主义的亦即物质的，就是用“力”去对抗“力”，包括用强制暴力去对抗强制暴力，人作为自然的一员最后控制自然；另一种是理想主义的亦即纯粹精神的，人脱离自然，不需要“力”，并在纯粹精神的领域里，把“力”或“强制暴力”这样的概念予以消除。帮助我们实现前者的，就是物质修养；即把人的感性力和知性力加以培育，让这些“力”按照自然力本身的规律成为我们的意志的工具；或者在一遇到过分强大的自然力而我们又无法驾驭它时，至少能够在它所能造成的后果面前得以保全我们自己。但我们知道，自然力的呈现是多种多样的，在一定的程度和范围内我们可以控制或防备，而一旦超过某种程度和范围，它就变成了狂飙的野马，我们不但无法遏制和防范，而且还必须屈服在它的势力强度之下。所以，仅有物质修养是不够的，我们仍然不具备完全意义上的自由。那么，就剩下理想主义的亦即精神上的方式了；这也正符合我们的天性，即我们在任何情况下都不应该违背意志去接受任何的东西。我们将从精神的领域里，完全彻底地废弃“力”的概念，而当我们“按照概念消灭概念”时，我们并没有事实上消灭它，反而是认可了它的力量，只是没有屈从于它；这种能力的具备就是道德修养。

具备了道德修养的人，并且唯有这样的人，才有完全意义上的自由。他对自然的“力”采取宽容的态度，不是超越它就是与它保持协调一致。这样，自然向人施加的种种的“力”，就不再是强制的暴力，因为在这些“力”还没有触及到他时，道德已经与它协调到了一致，变成了他本身的行动。甚至强力的自然也无法触及他，因为自然强力赖以启动的感性领域，与精神的领域已经完全脱离了关系。这样的一种品性，并不是我们自由选择和深思熟虑的结果；而是在必然的观念指引下和从宗教顺从上帝裁决的观念中顿悟出来的。不过也不尽然，人的天性中本有一种从知性提高到道德的天赋，而且在感性和理性兼而有之的天性中，也有一种通往道德天赋的审美倾向。这种审美的倾向先由感性生活中的某些对象引起，再通过情感的净化使其修炼成了理想主义的翅膀，是它使感性的心绪得以飞腾，并到达理性的高度。这种倾向既然处于感性和理性之间，它就保持了

宫廷戏剧表演

虽然席勒著作中有很多富有才情的诗化语言，但却缺少一种哲学和理论表达的准确和明晰的风格。席勒虽然自觉地利用康德哲学的资源来建构他的理论，他的关于人的三种本能（冲动）及其关系的论述，没有达到康德理论的清晰明了。

感性和理性这两种力量的均衡，它既可以飞回感性去给予安抚，又可以飞升到理性去给予协助；故而这种审美的倾向能够到达道德的精神领域，并帮助道德天赋的完善。本来，道德的天赋按其概念和本质来说，是理想主义的，但即使是现实主义者也时时在他们的生活中显露出这种天赋（虽然他们在自己的学说体系中从不予承认），我们现在要做的，就是对这种天赋进行探讨。

美感发达到一定程度，就使我们不再依赖于作为力的自然了；正像一种心绪高尚化到一定程度，事物的材料就不会再触动感性，而能够触动它的只有事物的形式；因为美感或心绪仅仅从表现方式的反思中，也能够汲取自由的快感，那么谁还会去在意是否占有自然的物质（或感性）呢？这样一种心绪本身就具有一种内在生活的丰富性，而且因为它没有必要再把生活的对象握在手里，因而它从不担心会失去这些对象。但是，审美幻象要予以显示，必得有一个它借以显示的物体，因而造成了一种对对象实际存在的需要；而对象的实际存在必然要依赖于主宰一切实际存在的作为“力”的自然；那么，到底是我们需要一种美的或善的对象，还是我们要求现存的对象必须是美的或善的？这两者的区别大了去；善者可以同心绪的最高自由共存，而美者却办不到；我们可以要求主观的现存是美的和善的，但要要求美者和善者是客观现存的则同样办不到，但我们可以祈望。一种心绪面对现实的丑恶不予关心，对美的、善的和完善的是否实存同样不予理会，但又严格地要求所做的和因它而起的一切实存都必须是美的、善的和完善的，则这种心绪就体现出了宏大和崇高，因为这样的要求也体现了美的性格的实在性，但却没有它本身具有的局限性（这种心绪亦即宏大和崇高本身不依赖于客观存在，它具有独立性、自主性，故它对“美的、善的和完善的是否存在”不予关心；但另一方面，它又最严格地要求所做的和因它而起的一切都必须是美的、善的和完善的，所以它具有实在性（达不到要求的东西不会诞生出来，故不可能不具有实在性）；相反，美的性格只是自由地观赏美的幻象，而幻象最终必得

暴风雨后的悬崖

库尔贝 布面油画 19 世纪

库尔贝是19世界的现实主义大师，他的绘画中经常会出现现实中的人物，采石工人、筛谷女等一些未加修饰的形象，他的绘画有一种对现实的批判性，他对社会现实进行批判但要求自己所做的和与自己有关的是善的，从这幅风景中我们似乎看到了他那种心绪的宏大和崇高。

依附于一个实际存在的物体，所以它也具有实在性，但在自由和自主方面却有局限性。——编译者注）。

如果灵魂是美的和善的，但又总显得软弱，则会迫不及待地强求它的道德理想尽快成为实存；一旦这样的需要受到阻碍，就会有或多或少的痛苦产生。这样地迫不及待使人的道德理想依附在了偶然之上，因而太多地受到物质现实的影响和制约，故而容易得到可悲的结局。当然，他们也不知道，这正是最高性格与趣味在考验他们，崇高并不体现在需要上，它只是一种要求；需要得不到满足自然会产生痛苦，而要求没有得到满足，并不证明要求没有实现，它可以继续要求。即，道德方面的失误不应引起我们悲切，进而影响我们的心绪；只要我们还有要求，则会精神抖擞，心绪增强，力量加大，哪里还有悲痛、胆怯和不幸的感受呢？

沐浴的日本女郎
提索特　布面油画　19 世纪

作品《沐浴的日本女郎》表现了女性唯美的体形，女郎含蓄羞涩的表情刻画得十分传神。人们的感性冲动与理性冲动总是相交织在一起，并不冲突，但是它并不能使我们完全摆脱物质的影响；同时，在精神的世界里，更高境界的崇高感能使我们不受到任何规律的侵扰和支配。

自然赐给了我们两个天才，一是非凡的审美创造，二是崇高；这两个天才处处在生活中帮助我们，伴随我们。一个迷人而又亲和，它用特有的快活的怡乐，为我们解除身上的束缚，帮助我们度过并缩短艰辛的历程；在一片莺歌燕舞之中，把我们带到了认识真理和履行义务的理性门槛，然后就离开了我们，回到了感性世界的领域——它如果超过了这个物质领域的界限，其轻柔的翅膀就再也驮不动我们了。从此，我们将要为纯粹的精神而行动，我们将要脱去一切加诸于我们躯体上的东西，面对一条巨大的鸿沟（作者认为，从物质世界到精神世界中间有一条巨大的鸿沟甚至深渊，不能直接过渡，只有靠精神的飞腾才能越过去。正像审美的翅膀只能把我们带到物质世界的尽头一样，崇高的翅膀却能带领我们飞跃到精神世界里去。——编译者注），我们将会感到无所适从。这时，另一个天才又出现了，它严肃、威风却不多言多语，它也有一对翅膀，并且比先前的那一对翅膀更加有力，我们就被这强大的翅膀驮着，飞越了那条让人头晕目眩的深渊似的鸿沟。

在第一个天才——美感那里，我们当然是自由的，美的事物里有太多的自由，我们的感性冲动与理性冲动和谐地相处在一起；但它还不能使我们摆脱自然力和解脱一切物质的影响，我们享受到的自由只是在自然的范围之内。

共和国　杜米埃　油画　法国　19世纪

这是一幅象征性很强的作品，一是如勇士般坚强的母亲，手持三色旗，象征共和国；二是母亲对孩子的呵护与养育，象征着新生力量需要进步与武装。画面带给观者的仍然是感性与理性的交织，更上升到精神的世界。

而在第二个天才——崇高感那里，我们也是自由的，这一次我们享有的自由，就是精神的自由；因为感性冲动在这里不对理性的立法产生丝毫影响，精神在这里恣意行走，仿佛它天生就遵循了某种规律，而且这种规律，不会受到任何其他规律的侵扰和支配。

那么，崇高感是一种什么样的情感呢？它真的是在自由的王国里翩翩起舞，没有任何的缺陷吗？现在我可以告诉你：是，也不是。我们说它不是，是因为崇高感会给你带来痛苦；我们说是，是因为崇高感可以给你带来快活，即是说：它是一种由痛苦与快活混杂在一起的情感。当然这里所说的痛苦，其最高限度就是一种战栗，这里所说的快活，其最高限度可以使人欢呼雀跃；这种欢呼雀跃带来的快感对一个纯真的灵魂来说，是情愿牺牲一切快感，也不可不要这样的快感的。所以，崇高感可以说是两种相互矛盾的感觉，这种在一种情感中有如此强烈的对比并结合在一起的感觉，无可辩驳地证明了我们的道德具有自主性。这是因为，同一对象决不会截然相反地显示同我们的关系，那么，由此得出的结论就是：这种截然相反的关系显现的原因绝不是在对象身上，而是在我们的自身内里；因而必然是我们的两种截然相反的天性在我们身上以完全相反的方式表示了出来，即它们同时对一个对象的表象表示了相反的兴趣。通过这一结论，我们就可以得知，人的精神状态并不是必然地要受感性状态的支配，也并不随着感性状态的转移而转移。由此更可以推论出，我们内里的规律并不是必然地要受自然规律的支配；即我们自身内里有它独立的、自主的原则，它不依赖于也不借助于一切感性的触动。

崇高的对象也呈二重性向我们显示，第一，与我们的接受力有关，我们的接受力只有模糊地看着崇高，无论这一接受力有多么强大，我们也永远无法对崇高的形式给予一个图像或确定的概念；第二，它与我们的整个生命力有关，我们把崇高看做一种“力”，而当我们面对这种“力”时，我们自己的“力”顿时化为乌有。无论是在前一种情况下还是在后一种情况下，我们都只能仰视崇高，并同时为我们的能力低下和视野局限而感到难堪。综合以上的现象还可以得到第三种现象：崇高再不可捉摸再威严，可我们并不曾逃避，反而深深地被它那强悍的气势和无可阻挡的“力”吸引。这是因何原因？如果我们幻想力的界限同时就是我们的接受力的界限，怎么会看不清崇高的影像？假如除了自然力可以夺走我们的“力”以外，为何我们在崇高的强悍面前也失去了“力”？还有对第三个现象的思考：倘若我们在自然力夺走了我们的“力”之后没有了“力”，我们为何还要去和自然那貌似无上威风的“力”相抗衡？

答案在于，感官无法接受的事物，使我们感受到了感性的无限，知性无法领悟的事物，使我们体悟到了思考的无限；两者都是我们的快乐源泉。强悍的甚至可怖的事物之所以激励我们，是因为感性冲动所憎恶的事物我们的天性反而表示喜欢，而感性冲动所渴求的事物我们的天性反而要给予抛弃；这样，造成了我们感性力的孱弱和局限；但正因为这孱弱和局限使我们得到了冲动的怡乐。在现象的王国里大显神威的是我们的想象力，因为要战胜一种感性力只能靠另外一种感性力，而我们的感性力无法同自然的感性力抗衡。而且，自然虽有它全部的无限性，但却永远触及不到我们自身内里的绝对伟大。所以，我们愿意让我们的安康和生存屈从于物质的必然之下，因为这正好使我们认识到，物质的必然对我们的原则毫发未损；即，虽然我们人在物质的必然性中，但意志却在人自身的内里。

所以，自然运用它的感性手段在告诫我们，人不能仅仅是感性的；所以，甚至自然也懂得利用感觉来引导我们，让

加莱义民

罗丹　雕塑　19 世纪

《加莱义民》讲述的是加莱市的6位义士在战争中保全自己的城市，愿意牺牲自己的生命的悲壮故事。害怕死亡是人的本性，当人面对死亡自然的感觉就会让他退缩，但人不可能像奴隶一样地屈从于感觉的强制，有时候在面对理想时他们会奋不顾身。

朱庇特和泰提斯　安格尔　法国　19 世纪

宙斯是神话中的万神之神，他有着至高的权利和威慑，同时他也拥有无穷的征服力和破坏力，令任何对手敬畏，他统领着众神，居住于奥林匹亚山，这些神话人物的产生都是人们无尽的想象力的产物。

我们发现，人并不只是奴隶般地向感觉的强制暴力屈从。这一感性手段或感觉就是崇高，其作用与美——这里仅指现实的美，因为理想美包含了崇高——的作用完全不同。美的魅力在于，我们的理性与感性是协调一致的；但如果我们只停留在“美”这一层面，则永远感觉不到人居然还有纯灵智的天赋和能力。而崇高，它的感性和理性决不会相一致，但正因为它们的不一致带来的矛盾，才形成抓住我们心绪的那种魔力。在这里，物质的人和道德的人以最鲜明的方式被分离开了，先前让我们感到自己的局限（物质的人）的那些对象，正好成了后者（道德的人）展现他的力量的对象；即，当前者倒在地上的同时，后者的形象得到了无穷的提升。

倘若有一个人，他具备构成美的性格所应有的一切，比如，他正在实施正义，正在广布善行，他本人也节制、坚定和忠诚，他并从中感到无比的快乐；另外，环境要他遵守的一切，他把它变成了轻快的怡乐，长时期的幸福感会使他觉得，只要有一颗仁慈的心则任何行动都能轻松应付。在这样的美的环境中，自然冲动与理性规则已然达到了高度的统一与和谐，如此的人谁不会喜欢？如此的心境，谁不会为之高兴？但我们喜欢归喜欢，高兴归高兴，一旦我们提出疑问，他真的是一个有美德的人吗？这时，原有的“美”就被大大地打了折扣。我们之所以要提出疑问，是因为假使这个人仅仅是为了他感觉的惬意而行动或作为的，我们的喜欢就决不会再是原初的那个样子；或者，我们设想他突然要作起恶来又怎么办呢？那他现在的长处不就成了新的行动的障碍了吗？当然，我们还是要认为他的行动的源泉可能是纯洁的；至于到底是不是纯洁，纯洁到什么程度，他须叩问他的内心。叩问的结果如何我们无法知晓，我们所看到的与那些把快感当做他的上帝的聪明人所做的没有什么不同，除此之外，我们没有再看到别的。所以，这个人的全部德行的现象只能说还是在感性世界里，而这些现象的彼岸到底是什么，我们完全没有必要去追根溯源。

菲迪亚斯展示帕台农神庙的中楣
阿尔玛·苔德玛　布上油画　19 世纪

帕台农神庙是雅典的代表，作品描绘了雕刻家菲迪亚斯正在向人们展示帕台农神庙的中楣时的情景。人们边走边观望，沉浸于欣赏作品，目光已经被雕刻完全吸引住了，达到了一种忘我的状态。

然而，新的问题又来了，假设这个人突然陷入了不幸，比

伯明翰海岸的风暴
康斯太勃尔
布面油画　19 世纪

自然界中无处不存在着美和崇高，但是我们不一定随时可以感受到它，我们要经过一定美德灵修之后才可以去感知。康斯太勃尔很少画暴风雨，但这幅作品中他抓住了暴风雨的那种呼啸、压抑、逼人的气势。

如财产被盗，名誉不再，或疾病迫使他卧床不起，亲朋好友也离开了他；假如我们现在再去找到他，看看这位不幸的人是不是继续在实施他的美德，如果我们发现这个人同原来一样，依然在实施正义，同样在广布善行，穷困的境遇没有减弱他的镇定，亲朋的忘恩负义没有减弱他的忠诚，自己的不幸没有减弱他为他人服务的决心；如果我们发觉，他现实的处境只改变了他的外形，即只改变了它的物质性，其行动的形式并没有改变，亦即只改变了行动的实际表现，没有改变行动的原则——如果是这样的话，按照自然概念（作为“果”的现在，绝对地必须以作为“因”的过去为根据），我们就解释不通了；因为再也没有比如此悖谬的事情了：现在，“因”已经转为了它的背面，他没有了善德的任何条件；而“果”则原封不动，即他依然还是一个高尚的行善积德的人；这怎么可能呢？因此，我们不能从自然概念出发来解释道德行为，我们必须完全舍弃从状态来推断行为，必须把行为的原由由物质秩序提升到道德秩序。这个道德世界的秩序，理性可以用它的观念再通过思想的飞跃到达，但知性用它的概念是永远无法把握的；这种绝对的道德功能也不依附于任何自然的条件。当我们掌握了这一准则，再回头去看那位不幸的人时，心中所升腾起来的那种既悲伤又扼腕的情感，就具有了一种完全独特的、只可意会而不可言传的动人魅力，那就是崇高的魅力；任何来自于感官的喜好、热爱、钦佩等等——无论它们是否净化或净化到什么程度——都无法和这种魅力媲美。

美，想把我们永远禁锢在感性世界中，而崇高，让我们走出了感性世界。经过净化了的感性——即美，把本来具有自主性的精神诱入了围圈，并加上了重重栅栏。这样的围栏越是精致越是通透，它就越是牢固紧密；而崇高带领我们冲出了围栏，重新获得精神的自主；但它不是循序渐进的（从依附状态也不可能直接过渡到自由状态），而是突然地通过震动而实现的。这种带震动的崇高，只需要一次，就可以撕碎感性的美所精心设置的圈围，被束缚的精神就一下子重新获得了它的全部活力。同时，崇高在精神领域里的道德的

利奥尼达在温泉关
大卫　油画　法国
19世纪

作为古典主义美学家，席勒推崇当时受启蒙运动影响的法国古典主义艺术，古典主义绘画是利用古代的艺术精神、理想与规范来表现现实的道德观念。它追求一种完美的崇高感，在表现形式上创造一种完整的典范性，塑造一种类型的艺术形象。在技巧上强调精确的素描和柔缓微妙的明暗色调，追求宏大的构图和庄严的风格。

立法，也显示出了它真正的规定性；有了这一规定，崇高迫使精神——至少在瞬间——重新得到了尊重。女神卡吕普索的美，曾经使尤利西斯（即希腊神话中的俄底休斯。——编译者注）的儿子十分着迷，而她也用这迷人的力量把尤利西斯的儿子囚困在了她的岛上。长期以来，这位果敢的勇士迷恋于卡吕普索的美，充分地享受着美所带来的愉悦和欢乐，并把她看做一种不朽的神性来加以膜拜。但是，在智慧之神雅典娜的点化下，一种崇高的印象突然触动了他的精神，使他想起了自己还有更好的天赋需要施展，于是投入大海，重新获得了自由。

在自然中感受崇高

崇高也同美一样，将它的功能向整个自然界倾泻，力图让所有的人都感受到自己的魅力。但人的感受能力的萌芽及发展都参差不齐，补救的办法就是通过美的灵修。当我们还没有感受到崇高的时候，或者当我们虽然看到了崇高但还没有感受到崇高的魅力的时候，天性就指引我们走向了美。美如同人的童年时期的守护神，它把我们从原始的自然状态一步一步地带向文明。虽然它功高盖世，让我们感受美的能力首先得以发展，但天性又规定它必须缓慢成长，一直到知性和心灵的培育相当成熟之后，美才能得到充分的发展。但是，已经完全成熟后的美，如果不被真理和道德通过一条比乐趣更好的途径在人心中加以根植，则我们的一切努力都将在感性世界的宫墙下折戟。那样，我们就既不能在概念上也不能在意象中超越感性世界；而感性世界不能超越，则一切就无法在想象力面前加以表现，我们甚至永不知道它们的存在。但是，天性的另一馈赠拯救了我们，美的乐趣尽管开花，但必须等到心绪的一切能力都具备的情况下才可以结果。于是，美的缓慢成熟就给了我们足够的时间，让概念在头脑中逐渐地丰富，让原则在胸中逐渐地笃定，然后再让来自理性的感受宏伟和崇高的能力得到专门的发展。

受物质奴役的人，仅仅在需要的狭窄圈子里苟活，他找不到出路，也无法预感他胸中有精灵般的高尚和自由；面对虽然广阔但却不可捉摸的自然，他只感到自己表象力的窘促；面对带有强大破坏性的自然，他只感到自己“力”的弱小；因此，他不得不沮丧地在不可捉摸的自然面前放弃了表象，惊恐地在破坏性的自然面前选择了规避。但是，他能够在并没有危险的情况下自由地观赏自然力的盲目冲突（如爆发的火山，汹涌的海浪、海啸，剧烈颤动的地震等等。——编译者注），这为他灵智的开启照入了一丝光亮；随后，他更发现自己的本性中有某种固定不变的东西（即理性人格），这种不变的东西让他周围的那些粗野凶狠的自然物质，变得温顺和亲切了许多，他开始听到了一种他以前不曾听到过的窃窃私语；那种语言告诉他，把自然的雄伟如同镜子一样放到对面。于是，他看到了那些狰狞的汹涌澎湃的图像不过是镜子里面的镜像，而自己身内存在的却是绝对的雄伟（亦即理性人格的宏大。——编译者注）。这时，他再也无所畏惧了，他以难以想象的喜好和亲近，向曾经在他的想象力中呈现的那些吓人的图像“走”去，并有意使出自己全部的力量，试图去冲破感性表现的无限；即便这一尝试最后遭到了失败，他却更生动地感受到了他的观念战胜感性的那种感觉，并使这种感觉达到了最高点。

在这样的感觉中，他看到了茫无边际的远方和天空，看到了大海在他脚下翻涌，看到了自然在威严中透出来的迷人的质朴，看到了自然有更大的计量标准和数目（即量度和广度的数目。但这是感觉中的相比较而产生的模糊数目，不是确定的具体数据。——编译者注）；于是，他被自然的这些雄伟的形体所包围，他的精神已然摈弃了令人窒息的物质生活的狭隘，他的思维中再也容不下渺小和猥琐。谁都知道，那些英明的决策或一些光辉的思想，正是由于心绪在思索时与自然进行了精神的交融或争斗才产生出来的；谁都知道，城市人的性

在遥远的北方

希施金　布上油画　俄国　19 世纪

希施金为《在荒野的水园》一诗所作的插图《在遥远的北方》，画面上，冷峻的月光洒在雾凇上，北方天寒地冻的空旷带给观者深深的触动。画家透过自然的景观表现出更深更宏伟的情绪，让观者在理解周围环境的同时，更重要的是开始去体会由自然所带来的更宏观的情感。

格由于视野的狭窄，容易偏于孤僻和萎缩；相反，游牧民族的思想就如同他们奔驰的大草原或思绪的苍天一样，开阔而自由。

人的想象力不能企及的崇高的量（即前面提到的“更大的计量标准和数目”。——编译者注），虽然对知性来说是一种无法确定的模糊和纷乱，但对理性来说却能用来表现超感性和使心绪飞腾；只要这种“纷乱”来自于自然并具有宏伟的表象（否则就不值得称道）。谁不是这样的呢？他宁肯欣赏一个虽然杂乱但有意味的自然景色，也不愿欣赏整齐的但无生气的园林；他宁肯赞叹洪水带来的肥沃与破坏之间交相掺杂的精彩，宁肯在瀑布或云雾缭绕的山峰面前饱享雄壮或迷蒙的眼福，也不愿赞赏那经过千辛万苦建立起来的大坝水库（与自然搏斗后）的心酸的胜利；当然，我们也不会否认，在尼德兰草原上，比在危险的维苏威火山口得到的物质要好、要多，在一个整齐划一的种植园，远比一个原始的旷野更能满足知性的要求。但是，除了生存与安康，人还有另外的一种需要，除了需理解他周围的现象之外，还有另外的天赋职责。

一个有感觉的旅行者，正是为了物质造物中的那种粗野和古怪，凛然踏上了艰难的途程；对他产生了如此吸引力的那个东西，如果不是因为能够振奋他的心绪——即使处在道德世界的恣意妄行状态——能够打开他的完全独特的快感泉源，那又是什么呢？当然，谁要想用知性的那支微弱的火把去明晰地照亮自然的博大运行，并且总想把自然的纷乱整理成和谐，那他在这个世界中只能感到惬意，却感觉不到振奋。这个世界并不是由所谓的英明的决策所主宰，而是在大多数情况下，辛苦的劳作和心底的幸福总不成正比，甚至相互矛盾。按照一个管理得很好的小酒店的办法，来意图管理宏大的宇宙运行，并想把宇宙管理得井井有条，假使他找不到这种管理规则——事实上不可能有这样的规则——他就会心灰意冷，怨天尤人，只好把意图变成愿望或冀望，把一种

海 浪　库尔贝　布上油画　19世纪

《海浪》是一幅激情澎湃的海景画，作者抓住暴风雨即将到来的关键时刻，对乌云、天空、夕阳，尤其是波涛进行了出神入化的刻画，使观者首先受到视觉上的冲击，更感受到画面给人情感上震撼的力量。

将来的可能存在或另一种自然的存在来代替当下的存在，以得到心灵上的满足。相反，如果他不意图把今天或过去的现象（那些毫无规则的混沌、纷乱的现象）放到认识的一体性下，那么，他一定会损失什么，但这一损失几乎即刻就得到了另一方面的回报，而且是如数回报。当自然的现象云集，从中没有也不会有任何目的的联系。因此，将对必须坚持目的联系的知性冷落在了一边，或者向知性呈现出了不可捉摸的、无法使用的、或者是高不可攀的一面。而这些，正是纯粹理性的更加准确的意象，它那不依赖自然条件的独立性，正好由自然的这种粗野的放纵表现了出来。这是怎么一回事呢？打个比喻，如果我们能够把一切事物统统归摄在我们的名下（这显然是、完全是不可能的），我们就可以得到独立（真正的独立概括了一切）这个概念，而这与纯粹理性的自由概念惊人地相似。所以，理性把凡是知性不能概括到它的一体性当中的东西，用自己的自由观念的名义，概括到了思想的一体性当中，通过这一观念使现象的无穷怡乐臣服于自己面前，并保住了它对知性的支配权。如果我们能够理解，对于生命体来说，理性地意识到不依赖于自然条件的独立性，具有多么重大的价值；则不难理解，为什么我们向具有崇高心绪的人呈上这种自由（观念），他就会欣喜若狂，把他从前在认识方面的一切失误和因失误而造成的一切损失都一笔勾销。而怎样才是具有高尚心绪的人？总括起来就是：有着精神矛盾和物质弊端的自由，比没有自由但有富裕和秩序的局面不知要有趣多少倍。后一种情况如同一只羊儿耐心地跟在牧人的后面，完全失去了自我的意志，就像一只钟表上的从属性零件；这样情况下的人，也就仅仅是自然的一件有思想的产品，虽然他也不失为一个幸福的公民。而自由则可以使人成为一个更高制度中的公民甚至主人。所以，我们宁愿在自由的制度中做个地位最低的公民，也比在物质秩序中当个统治者要强过百倍，也更光荣。

狂暴的海涛　艾伊瓦佐夫斯基　布上油画　19 世纪

《狂暴的海涛》展现给观者的是令人心悸的险恶场景，恐惧、危险、疯狂、力量是画面给人的最大震撼，体现了作者从自然现象的层面上升到个人的丰富的想象层面，通过表现大自然的力量，借以传达俄国人民的大无畏英雄主义精神。

从这样的观点（也只宜于从这样的观点）来看历史，我们面前呈现的世界历史就是“崇高”的一个有代表性的对象。一部作为对象的世界历史，从

山崖风光 莱辛 布上油画 19 世纪

画家描绘了深山峡谷中的城堡与山石风光。山岩峭壁，生动逼真，城堡、巨石、山岩，刻画细致入微，不失空间感，层次变化丰富。体现着人与自然物质世界保持着和谐的关系。

根本上说，就是自然力彼此之间和自然力同人的自由之间的冲突的过程。从到今天所走的历程来看，它所触及到的自然（必须把人身上的一切内心冲动也算做自然）的事例，远比人的理性所触及到的事例要多得多也宽宏得多。人的理性只是在偶尔脱离自然规律时才向个别的例外（如有建树的思想家、政治家、军事家、文学家等等。——编译者注）洒下了恩泽的甘露，却对整体的历史发展没有功绩。谁要是想在历史中找到光明的智慧或认识的灵光，他的希望越大失望也越烈。哲学曾经意图把道德世界所要求的规则，与现实世界正在施行的统一起来，其心不可谓不善，其意不可谓不真，但结果却被经验的实际陈述批驳得体无完肤。尽管自然在其有机王国中的呈现，也是非常乐于按照或者看来是按照协和的原则行事，但在自由王国中，它又决然地挣脱了思辨的精神给它套上的绳索。

假如我们舍弃解释自然的打算，把自然的那种不可理解性当做观照的基石，那么自然在我们面前呈现的就是另外一种景象了。从总体看过去，人把人的知性所带来的一切规则、规定加诸在自然上面，自然从来都置之不理；人的智慧和偶然的创造物，自然也完全地漠然视之，它只按照它自己的自由运行；自然把人的所作所为的一切，无论是重要的还是微不足道的，无论是高尚的还是卑贱的，都一律裹挟起来推向毁灭。一方面，自然允许蚂蚁一类的昆虫生存并维护它们的秩序和世界；另一方面，又把自己最壮丽的造物（即人）抓入也是由它组成的庞大的军队里，碾成齑粉；它可以在一个很短的时刻（如小时、分钟）里，轻率地挥霍尽它经过亿万斯年、千辛万苦培植起来的东西；又常常花百年、千年来建造一件也许对它没有任何意义的愚蠢作品——总之，整体的自然总是违背它在个别的自然现象中呈现的规则。于是，我们看到，要想通过自然规律本身去解释自然既没有意义也绝对不可能；即使在它的王国之中看起来有效的一切东西，如要被它的王国承认这些东西的有效性也是绝对不可能的。因此，人的心绪只有从现象世界飞腾到观念世界，从局部和局限飞腾到广袤和无限，才是唯一的出路。

我们在自由观赏自然的时候，把感性无限的自然和可怕的带破坏性的自然比较，发现后者会把我们带到更糟的地方；只要我们没有完全脱离感性世界，情形总是如此。我们（即使已经有了相当的理性）可能什么都不怕，但却害怕掌管我们安康和生存的那种“力”被瓦解。

亨利四世　勒莫　大理石雕　意大利　19世纪

在古典雕塑中，常常采用加高的基座来表现主人公，这种由于视点较高引起的崇高感在现在雕塑中被取消，因为崇高感拉开了观赏者和观赏对象之间的距离，相反，没有基座的与视线平行的观赏对象，反而更加亲和。图为亨利四世雕像，为了展现国王的威严，故雕像安放在高高的基座上。

人之为人的最高理想，就是同给予我们安康和生存以及维持我们幸福的物质世界保持和谐的关系，同时又不同决定我们尊严的道德世界崩裂。但是，要同时在两个主人之间保持协调和平衡，几乎是永远办不到，哪怕义务同需要不产生矛盾（这几乎同样不可能）。而且自然也不会与人缔结协议，保证它不给人带来厄运或保障人的安全，反而在它的必然性的驱动之下，总是要向人发难；此时无论是人的“力”，还是人的其他本领，都抵挡不住包藏着各种厄运的危险。既然无法抵挡，就可能会出现这样的情况，命运驱使人登上了为保障自己的安全而建立的最高保垒，此时，他逃无可逃，除了进入神圣的精神自由王国（即毁灭肉体亦即死亡。——编译者注），他别无出路；也可能会出现这样的情况，面对他完全无法抗衡的自然冲动，他所能做的不是冀望，就是祈祷。所以，我们应当向具有如下观念的人致敬：忍受无法改变的，放弃无法拯救的。在此基础上，我们还能做的就是预先的防备，并在自然的力尚未行动之前，通过放弃一切感性的利益（物质的需要和“力”）来实行道德式的“自尽”（自愿屈从必然，解脱“道德性肉体”）。

另外，经常同破坏性的自然交往——无论它仅仅是从远方向我们显示它那毁灭性的力，还是已经向我们施展了这种力，都会增强我们走上述道路的信心和增强我们的力量。还有一条道路就是触动崇高，也就是“体验悲壮”。“悲壮”的本意当然是一种人为的不幸，它像真正的不幸一样，能够直接同我们的精神规律对话和交往。但是，真正的不幸在选择的人和时间方面，总是猝不及防的，它总是在我们完全没有防备（精神没有一点儿振奋，故没有一点儿防备）的情况下发起攻击；且更使人沮丧的是，即使是我们有所防备（精神部分振奋），也常常被它攻破。而“悲壮”的不幸却是在我们充分武装（精神完全地振奋起来了）的情况下出现的。但是，由于它是我们事前的想象，故而我们心绪中的自主原则在维护它的绝对独立性时，就有了回旋的余地。而且精神在遇到这样的事例越多，它所采取的这种自主性行动就越驾轻就熟，就越能加快自由王国的建设，就越能在面对感性冲动时有更大的飞跃。因而无论是想象的不幸还是人为的不幸真正变成了严峻的不幸时，它也能把这些不幸视为是人为的暂时不幸，即把不幸带来的痛苦归结为崇高——以此完成天性的最高飞腾！所以，如果说某些不幸是命运的不可避免，那么，悲壮就是最大的免疫；即它排除了命运中的毒性，让人的强悍的一面来面对命运的尖刺或矛头。

崇高对审美灵修的意义

因此，趣味只会使人松懈和软弱，而宽容也被我们错误地理解了，现在就让它们见鬼去吧！为了讨好感性，它们会给那副严峻的面孔罩上温存的面纱，然后欺骗我们说，在物质的安康和道德的高尚品行之间存在着和谐、统一甚至双赢，而这在现实的经验世界中，简直连门儿都没有。让意图毁败我们的横灾或殃害对着我们的胸膛攻击吧，我们并不是不知道我们身边包围着重重危险，而是我们已经熟悉了这些危险：灾变把一切的创造通通毁坏，之后又再创造再破坏；殃害一方面从我们的内里侵蚀，另一方面又从身外向我们攻击。帮助我们认识和熟悉这些包围着我们的危险的，正是这些灾变与殃害的循环显现和人类与命运搏斗的轮回抗击；它们极其壮观，异常悲壮——也就是逃遁的幸福、丧失的惬意、胜利的庸鄙、失败的高洁等等所呈现出来的悲壮场面。这样的场面在历史上有太多

德斯船长的献身行为
居丹　布上油画　19 世纪

画面记录了风暴中的帆船被巨浪冲击即将倾覆，帆船上的人强烈的求生欲望使他们努力拼搏想控制住船体，这是一个惊心动魄，具有鲜明冲突的画面。画家创造的冲动的场景，标示着人们不可战胜的意志和勇气。

的事例，我们从通过模仿的悲剧艺术里看到了它们的伟绩。所以，那些道德天禀并没有完全泯灭的人也能够欣赏米特拉达梯、叙拉古城和迦太基城的故事（三个故事都是描写反抗罗马的事迹，最后都遭到彻底的失败并惨烈的覆灭。——编译者注）；他们在津津乐道地谈论这样的场面时，一点儿也没有向必然的严峻法则表示出敬重，也不遏制心中的庸鄙贪求，反而是带着一种战栗的心情在向往；虽然他们也对一切感性事物的永恒不忠感到恐惧，但并没有向胸中保持恒定的东西求过帮援。所以，感受崇高或向往崇高，是我们的天性中最壮丽的天赋才能之一，它是值得我们尊崇的，因为建基于我们的自主的思维和意志；它也是值得我们最充分地发展的，因为它可以帮助我们作用于道德的完备。如果说，美的服务对象仅仅是人，则崇高的服务对象就是人身上的纯粹的自由精神的精灵。我们的天性规定就是这样的：必须以纯粹的精神法典为圭臬，无论是否受到感性的部分或一切限制；我们的审美灵修是一个完整的晶莹的整体，决不允许是残缺或蒙陋的；我们心灵的感受能力需要扩大到感性世界的范围之外，而这样的能力的具备除了美之外，还必须加上崇高。

十字架上的耶稣　达利　油画　法国　20 世纪

在视觉原理上，视角不同，引起的心理作用不同，一般，仰视会产生崇高的视觉感受，相反，俯视则有一种居高临下的姿态。所以在古典艺术中，在正面描绘神或者英雄时在视角上多采用仰视。达利的这幅绘画受人本主义哲学的影响，站在人的立场对耶稣受难进行观照，故采用俯视，打破了对神的崇高和崇拜心理。

一个人如果缺乏美和审美的能力，自然和理性的两个规定之间就始终处于竞斗状态；当我们对这种竞斗感到疲惫时，就会忽略自身的人性，就会抓住一切的可能试图离开感性世界；结果是把我们塑造成像一个外来的流民，丝毫没有自主的权利。但是，仅仅只有美和审美的能力而没有感受到崇高，愉快的不停顿的美的享受将会使我们忘记人的尊严，将会造成疲弱并处于疲弱的万般无奈之中；我们本应有的刚强的性格将远离我们，存在的偶然形式将牢牢地束缚我们，精神的自主性将与我们失之交臂；于是，我们的精神将没有祖国（归属）。只有当美与崇高结上了亲缘并结合在一起，我们才能让两

参观日本工艺品的女郎
提索特　油画　法国　19 世纪

感性冲动使人感到自然要求的强迫，而理性冲动又使人感到理性要求的强迫，游戏冲动却要消除一切强迫，使人在物质方面和精神方面都恢复自由。在艺术欣赏中，可以达到感性和理性的平衡，进而达到一种自由的审美状态。

者的感受能力都得到同等的培养，审美的灵修才算结局完满；我们也才能成为自然王国中的完美无缺并当之无愧的公民（而不是像从前一样是它的奴隶），也才能在精神王国中惬意而舒畅地行使我们的公民权。

虽然，我们从自然本身提供的大量的对象中，可以直接接受现象的启示并训练对美和崇高的感受力；但是，原始的现象（材料）是混浊的，在这样的源泉里直接汲取，只有事倍功半的效力；而接受经过艺术的配置和精选的材料，当可以取得事半功倍的效果。创造的（起初是模仿的）冲动必然需要追求生动的表现，它甚至是急迫地不愿接受任何的印象；对自然呈现的任何美的或雄伟、宏大的形式，创造的冲动都把它们看做是对它的一种要约——尽可能地尽快地同自然进行斗争。因而创造的冲动比自然有更大的优势：自然在靠近它的目标时，对过程中的有些东西，即使它不抛弃它，至少也只是随便地触及了一下；而创造冲动则是把全部东西都当做自己的目标和独特的整体一视同仁地对待。如果说，自然在其美的最初的有机（人）创造中，把人创造得缺少个性；或由于气候、环境原因把人创造得身体虚弱并因而造成天性的扭曲，使人不得不接受强制暴力，以便使自己苟存；或者在其雄伟、宏大的悲壮场面里，自然是作为一种势力而不是作为人的一种观赏对象（只有这样才是审美的）在施行强制暴力。那么，创造性的艺术（自然的模仿者）就没有任何的受到强制可言，它是在完全自由状态中的一种观照和创造；所以，呈现在我们面前的作品也能让我们的心绪充分地自由。第一，它创造的不是现实而是幻象；第二，崇高和美的全部魔力也只在幻象之中而不在内容之中；因而，这一创造性作品没有自然的一切束缚，但却有自然的全部长处。

《美育书简》评论

《 MEI YU SHU JIAN 》PING LUN

本书的主要论点

《美育书简》又译《审美教育书简》，是德国大诗人、古典美学家席勒的代表作。1791年，席勒接受丹麦公爵奥古斯腾堡和伯爵史梅尔曼每年一千塔勒银币的资助，专门从事美学的研究，并将研究的成果用书信的形式向奥古斯腾堡公爵汇报。几年时间，席勒一共写了27封信，并于1795年分三次发表在他自己的刊物《时季女神》上，从而形成一本完整的美学著作。本书的核心价值是追求人类本性的完善，提倡理性的自由。

本书第一次明确提出了“审美教育”这一概念。并对美育的性质、特征和社会作用作了系统阐释。席勒认为，正因为审美活动是自由的，所以审美教育是实现人的自由的唯一途径。席勒认为审美教育可以恢复人的感性与理性的统一造就完整人性，使人进入自由王国。

在提出了“审美教育”这一概念同时，他还将美育与艺术的建设与人的自由解放和全面发展相联系，从而为后世人文主义美学的发展奠定了理论基础和正确的方向。

在《美育书简》中，席勒首先探讨了美的本质特征。列举了历史上思想家对美的概念的三种解释：1.法国美学家E.博克认为美是感性、主观的；2.德国美学家A. G.鲍姆嘉通认为美是理性、客观的；3.康德认为美是主观、理性的。而席勒本人则认为美是感性、客观的。他指出，美的事物使我们能见到自由的表现方式。在说明美的概念时，他企图克服两种观念，一种是把美与直观完善性相混同的理性主义美学观，一种是把美单纯看做感性感受性的经验主义美学观，从而把美的概念建立在具有普遍性的客观基础上。然而，由于思想的局限性，他并未能真正做到这一点，这使他的美学思想充

田园诗　雷顿　油画　19世纪

在《美育书简》中，席勒憧憬古希腊，罗马社会，批判近代封建主义和资本主义社会对“人性完整”的破坏。他认为，寻求到美和艺术，通过审美教育的途径，可以使人们达到自由。

满了矛盾，显得含混不清。

提出了人具有两种基本冲动的理论。感性冲动要求绝对的实在性，要使人的潜在能力成为现实；理性冲动要求绝对的形式性，要把客观外在事物消融在人的自身，使现实服从必然性的规律。在席勒看来，资本主义现代文明是造成人性分裂的根源，它割断了人性内在的联系，由于“享受与劳动，手段与目的，努力与报酬都彼此脱节，人永远被束缚在整体的、一个孤零零的碎片上”，因而必然造成人性的分裂。他认为，人性既受“感性冲动”，即来自自然必然性方面强加给人的物质性的限制，也受“理性冲动（形式冲动）”，即来自精神必然性方面强加给人的意志性的限制。从而造成了人性的分裂。要使分裂的人性得以复归，“就必须通过审美的途径，因为正是通过美，人们才可能达到自由”。暴力革命和国家政权解决不了人性分裂问题。完善的人性应该是感性冲动和形式冲动二者的和谐统一，只有通过“第三冲动”（即游戏冲动）为中介，才能实现。原因之一是，人只有在感性冲动与形式冲动和谐统一的游戏冲动，即在审美境界中，才能实现感性与理性，物质与精神，客观与主观，受动与自由的统一，成为具有完善人格的人。其二，感性的人只有通过审美状态才能进入道德状态，成为理性的人，美是人的第二创造者。其三，自然的片面性和全面立法的理性的限制，人被剥夺了人性的自由，只有在审美状态中的人才能摆脱任何限制，使失落的人性得以复归。

康　德

席勒的美学“绝大部分是基于康德的各项原则的”，但也有对康德美学的超越。在《美育书简》中，席勒鲜明地提出与康德主观性原则相反的先验客观性原则，也地提出自己奉行“客观—感性”的模式。其《美育书简》对德国古典美学的发展贡献巨大，它是由康德的主观唯心主义转到黑格尔的客观唯心主义之间的桥梁。

硬币上的席勒像

鉴于席勒在文学、哲学、历史学上的巨大贡献，德国政府在20世纪初将席勒与古典音乐大师贝多芬等人的肖像印制在硬币上，以缅怀这位人类文明史上的巨人。

上述的两种基本冲动的结合形成游戏冲动，即作者所称的“第二冲动”。游戏冲动的对象是活的形象，是最广义的美。活的形象是指在对象中融合了审美主体的生命内容，从而使对象的形象成为主体自身生命内容的体现。

提出“游戏说”这一著名观点。席勒认为，只有在游戏冲动中，人才是自由的，因为这种冲动才真正把人的感性与理性结合起来，把物质过程与精神过程统一起来。他认为，在审美过程中，思维、感觉和情感是交织在一起的。美不仅是我们的对象，而且是我们主体的状态。审美游戏已经不是盲目的本能活动，而是掌握了必然性的自由创造。艺术的本质在于审美外观。对外观的兴趣是人摆脱了动物状态达到人性的一种标志。

席勒的审美理想是实现人性的全面和谐发展,《美育书简》的主旨就是企图通过美育来变革社会，以达到人们的精神解放。这，就是本书的价值所在。

中外学者对本书的评价

中国社会科学院外国文学研究所叶廷芳在《席勒，巨人式的时代之子》一文中说：

席勒“作为美学家，‘他至少有三点值得注意。一是他首先有了成功的创作实践以后才开始写美学著作的，这使他的美学论著富有生动性和鲜活性的特色，而与干巴巴的逻辑游戏区别开来；二是他的美学著作都是从实际需要和人类未来出发的，故其实践效应有较长的持久性；三是他虽然受同时代的康德美学的影响，但他的几乎每篇论著都有重要的创见。不是简单的步人后尘。席勒把美视为人性的完满实现，因而将美与政治学，社会性，人类学相贯通，使之成为人类从必然王国到达自由王国的中介。因此，席勒的美学论著中，以书信体写成的《论人的审美教育书简》一书，简称《美育书简》，包括27封书信，占有重要地位。这部著作的诞生，完全出于席勒对人类社会的企盼。这跟法国大革命对他的教训有直接关系。

意大利戏剧演员　华托　油画　法国　18世纪

同样作为艺术的戏剧也具备社会教育作用。法国著名作家雨果曾说过：“剧院就是宣教台，剧院就是讲坛——戏剧家不应只完成艺术的任务，还应完成道德的任务。”古往今来戏剧在各个国家的各个时代发挥着自己独有的社会教育作用。

对席勒否定政治革命，而以审美教育取而代之的主张，作者认为，“席勒对法国大革命的爆发起初是欢迎的。否则怎么能获得“法国荣誉公民证书”呢？但随着暴力的不能控制和扩大，和许多德国知识精英包括歌德一样，他转而反对了。这时他看到，当今的人类处于两种堕落的极端，即颓废和野蛮：处于上层的所谓文明阶级，已经失去了任何的创造激情，表现出‘一幅懒散和性格败坏的令人作呕的景象’，只知巧取豪夺，养肥自

已。而下层阶级虽然已从长期的麻木不仁和自我欺骗中觉醒，开始要求自己的权力，却迫不及待地以无法控制的狂怒来寻求宣泄兽性的满足。因此，一个国家的公民，如果内在的精神没有达到一定的自由程度，仅通过政治和经济的革命，是不能获得真正的自由，融入和谐社会的。于是他主张首先从人的审美教育入手，以人道主义思想，来完善人的道德人格，实现人性的完美。没有这一过程，是无法谈论政治上的自由的。

关于如何理解席勒提出的将“感性冲动”与“形式冲动”结合起来，使之变为“游戏冲动”的主张，作者认为，“席勒向我们提供了一个形象的图解。他说：‘当我们怀着情欲去拥抱一个理应被鄙视的人时，我们就痛苦地感到自然的强制；当我们敌视一个我们不得不尊敬的人，我们也就痛苦地感到理性的强制。但是一个人既能吸引我们的欲念，又能博得我们的尊敬，情感的压力理性的压力便同时消失，我们就开始爱他，这就是同时让欲念和尊敬一起游戏。’这就是说，当我们摆脱了任何外在与内在的压力去做一件自己高兴做的事情时，我们就获得了‘游戏冲动’。这种‘游戏冲动’就是美的内容。在这基础上席勒说：‘说到底，只有当人是完全意义上的人时，他才游戏；只有当人游戏时，他才完全是人’”。

关于席勒美学思想的价值，作者在文中说：

桌 球
路易斯·奥利珀德·布瓦伊油画 法国 18世纪

此为描绘18世纪法国市民阶层的生活与风貌的作品。在一个桌球俱乐部里，男女数十人集中在一起，打球、聊天、玩耍，显得极其轻松。但在同一时期，即席勒所处的德国，却是一个支离破碎、战争频繁的国家。

黑格尔

黑格尔在《美学》序论中对席勒作了很高的评价。他认为“席勒的大功劳就在于克服了康德所了解的思想的主观性与抽象性，敢于设法超越这些局限，在思想上把统一与和解作为真实来了解，并且在艺术里实现这种统一与和解。”并认为《审美教育书简》是席勒把美看做“理性与感性的统一”。而黑格尔的著名论点:“美是理念的感性显现”就是席勒观点的进一步的发展。

山上的十字架

弗里德里希　油画　德国　19 世纪

继古典主义之后兴起的浪漫主义，强调与“理”相对立，主要特征注重个人感情的表达，形式较少拘束且自由奔放。浪漫主义手法通过幻想或复古等手段超越现实。图为德国浪漫主义画家弗里德里希的油画，其偏爱逆光中的风景，作品往往具有一种神秘的象征性，含有浓重的宗教情绪。

“席勒的美学思想是塑造完美人格一个有机体系。一个完美的人除了审美情操这一维度以外，还需要一个维度：崇高的情怀。在欧洲美学史上‘崇高’并不是一个新鲜的话题，但从朗吉弩斯到康德，大多把二者作为对立的范畴，或把二者加以区分对待，如康德。而席勒则将二者视为一体，并认为崇高是从理性中发展起来的人类最出色的能力，因而属于道德的范畴，它甚至要高于美。在他看来，崇高引导人类超越感性世界的界限，而美倒乐于使人类永远停留在感性世界的界限内。因为优美是溶解性的（不妨理解为‘阴柔之美’），而崇高则是振奋性的（不妨理解为‘阳刚之美’）。一个人光有美的意识，有可能变得精神松弛、懈怠。但有了崇高观念，就可以平衡这种倾向。他举了荷马史诗《奥德修斯》的例子。奥德修斯在一个海岛上被女神凯莉普奈挽留了 7 年之久，主要沉溺于美色和情欲。而一旦崇高以门托尔的面貌出现在他面前，很快就使他回忆起自己的高尚使命，从而走上归途。可见崇高可以使人意志坚强。看来，一个人要是既有爱美的情怀，又有崇高的意识，也许英雄就好过美人关了！席勒举的这个例子我觉得是很有意思的，我想，把它用在1786年歌德身上也是合适的。这时的歌德已在宫里当了十年高官，这十年写给斯泰因夫人的书信达1600余封。这种生活要说美好也够美好的了。但谁能看出歌德的内心矛盾？他经常提醒自己要‘节制’，要‘断念’。因为这样的现状会毁了他的远大前程。终于，一天他做了断然的决定：谁也没有告诉，只身前往意大利。一呆就是21个月，但公爵倒没有怎么责怪他，但斯泰因夫人却从此疏远他了！而这个后果显然歌德事先是预料到的。富有爱美天性的歌德，如果内心没有崇高，就不可能有今天的歌德！

“席勒关于美与崇高相得益彰的观点，既超越了前辈和同辈美学家，也具有永恒的实践价值。我们今天在学校既增设文学艺术门类的课程，同时又不放松思想道德教育，就是很好的证明”。

关于席勒的美学思想与康德美学思想的关系，作者认为，“席勒的一些重要的美学观点开始都是从康德出发的，但结果都超越了康德，而且他的美论既超越了古代的自然本体论，也超越了近代的认识论。达到人本主义本体论的新高度。而他的美学更多跟康德相联系，而没有更多跟黑格尔相联系，这又是他的长处。黑格尔的客观唯心主义主要是重客观的‘模仿论’美学的哲学前提，它反映的是古典主义时代的艺术，这个时代已经过去了！而康德的主观唯心主义美学却与重主观的‘表现论’美学相联系。它启迪了20世纪的艺术。因此席勒的美学与文学遗产更具当代价值。哈贝马斯在《论席勒的〈审美教育书简〉》一文中指出：‘这些书简成为了现代性的审美批判的第一部纲领性文献。席勒用康德哲学的概念来分析自身内部已经发生分裂的现代性，并设计了一套审美乌托邦，赋予艺术一种全面的社会—革命作用。’因此这不是偶然的”。

史丹泽（Stanzel，德国驻华大使）在题为《席勒：用梦想对抗黑暗现实》演讲中说：

两百年前的5月9日，弗里德里希·席勒，这位热情的诗人和勇敢的启蒙思想家，与世长辞。六十年前，随着德国投降，希特勒妄想通过侵略战争和种族屠杀建造“千秋帝国”的丧心病狂的罪恶计划宣告破产。

1945年，席勒成为我们德意志文化大厦的一块基石已经有一个半世纪，1945年，我们德国人却面对着满目疮痍，我们把破坏带到我们欧洲大陆的几乎每一个角落，沉重的反击又把破坏送回我们的家园。

自从纳粹演说家开始在大众牌收音机里声嘶力竭地叫嚣，我们似乎就再也听不到席勒那悦耳的语言，听不到他如何歌颂并且呼唤美，艺术，人的自我完善，还有高尚的情操。结果，一边是席勒作品所展现的光辉理想，一边是集中营的焚尸炉，是陷入火海的城市留下的废墟，是几百万条被战争夺走的生命。当初，在建立德意志民族国家的时候，被称为“文化民族”的德意志民族恰恰把代表“魏玛古典主义”的席勒用做装饰，后来，由于魏玛共和国和建立在魏玛共和国废墟上的专制帝国相继轰然倒塌，这个“文化民族”不仅一脸迷茫，而且意识到自己做出了一桩划时代的可耻行为。既然我们一再狂热地

橡树林中的修道院　弗里德里希　油画　德国　19世纪

古典主义绘画以古典艺术原则为准绳，在古希腊、古罗马以及文艺复兴大师身上汲取传统的精髓。永恒、崇高和典范是古典艺术的最高追求。但是古典主义过于僵化的教条和呆板的形象模式，也是后来浪漫主义所反对的主要原因。图为浪漫主义画家弗里德里希的作品，神秘和忧伤的情感代替了崇高和静穆。

或者勉强地跟在“意志战无不胜”这杆纳粹旗帜后面步入无底的深渊，我们还能重新分享席勒那份信仰未来的激情吗？德国哲学家特奥多尔·阿多尔诺说过，“奥斯威辛之后不再有诗。”这句名言包含着一种精神毁灭感，由于这种毁灭，今天的人们再也无法涉足某些表达领域。总之，在今天的德国，我们读到或者听到席勒语言的时候，也许会略显迟疑，这与其说席勒的思想不再吸引我们，不如说我们很难分享他的乐观思想。

我们再仔细看看席勒，众所周知，他不仅是诗人和剧作家，而且是历史学家，无论是他的《三十年战争史》，还是他创作的诗剧《华伦斯坦》，都在探讨那场恰恰使德国遭受重创的欧洲大冲突中的一段灾难深重的历史。席勒是历史学家，而且生活在血淋淋的法国大革命时代，他依然对善和美怀有满腔的热情，这说明他是理想主义者，但不是幻想家。席勒心中汹涌澎湃的冲动，来源于他那有过诸多恐怖的时代。席勒用他的梦想来对抗恐怖的现实，他的梦想是指向美好未来的路标。席勒毕生思考的问题，是面对强权如何捍卫个人自由，这个问题是如此地超越时代，又如此地贴近现实。

说到这里，我又回到前面提出的问题：在经历纳粹野蛮之后，我们是否可以重新回到席勒的理想？我认为，在经历了我们国家所制造、所经受的悲剧之后，我们也许更能接近他

弗洛拉：鲍格才家族的花园
阿尔玛·苔德玛　英国　19世纪

在西方美学、审美教育发展上，德国有两位思想家。一位是鲍姆嘉通，他完成了《美学》一书，标志着美学作为一门独立科学的诞生；另一位是席勒，他写出了审美教育名著《美育书简》，第一次提出了“美育”的概念，并对美育的性质、特征及其社会作用作了系统的阐述，人们把该书视为“第一部美育的宣言书”。

阿波罗战胜巨蛇

古罗马壁画　公元 2 世纪

由于历史唯心主义的局限，席勒只能在人道主义的抽象人性论的范围内揭露了近代社会产生“异化”的现象，而且只能把社会改造寄托在恢复古代希腊罗马社会的“人性完整”的乌托邦之上。

的理想，哪怕我们今天谈论理想的语气有所不同。席勒坚信：每个人都必须不断用批判的眼光审视那些有可能限制个人自由的社会要求，艺术上如此，政治上也是如此——在一个我们大家都越来越受到全球化法则制约的时代，席勒的想法不正好具有时代现实意义吗？席勒显然不是博物馆展品，相反，他向我们诉说一些今天也难以实现的期待和希望，他的诉说充满了美感，充满了审美游戏，同时还略带讥讽（这是现代特征）。

山东大学文艺美学研究中心曾繁仁在《论席勒美育理论的划时代意义》中说：席勒作为资产阶级启蒙运动时期伟大的文学家和美学家，为人类贡献了巨大的精神财富，特别是其美育理论思想随着时间的推移愈加显现其巨大价值。马克思在青年时代深受席勒影响，曾说席勒是“新思想运动的预言家”。当代理论家克罗内认为：“席勒作为一个美学理论家，他所取得的成就是划时代的。”作者从三个方面论述了席勒美育理论：

关于席勒美学理论的历史地位。作者认为，“席勒不仅是德国古典美学的继承者，而且在许多方面超越了德国古典美学。他在某种程度上突破德国古典美学的思辨性、抽象性，努力将美学研究带入现实生活，开启了现代美学突破主客二分思维方式……席勒将美育界定为“人性”的自由解放与发展。这不仅突破了近代本质主义认识论美学，奠定了当代存在论美学发展的基础，而且开创了“人的全面发展”和“审美的生存”的新人文精神重铸之路，关系到人类长远持续美好的生存。席勒的《美育书简》是资本主义现代发展过程中有关人性批判与人性建设的一部鸿篇巨制，标志着美学逐步由书斋走向生活……马克思对于人的“异化”扬弃和全面发展的论述，海德格尔对于人的“诗意地栖居”的论述，都是继承席勒探索人的审美生存的当代重要成果。

关于席勒的美育理论的内涵，作者认为“席勒将其界定为‘自由’”。席勒所说的“自由”是一种超越实在、必然与理性的审美的关系性的自由。也是审美的想象力的自由，是想象力对于自由的形式的追求，从而飞跃到审美的自由的游戏。当然归根结底，席勒所说的自由是人性解放的自由，是通过审美克服人性之割裂走向人性之完整。由此可见，这种自由观不仅局限于精

有中国人物的风景
布歇 油画 法国 18世纪
早在席勒之前，已经有人觉察到欧洲封建制对人性的分裂，因此他们羡慕遥远的东方，尽管他们没有见过真实的东方生活。他们对通过贸易的陶瓷、丝织品上见到的东方田园生活的图景，无限憧憬。图为18世纪洛可可画家布歇想象中的中国生活。

神领域，而更侧重于现实人生，追求一种人性完整、政治解放的人生自由。因而是一种人生美学之路，开辟了整个现代美学走向人生美学的方向。

关于席勒美育理论的当代价值。作者认为，“席勒的美育理论是一种人生美学。旨在克服现实生活中人性的分裂，实现人性的完整，造就无数人性得到全面发展的自由的人，这对于我国当前正在实行的素质教育具有重要意义，启示我们借鉴席勒美育所特具的‘不可代替的‘中介作用’等重要理论资源”。

中国社会科学院文学所高建平在《席勒与“自由的游戏”》一文中说：

在过去的四分之一世纪里，中国美学界对席勒的看法经历了几次变化。20世纪70年代末时，流行的说法是要反对“席勒式”地将作品的人物变成“时代精神的单纯传声筒”，以及反对席勒式沉湎于不能实现的理想的庸人倾向。后来，80年代美学热，人们对席勒的看法有了改变。席勒由于他在康德到黑格尔（朱光潜语），或在康德到马克思（李泽厚语）之间的中介地位，而得到几位重要美学家的重视。到了90年代，更有一个因素促使席勒变得“越来越重要”，这就是中国学术界对现代性的反思。席勒认为美既不是物质性的强制，也不是精神或道德的强制，要超出功利，克服理性与感性的分裂，强调两者之间的和谐。这些思想对于反思现代性、人与自然和谐发展思想的建立，都具有重要意义。在这种情况下，席勒似乎成了一位预言家，能知200年后的今日之事。在纪念席勒逝世200周年之际，重读《审美教育书简》一书，有一些心得。我认为，对这位天才作家和理论家的最大重视，就在于认真阅读他的著作，思考他的思想成果。我感到，中国学术界在过去几十年中对席勒的理解，也许可以综合起来看。也就是说，看到席勒思想的价值和他思想的缺陷并存的情况。我们只有对他思想的局限有一个清楚的认识，才能站在今天所达到的思想高度来吸收他的思想的有益营养。

高建平在文中重点谈了席勒的“自由的游戏”。他说：

人们常常会接受这样的固定的想法：首先要工作，工作之余才能游戏。于是，一个理想的社会就要建立在闲暇时间增加的基础上。我们能不能换一个思路，理想的社会不是由于闲暇时间的增加，而是由于工作性质的改变。人类的解放不是由于人人都可以不工作了，而是人可以在一个更好的环境中从事一种更具有创造性的工作。

更进一步说，游戏并不能仅仅理解为一种无目的的活动，游戏所提供的快感，也不仅仅由于过剩的精力被消耗。游戏的特点是具有一种规则，供人们集体参与。英语中区分play和game，前者娱乐的意思强一些，后者规则的意思突出一些。在德语中，都用spiel一词，中文中也都用“游戏”，不做区分。当规则一词被强调时，参与游戏者不是没有目的，而是有着比日常生活的目的更为简单明确的目的。与一个不想赢的对手下棋是最没有意思的事。中国乒乓球据说过去有过让球的历史，现在不这么干了，因为那违反体育精神，让外在的目的取代内在的目的。我们也可以用游戏的态度对待人生，但不是人们常常批评的那种对生活抱无所谓态度的“游戏人生”。这里的游戏态度，指的是一种认真地、倾注全部精力地在公平的规则下相互竞争。这时，参与者都进入到一种具有审美特质的经验之中，胜负当然不可置之度外，但是，心存目的，享受过程，却是这种游戏态度的基本特征。

由此我们进入到“自由”概念的讨论之中。本来，这个词是指一种“自主性”。当我不是被人强迫做什么时，我是自由的。在法国大革命中，自由与专制相对立。对一些被压迫民族，自由与被奴役相对立。然而，在与法国大革命同时代的那些德国人那里，自由则与道德联系了起来。所谓的必然王国，是人们依照利益的原则结合起来的国度，而自由王国，则是人们依照道德的原则结合起来的国度。席勒思想的特点在于，在这种对审美的德国理想中，赋予审美以特别的意义。在他那里审美成了中介，通过审美的引导，人们走向道德律令支配下的自由王国。作者最后说：“席勒所提

马利亚，我向您致敬
高更　油画　法国　20世纪

席勒敏锐地觉察到近代工业文明造成了人性的分裂，并希望用审美教育来进行弥补。19世纪末的高更选择了与席勒不同的方式来防止工业文明对人性的破坏，他选择了远离资本主义文明的塔西提岛，与当地土著居民生活在一起，描绘当地的风土人情。

供的，是一种审美的乌托邦。乌托邦既可以为现代社会带来福音，也可以为现代社会带来灾难，关键在于我们如何对待它。对待像席勒这样的二百年前的人物，我们习惯于说，可以用两种态度来对待，一是看他比起他的前人多提供了什么，二是看他对现代社会提供了什么。前一种是史学的态度，后一种是现实的态度。然而，这两种态度又是相联系的，正像古史的研究与现代的眼光之间有着密切的联系一样。当我们重读席勒之时，会觉得很亲切。我们可以与他对话，但是，我们也要心存这样的意识，他毕竟是那个时代的人，留下了许多当时特定的环境和思想传统的烙印”。

中国社会科学院哲学所美学室刘悦笛从“美善观念”角度论述了席勒与中国传统儒学的异同之处。他在《异曲同工：席勒的“美善”交融与儒家的“美善相乐”》一文中说：

席勒从国家的角度来切入美育的主题：人的童年期处于“自然国家”之内，受到“物质必然”的支配，步入成年期就要建立“伦理国家”，受“道德必然”的支配。所以，只能到人性之中建立一根支撑这两方面的“支柱”，……这就是美的性格。这种由国家到人性的思路，其实与儒家的思维方式是亲近的：“故乐行而志清，礼修而行成，耳目聪明，血气平和，移风易俗，天下皆宁。美善相乐”。表面上看，儒家先强调从由“乐”而生的内在修为，从而显化为外在的“礼”，这样才能不仅身心协和，而且形成谐和的“天下”。但实际上，席勒与原始儒家的取向是一致的，都要求在一种美善观念的具体导引之下，不仅造就个体的心性和修为的和谐，而且由此塑造出人与人自由交往的、既有伦理和谐意味又有审美大众化韵味的“共同体”。

究其根源，席勒与儒家所见之“人”仍具有深层差异。席勒所见之“人”，是“分裂的人”，纯粹的自然人只被感觉支配而成为“野人”，但仅作为纯粹的理性人就会成为蛮人，所以最终要成为“有教养的人”，才能造就出“性格的完整性”。儒家所见之“人”，则是“圆融的人”，注

日本桥　莫奈　布上油画　19 世纪

莫奈的这幅《日本桥》，体现的是整个大自然与人的融合，他的眼中已不仅仅是“物”的层面的景色、阳光和空气，而是将这一切融合在画家特有的灿烂、艳丽、却又像乐曲般和谐之中。他将审美幻想凌驾于现实存在之上，置身于无穷尽的审美通途。

重主体对宇宙创化的参赞，而宇宙的“生生”本身就洋溢着诗意的蘖化和审美的情调，而决不像欧洲文化那样机械地区分出主客。但共同的是，中欧传统文化都在强调“教化”（Bildung）。实际上，席勒与原始儒家一道，都反对回到人的本性状态，从而要求超出“物质必然”的羁绊，避免自然性对社会的破坏。但对待伦理的态度，却迥然有别。席勒始终坚持伦理性格是根据假设而形成的，伦理国家也仅仅是推论的，但原始儒家从来就将之理解成“世俗伦常”，绝对不能超越出此世之外。儒家一方面并不以人的自然天性为敌，而是要“以理节情”；另一方面，在约束自然方面的任意性的基础上，要形成一种“情理交融”的和谐关系，亦即席勒所谓为道德提供“感性的保证”。

左拉像　马奈　油画　法国　19世纪

任何一个艺术流派在刚刚开始出现时，评论总是褒贬不一，正如印象派的兴起一样，虽然印象派对现代艺术贡献卓著，但刚开始的评论却贬大于褒，“印象”一词本身即是带有贬义的称呼。尽管如此，深谙艺术的左拉为印象派摇旗呐喊，使人们明白了印象派对于艺术的重大意义和贡献。

总而言之，儒家的“美善相乐”与席勒的“美善”交融观念，有“异曲同工”之妙。这里的关键，就在于“美善相乐”的“乐”字，“乐者。乐也”。善与美之间，正是一种互动的“乐”的关系，你以我为“乐”，我亦以你为“乐”。这不正是席勒所说的“游戏”（spiel）吗？人同美只是游戏，人只是同美游戏，只有当人游戏的时候才成为完整的人。这样，善与美就被置于一种泛审美的关系之中，其中就蕴涵着情感的交流与协同。这对现代社会的发展亦有重要的启示意义，由此可以提出一种美育与德育相融合并“互为体用”的崭新观念。

北京大学哲学系彭锋认为，席勒的审美教育的实质就是对现实的批判。他在《从席勒看审美教育的实质》一文中说：

席勒的审美教育思想是建立在一种普遍的人性论的基础上，即人具有源于其物质存在的感性冲动以及源于其理性本性的形式冲动，这两种冲动的强迫性在审美游戏中得到消解。这种普遍的人性论应该是适合所有人的，但人们发现这种普遍人性论并不普遍，它可能只是少数知识精英为了维持自己的阶级特权、积聚自己的文化资本的幌子。审美教育本身是一种文化行为，任何文化行为都是有偏见的，都会代表该文化团体和成员的利益：当一种文化行为被宣称是自然的时候，它就有可能掩盖自身的偏见和利益考虑，从而向所有人发出必须认同的要求，将本来是部分人的特殊文化行为转变成为所有

思　罗丹　雕塑

罗丹是新时代雕塑的开拓者，又是古典雕塑的集大成者，他用那古典主义训练出来的双手叩开了现代雕塑的大门，他的作品具有内在的生命力，形象生动而富于文学的美感。

人的普遍追求。18世纪西方美学家的审美教育方案，实际上是通过将少数的知识精英的趣味宣称为自然的、普遍的、唯一合法的趣味，将多数的大众对这种趣味的仿效看做他们的纯粹自由行为，从而让大众心甘情愿地接受居于精英之下的社会地位，将精英对大众的控制内化为大众的一种自由行为，让精英的权力全面渗透到大众生活领域，正是在这种意义上，伊格尔登认为席勒的"审美"其实就是一种"霸权"，它要求大众心甘情愿地接受一种凌驾于他们之上的东西。

然而，这种批评也许只看到了问题的一个方面。如果考虑到席勒将美视为一种无法实现的理念，那么审美教育的实质就是对现实的批判，因为与美的乌托邦相比较，现实总是存在这样那样的缺陷，无论是现实中的自然还是文化，无论是现实中的大众还是精英，它们都不是完美的存在，都是审美教育批判的对象。但审美教育究竟要将自然与文化、大众与精英改造成为一种怎样的状态，这是不确定的，因为美的理念本身是无法现实地实现的。由此，我们可以说，席勒审美教育的实质就是以不确定性批判确定性。

如果美只是一个理念，那么对它的追求不仅可以表现在对现实的全面否定上，而且可以表现在对现实的全面肯定上，因为任何一种现实对于那种无法实现的美的理念来说都是同样的有价值或没有价值。由此，审美教育可以被适当地理解为一种多元教育。席勒心目中美的假象的王国是一个多元并存的王国。在这个王国中，每个人都可以充分展现自己的美的天性，既不对别人进行愚蠢的模仿，也不伤害别人的自由。审美教育就不是教给我们某种特性的趣味，而是要破除在趣味问题上大众的模仿心态和精英的权威姿态。充分尊重自我与他人的趣味选择。

目前，关于席勒的美育思想的讨论还在继续。他的思想学说自1904年就由王国维介绍到中国后，在中国社会产生了巨大的影响。20世纪20年代，教育家蔡元培根据他的理论提出了著名的"以美育代宗教说"，即用他的美育理论取代中国传统的儒家学说。蔡元培并身体力行，亲身践履，在中国开展审美教育。当然，他的这一观点未必正确，在实践上也未必行得通，但它的影响是巨大的。由此开始了这一理论的中国的本土化过程，今天，这个过程还在继续着。

普列汉诺夫传略

PULIEHANNUOFUZHUANLUE

“船锚是不怕埋没自己的。当人们看不见它的时候，正是它在为人类服务的时候。”

——普列汉诺夫

普列汉诺夫

普列汉诺夫，俄国和国际工人运动著名活动家，学识渊博的马克思主义理论家。他使马克思主义在俄国的知识界取得支配地位，因此被誉为“俄国马克思主义之父”。其一生都在为共产主义摇旗呐喊，编写了大量的革命理论著作，如《论一元论历史观的发展》、《车尔尼雪夫斯基》等，这些著作已成为共产国际和苏联几代积极分子的主要读物。

追求真理的脚步，人类从未停止过。历史的洪流，当然也不会忘记，第一个将马克思主义思想发扬光大的人——普列汉诺夫。正是他，令马克思主义真理第一次在俄国得到了最真实的检验，整个无产阶级的革命激情因他而被点燃。站在马克思主义理论的巅峰，他的理论影响了好几代俄国、中国的马克思主义学者；而作为一个硕学鸿儒，他又用堪称经典的著作，丰富了人们的精神世界。然而，也正是他，在人生的中后期没有坚定自己的信仰，最终陷入了机会主义与社会沙文主义的悲剧之中，多年来人们对他的评价褒贬不一，众说纷纭。人性本身的复杂与矛盾令这个堪称是马克思主义研究专家的身上潜藏着无限多的可能性。而回顾历史上的伟大人物，又有哪一位是只有功而无过的呢？如今，让我们再来直面普列汉诺夫坎坷不平、波澜起伏的壮丽人生，所有的是非成败，盖棺论定，自会由历史对他作出恰如其分的评定。

“人，是环境的产物”——爱尔维修

“普列汉诺夫”是一个带有鞑靼人血统的姓氏。“汉（汗）”为古代蒙古等族最高统治者“可汗”的简称。普列汉诺夫的全名为“格奥尔基·瓦连廷诺维奇·普列汉诺夫”。他的父亲曾是一名骑兵上尉，在沙皇军队的参谋部当过参谋，参加过克里米亚战争和镇压1863年的波兰起义。退伍后，在一个新建的地方自治组织机构中任行政工作。同时，他又是一个世袭贵族，拥有1 600亩土地以及50多个农奴。他前妻的嫁妆则是他本人财产的一倍之多。1853年前妻去世时留下了三子四女，两年后，他续弦娶了22岁的玛丽娅·费德洛夫娜，共育有二子三女，普列汉诺夫是她的长子。1856年，在穷兵黩武的沙俄政府还没有从克里米亚战争的重挫中缓过神来的时候，12月11日，普列汉诺夫就出生在位于俄罗斯中部的唐波夫省利佩茨克县古达洛夫卡村。在他5岁那年，俄国宣布废除农奴制度，地主和农民之间表面上有了一些平等的关系，作为一个贵族庄园主的儿子，普列汉诺夫才得以时常与周围的农民孩子玩在一起，当他目睹了农民和贵族地主之间巨大的生活差异之后，幼小的心灵里有一种说不出的难受。

瓦连廷夫妇同天下所有望子成龙的父母一样，给予他当时最好的教育。父亲是个办事认真要求严格的人，他竭力培养儿子们勤劳和遵守纪律的习惯。普列汉诺夫家所有的孩子到了农忙时节都要参加农业劳动，“活着永勉力，死去方休息”，这是他常常挂在嘴边的格言，实践证明普列汉诺夫终生都遵守了这个信条。在智能和体魄方面，父亲更注重培养男孩强健的体质，这个当年的骑兵上尉常亲自教小普列汉诺夫骑马，让他骑在烈马背上，当他坐稳后便放开缰绳，让马飞奔而去。这些体育活动不仅锻炼了他的体魄，也培养了他勇敢、不畏艰险的品格。朴实的庄园生活使他看上去并不像个贵族纨绔子弟，而是一个布衣竖子。母亲玛丽亚出身于贵族家庭，是俄国著名文艺评论家别林斯基的侄孙女。与他父亲相比，她更侧重于对孩子的智能方面的培养。她以言传身教的方式教导儿子博闻强记，追求真理和正义，对普列汉诺夫的人生航向起到了良好的引导作用。普列汉诺夫自己也曾说到过：“我身上一切好的，都是从母亲那里继承来的。”可见，母亲对他的影响巨大。

12岁那年，普列汉诺夫在母亲的指导下读完了中学一年级的课程。随后，同他的几个哥哥一样考取了离家乡县城不远的沃罗涅什陆军中学。在这所军事学校里，他总共度过了五年的时光，给他影响最大的是具有民主主义进步思想的语文教师布纳可夫。在他的推荐下，少年普列汉诺夫接触到了许多俄国和世界的进步文学名著。普希金、别林斯基、车尔尼雪夫斯基、杜勃罗留波夫、海涅和拜伦的著作都是他喜欢阅读的作品。从大师的作品中，他开始生发出热爱自由、追求民主和同情人民的高尚思想。在所有的进步作品中，涅克拉索夫所写的深刻揭露资本主义的诗篇《铁路》，曾给以普列汉诺夫

林边野花　希斯金　俄国　19世纪

俄罗斯中部的唐波夫省佩茨克，是一个风景优美的地方，四周环抱着大片郁郁葱葱的森林，一条小河欢快地从林中穿过，普列汉诺夫就出生在这个地方，并在这里度过了他的童年。

近卫军临刑的早晨
苏里科夫　俄国　19 世纪

1698 年正当彼得大帝出国访问时，俄国发生了近卫军兵变。彼得大帝得知后仓促回国，立即残酷地镇压了这次兵变。19世纪末的俄国画家在描绘这幅作品时不仅仅是描绘这次事件，也显示了当时沙皇的残酷和国内形式的严峻。

强烈的震撼印象。他曾回忆道，“我引述我个人生活中的一段回忆可以证明，涅克拉索夫用自己的诗歌唤起并表达了与他同时代的先进青年的进步意向”。

除了进步文学之外，普列汉诺夫还对自然科学产生了强烈的好奇心，当他了解到达尔文的进化论之后，本来神学课学得很好的他开始对宗教产生了怀疑，每每在神学课上以进化论的观点向神学老师提出疑问和驳论，令神学教师们无言以对。这表明，还在学生时代的普列汉诺夫就有了积极追求科学真理的执著精神。1873 年 8 月，他从陆军中学毕业了，5 年的学习时光并没有荒废，它为普列汉诺夫他日成长为马克思主义宣传家和理论家打下了良好的理论和语言基础。

1873 年 9 月，17 岁的普列汉诺夫和 10 个一起毕业的学生在一个军官的陪同下来到了彼得堡，就读于那里的康士坦丁诺夫炮兵学院。在这里，他看到了更为悬殊的工人和官僚贵族之间的贫富差距，而他的哥哥，也是毕业于这所炮兵学院的米特罗凡已经在参谋部任职，整日沉溺于腐朽的社交生活中。米特罗凡极力拉拢他的弟弟，想把他吸引到他的社交圈子里面来。可是，普列汉诺夫却鄙视这种阿谀奉承、取巧钻营的生活，他不想步哥哥的后尘，在就读炮兵学院还不到 4 个月的时候，他以健康状况不佳为由写了一封呈请解除兵役的请求信，12 月，他回到了家乡古达洛夫村。

自同年 5 月父亲去世后，母亲负担起了全部的家务及债务，她不得不变卖了家中的大部分土地以养家糊口。至于个人事业，在经过他的一番思考之后，决定走学者的道路，当一名工程师，基于这种美好愿望，他报考了彼得堡矿务学院。在家乡的10个月的时间里，普列汉诺夫除了努力复习知识之外，还患了一场心绞痛，随后由于一场火灾举家搬迁到利佩兹克县城居住。1874年9月，普列汉诺夫如愿以偿地成为了彼得堡矿业学院的学生。在校期间，普列汉诺夫铆足了劲地学习知识，第一学期考试便名列前茅，入学没几个月，便被授予叶卡特琳娜奖学金。这令他的经济条件得到了显著改善。

在知识的海洋里，普列汉诺夫像一块海绵源源不断地汲收着各种学习养料。除了自然科学之外，经济学、历史学、地理学、法语、德语以及各种进步报刊都是他广泛涉足的领域，这是他后来成为博学巨儒的重要原因。在那期间，他渐渐习惯于读书和思考，尤其是车尔尼雪夫斯基的著作，对他的革命世界观和人生观的形成起到了极其深远的影响。《怎么办》是普列汉诺夫最喜爱阅读的作品，他把它反反复复地阅读、思考。他清晰地看清了一个问题：如果不能改变社会制度，不能推翻沙皇的专制制度，就算他当了一名工程师也不能改变俄国现状。他原先想当科学家或是工程师的想法开始动摇了。机缘巧合，当时普列汉诺夫的一名室友与当时俄国知识分子中的民粹派（俄国19世纪70年代中期出现的革命组织，其骨干为以青年大学生为主的小资产阶级知识分子，他们自命为人民的精粹与救星，要为解放人民的疾苦而斗争。）小组成员有联系，他因此而认识了他们，这些在民主主义思想上成长起来的民粹派青年带给普列汉诺夫的则是一种强烈的震撼与吸引力，普列汉诺夫的人生因此而出现了重大转折。

民粹派的青年革命家

怀着推翻沙皇，建立新的社会制度的强烈愿望，从1875年起，普列汉诺夫就参加了民粹派的革命活动，他加入了俄国经济学说史专家伊·费·费森科所领导的小组，在他的指导下，普列汉诺夫第一次从理论上接触到马克思《资本论》中的经济理论，他开始学会从经济关系的角度去分析社会形态，憧憬着民粹派的革命理想（即推翻沙皇之后，实行以农民公社为基础的土地公有，公平分配的小资产阶级社会主义）。

1876年，对普列汉诺夫而言是重要的，这年年初，民粹派小组成员开始在他的屋里

普希金
吉普林斯基　俄国　19世纪
俄国浪漫主义文学的杰出代表，现实主义文学的奠基人，现代标准俄语的创始人。他的作品是俄国民族意识高涨以及贵族革命运动在文学上的反映。其代表作有《鲁斯兰和柳德米拉》、《高加索的俘虏》、《青铜骑士》、《鲍里斯·戈都诺夫》和《叶甫盖尼·奥涅金》等。普希金提出的时代的重大问题及其文学形象的产生，大大促进了俄国社会思想的前进。

开会，他参与到工人小组的领导工作中去，和他们一起学习革命精神。同工人的交往给普列汉诺夫留下了强烈的印象，他认识到他们的觉悟，但由于当时是以民粹派的宣传方式做工作，并不能从真正意义上让工人明白无产阶级的社会政治任务是什么。

12 月，在普列汉诺夫和其他几十个民粹派青年的创立和领导下成立了“北方革命民粹派小组”。这个创立意味着民粹派由起先的散兵游勇发展到有统一领导下的组织阶段。小组建立伊始，就决定在首都大街中心喀山大教堂举行一次示威游行活动。活动由普列汉诺夫筹备并领导。18 日，工人和大学生们从四面八方涌到了喀山大教堂前的广场上，一个浓眉大眼，富有书卷气质的青年登上了讲台，他就是普列汉诺夫。他的演说，慷慨激昂，有理有论，无情地揭露了沙皇的专制制度，在演说结束时他号召道：“朋友们！我们的旗帜就是他们的旗帜，在这面旗帜上写道‘给农民和工人以土地和自由’！”最后他振臂高呼：“土地和自由万岁！社会革命万岁！”演说博得了群众雷鸣般的掌声。随后，他们进行了声势较大的示威游行。这次游行在俄国革命运动史上具有重要意义，是俄国第一次有工人参加的政治示威游行，它揭开了新形成的无产阶级参与政治斗争的序幕！

这次游行之后，反动当局疯狂地捕抓普列汉诺夫，紧迫的形势下，“北方革命民粹派小组”决定让他暂时出国以躲避风头。这一年，彼得堡矿业学院以“成绩欠佳”为由把他开除。事实上，早在参加民粹派地下活动时，他就已经辍学了，但这并没有成为阻拦他继续攀登知识高峰的绊脚石，同时他的革命，也是顺应了历史的要求和潮流的。1877 年初，普列汉诺夫秘密越过国境，绕道瑞士去往德国，随后又辗转来到了法国巴黎，与当时民粹派的理论领袖彼得·拉甫罗夫相见并进行了深刻的交谈。三年后，在给拉甫罗夫的回信中，他这样写道：“正是从那时起，我身上的‘批判思维’仿佛被唤醒了，您、马克思和车尔尼雪夫斯基成为我最心爱的作者，在各方面培养了我的思想。”夏天，他秘密回到了俄国彼得堡，同他难得一见的妻子娜达丽亚见面了。

意外归来　列宾　俄国　19 世纪

图为十九世纪俄国著名画家列宾的名作《意外归来》，描绘一个被沙皇流放的革命者——一个面容瘦削、满脸胡须，身着囚衣的中年男子，走进房里，妻子又惊又喜，突然从沙发上站起来，几乎不敢相信这是事实。钢琴前的大女儿及画面最右边的儿子都感到十分诧异。在沙皇时代流放是对付政治犯常用的刑法。

宣传者被捕　列宾　俄国　19 世纪

普列汉诺夫 1879 年 9 月另组土地平分社，在工农中积极进行革命宣传工作，曾三次被捕。之后他流亡国外，研究马克思主义，同恩格斯建立联系，了解西欧工人运动，并陆续将《共产党宣言》等一些马克思、恩格斯著作译成俄文。1883 年在日内瓦创立并领导俄国第一个马克思主义团体“劳动解放社”。此图描绘了革命者被捕时的情景。

娜达丽亚是普列汉诺夫的第一个妻子，他无私地爱着她，而她的意中人却并非是他。那时她的肚里正怀着孩子，而孩子的父亲却被流放在远方。为了解决她的窘境，也基于对她的爱，普列汉诺夫主动提出与她结婚来当这个孩子的父亲。1876 年 10 月，他们举行了简朴的婚礼。婚后，她也曾为普列汉诺夫生育过一个男孩，可惜孩子出生没多久就夭折了，他甚至连孩子的面都没有见到过。夫妻俩过着聚少离多的日子，娜达丽亚从心底里仍然爱着她先前的意中人，后来当这个男人回到她的身边后，她就果断地与普列汉诺夫分手了。可是，在那个特殊的时代环境里，他没有多少时间来儿女情长，为了俄国人民，他全身心地投入到了革命的洪流中去了。

1877 年普列汉诺夫积极活跃于民粹派组织“土地和自由”的各种活动之中，在工人中进行宣传，为秘密的民粹派刊物写传单和文章。这时期，他是彻头彻尾的民粹派青年革命家。在革命生活中，他与革命女青年罗莎丽亚·波格拉德相识，并从友谊中建立了真挚的爱情。1878 年，他们结婚了，从此俩人携手在革命风浪中走完了一生。

从这一年起，“土地和自由”派分子开始致力于恐怖活动，企图用谋刺的危险行为来获得革命成功，而这种想法在普列汉诺夫看来是错误的。1879 年 7~9 月间，普列汉诺夫在民粹派的沃罗涅什代表大会上与一部分同志产生了严重的意见分歧，这导致了民粹派内部的分裂。跟随普列汉诺夫的少部分人成立“土地平分社”，继续做工人的宣传工作，而多数人则建立起以热利亚鲍夫等人为首的，以实行政治恐怖为手段的组织“民意党”。

1880 年 1 月初，《土地平分》杂志印刷所被警察查封，普列汉诺夫受到了通缉。普列汉诺夫再次秘密离开了俄国，开始了侨居国外的流亡生活，经罗马尼亚来到了瑞士，在日内瓦，很快与共同出逃的革命青年查苏利奇、捷依奇会面。从这时起，他开始仔细钻研马克思的《哲学的贫困》和恩格斯的《反杜林论》等书籍，还到大学旁听历史、经济学、地质学等诸多课程。罗莎

初获勋章者　费多托夫　俄国　19 世纪

19 世纪末 20 世纪初的俄国虽然已经是一个帝国主义国家，但其经济发展仍然十分落后，农奴制的残余势力仍旧强大，主要体现在大地主土地私有制和沙皇的专制统治。

丽亚随后也来到他身边，默默地支持他。这年年底，夫妇俩迁居于法国巴黎。在这里，他结识了法国工人党领袖茹·盖得，并与之成为好友。年底，随着普列汉诺夫对马克思主义思想的精深钻研，他日益感到民粹派的没落，其核心理论已经经不起实践的考验。同时，他接触到了马克思和恩格斯的著作《共产党宣言》。研读之初，他被里面的思想所吸引，决定把它翻译成俄文，宣传到俄国去。翻译这部著作成为他踏上马克思主义路线的转折性标志。

随着俄国国内民意党人不断失败的消息的传来，普列汉诺夫在民粹派成立的《“民意”导报》上发表了一篇文章，提出要重新审查和批判民粹主义的观点，引起了民粹派的不满。夏天，他为《“民意”导报》写的专文《社会主义与政治斗争》，尖锐地批判了民粹主义。文章被主编拉甫洛夫和吉荷米洛夫拒绝刊登。普列汉诺夫终于与民粹派彻底决裂，他退出了编辑部，也结束了“土地平分社”的活动。

俄国的马克思主义先驱

1883 年，对于整个俄国革命来说是具有历史意义的一年。这一年的 9 月 25 日，在日内瓦罗纳河畔的一家咖啡馆里，普列汉诺夫和青年革命家阿克雪里罗得、查苏利奇、捷依奇、伊格纳托夫等经过商谈，创建了俄国第一个马克思主义团体——“劳动解放社”。创社之初仅仅只有他们 5 个人。此后，这个组织在他们的宣传下益发壮大，从成立伊始到 1903 年宣告解散加入社会民主工党时共存在了 20 年。在这 20 年内，它为俄国无产阶级解放斗争写下了光辉的一页，也是普列汉诺夫革命事业上最为光辉的黄金时期。

“劳动解放社”从成立的第一天起就以马克思主义为理论武器，把斗争的锋芒指向了民粹主义。年底，普列汉诺夫的《社会主义与政治斗争》一文在日内瓦问世，这是他由一个革命的民粹派分子转变为马克思主义者的标志。在书中，他以《共产党宣言》中那句著名的“一切阶级斗争都是政治斗争”

作为扉页的题词，抓住民粹派否认政治斗争这一要害，剖析并揭示了民粹主义的理论来源巴枯宁的无政府主义，指出社会主义理论完全适用于俄国。民粹派中，有些觉得他的理论令人信服，而一些顽固之徒则咒骂或恶意诋毁普列汉诺夫。然而，这些并没有令他后退，他意识到在宣扬马克思主义真理的道路上必须要清扫残余的落后思想，于是，继续向民粹主义发起他猛烈的炮轰。1884年7月，他的《我们的意见分歧》在日内瓦写成，该书从马克思主义出发阐述了许多重要的哲学问题，也受到恩格斯的高度赞扬。这本书在民粹派中引起了轩然大波，有的愤怒，有的开始认真反思，他们中的有些人后来因此而加入到了社会民主主义的阵营中来。1885年，“劳动解放社”同布拉戈耶夫领导的彼得堡社会民主主义者小组建立联系，普列汉诺夫在该组织创立的《工人报》上发表文章。此后的两三年内，普列汉诺夫陆续在世界各地的进步刊物上发表文章，并活跃于欧洲各国的进步阶层中，全力以赴地宣传马克思主义思想，因此，从某种意义上来说，他是一个国际马克思主义的政治活动家。

1887年，普列汉诺夫患上了肺结核病。医生们断定他只能再活六七个星期，但他自己却不知道这个结果。在发着40度高烧的病情下，他的精神仍旧愉快而饱满，当稍有点起色时，就伏案给波兰的一家杂志撰写《裴迪南·拉萨尔》一文。一些革命同志听说他生病以后，都跑来探望他给他以精神上的鼓励和经济方面的援助。经过一番疗养之后，医生们惊奇地看到这个没有希望被救活的人居然成功地活了下来。普列汉诺夫在流亡生活的前期，经济条件十分窘迫，时常举债度日，他朋友库利亚勃科回忆道“这是个有天才的人，但却生活在贫穷之中，常常简直没有办法避免挨饿……而偶尔落到他手里的一点瑞士法郎也被他拿出去出版一部又一部的新著作，有时都顾不上日常生活的最迫切的需要”。1889年3月，普列汉诺夫被瑞士当局以无政府主义的罪名驱逐出境，迁居到法国边境上墨尔纳赫的小村庄里。

第二国际首次代表大会在巴黎召开了，普列汉诺夫出席并作了发言，提出了著名的论点，即“俄国革命运动只有当它

夏季的收获
维涅茨昂罗夫　俄国　19世纪

19世纪末的俄国，国内矛盾重重，既有包括无产阶级和资产阶级在内的人民大众和沙皇专制之间的矛盾，也有无产阶级同垄断资产阶级的矛盾，同时还有少数民族同沙皇的矛盾。1881年，沙皇亚历山大二世被刺，亚历山大三世继位之后，立刻在全俄强化各种专政工具，加倍疯狂地镇压人民的反抗，甚至对轻微的自由思想也采取高压手段。

是工人的革命运动时才能获得胜利”。他的发言，受到了与会者的欢迎，欧洲代表们开始关注起这个代表俄国社会民主党的青年人，在这之前许多人还不知道普列汉诺夫的名字。会议结束之后，普列汉诺夫与阿克雪里罗得会见了他们梦寐以求的“首长”——恩格斯。恩格斯热情地接待了他们，此后的一星期内，他们几乎天天都到恩格斯的家里做客，谈论的内容包括了理论和政治问题、一些重大事件以及革命家的活动等等。

回到墨尔纳赫，普列汉诺夫又开始奋力工作，写出了一系列名作，如批判民粹派变节者吉霍米罗夫的小册子《专制制度的新辩护人，或列·吉霍米罗夫先生的烦恼》，《我们的民粹主义者小说家》，政治文艺评论《社会民主党人》等等，他的《黑格尔逝世六十周年》受到了恩格斯的热情赞扬，而著名的研究专著《车尔尼雪夫斯基》更受到了列宁的高度肯定。除此以外，他还为西欧各国社会主义报刊撰写了大量的评论文章。19世纪90年代，普列汉诺夫的这一系列作品都成为无产阶级指向腐朽政治制度的尖锐武器，这一时期也正是他革命事业上最辉煌的时期。

在伦敦，普列汉诺夫以别尔托夫为笔名，完成了他的名著《论一元论历史观的发展》。这本书无论在哲学、科学方面还是在写作方面都令人信服地驳斥了陈腐的民粹派空想理论，为马克思主义思想在俄国扫清了思想障碍。列宁高度评价了该书，写道：“这本书培养了一整代马克思主义者。”所有革命小组都在阅读、争论、引用这本书，恩格斯甚至认为“这是一次巨大的胜利”。同年，普列汉诺夫获准可以临时居住在瑞士，于是他又迁回了日内瓦。

这年5月，在普列汉诺夫的人生中发生了一个大事件，它对于俄国社会民主党的形成起到了巨大的作用。彼得堡“工人阶级解放斗争协会”领导人列宁来到了日内瓦，与普列汉诺夫进行了亲切的会晤。在几番交谈之后，他们发现在许多重大的革命理论和战略政策上，他们的看法是一致的。双方经商谈之后决定，“劳动解放社”将在瑞士为俄国出版定期文集《工作者》，而列宁领导的彼得堡“工人阶级解放斗争协会”则与“劳动解

弗拉基米尔之路　列维坦　俄国　19世纪

《弗拉基米尔之路》——流放者之路。画上，压得很低的视平线使画面显得辽阔深远，远方被阴云所笼罩，遗弃的路标，荒凉的原野、墓碑，增加了悲凉气氛，它形象地告诉人们这是一条布满苦难、鲜血和眼泪的道路。画家在这极单纯的艺术形象中，对苦难的俄罗斯革命者寄予了无限的同情。

女贵族莫诺卓娃
苏里科夫 俄国 19世纪

女贵族莫洛卓娃是沙皇的亲属，她少年守寡，笃信宗教，后来告别宫廷，疏财仗义，救济贫民。由于她反对沙皇的措施，沙皇下令逮捕她，把她流放到帕洛夫斯克，最后饿死在那里。画中表现的是她被押解途经莫科街道的情景。

放社”建立了密切的联系。在他们的努力下，“劳动解放社”的活动起到了愈来愈大的影响作用。从这年起直到19世纪90年代后期，普列汉诺夫写了大量的著作。除了继续反对自由主义的民粹派，他尽一切可能来阐发马克思主义的观点，在合法报刊上作大量的宣传工作。1898年，他的《论个人在历史上的作用》批判了当时流行于欧洲工人阶级中的无政府主义观点，《伯恩斯坦与唯物主义》、《康拉德·施米特反对卡·马克思和弗·恩格斯》分别批判和揭露了修正主义的错误思想。1899年底，他写成了批判伯恩施坦同年出版的修正主义的代表作《社会主义的前提和社会民主党的任务》的文章。同时，在反对经济主义的斗争中，他为《工人事业》撰写了长篇序言，严厉批判了俄国经济派的错误观点；在1899—1900年，他又以安德列耶维奇的笔名在《创始》杂志上发表了名著《没有地址的信》，这是一部影响深远的，杰出的马克思主义美学著作。1900年年底，普列汉诺夫同列宁一起参与了《火星报》的编撰工作。这份报刊成为马克思主义者与社会革命党人、经济派、崩得派以及其他反《火星报》的机会主义分子的斗争阵营。1903年7月底至8月底，普列汉诺夫出席并主持了先后在布鲁塞尔和伦敦举行的俄国社会民主工党第二次代表大会，在制定党章时，以列宁为首的马克思主义者同机会主义者马尔托夫等人发生激烈争论，出现了布尔什维克（意为多数派）与孟什维克（意为少数派）的分裂时，在会上他坚定地站在了以列宁为代表的布尔什维克一边，反对孟什维克。这一时期，他成为列宁最忠实的盟友。在悍卫马克思主义路线的事业上，普列汉诺夫作出了巨大的贡献。

洗衣妇 阿尔希波夫 俄国 19世纪

19世纪的俄国，沙皇倒行逆施，社会矛盾重重，广大的农奴生活贫困，这幅油画真实地描绘了下层人民生活的艰辛。画面的主要人物是位经受长年劳作而疲惫的老妇，在充满水蒸气的洗衣房中，还有几个妇女正在吃力地工作着，小窗中射进的一线阳光朦胧地显现出在雾气弥漫的环境中从事劳动的妇女身影。

在矛盾中进退

在俄国社会民主工党第二次代表大会结束之后，普列汉诺夫进入了他一生中最痛苦不安的时期。曾经是“劳动解放社”的亲密战友，查苏利奇、阿克雪里罗得和波列索夫因支持马尔托夫的党章条文而在政治观点上第一次与他产生了分歧。一方面，他知道列宁和布尔什维克在原则上是对的，另一方面，他又摇摆不定于究竟是与原先的亲密战友决裂，还是取得他们的谅解实行和平的方式来解决。这些问题常常令他彻夜不眠，最后，他还是决定采取一些谈判来争取和平的党内统一。随之，他和列宁与马尔托夫、阿克雪里罗得、查苏利奇等人就同孟什维克达成协议的问题进行了多次谈判，但这些谈判毫无结果。在10月26日召开的俄国革命社会民主党人国外同盟第二次代表大会上，孟什维克的代表占绝对优势，通过了有利于孟什维克的同盟章程。他们疯狂攻击列宁，而普列汉诺夫指出必须维护党的团结和统一。在他看来，党内的统一高于马克思主义原则性问题，这一想法显然是错误的，因为这种基于原则上的不同所产生的分裂是不可避免的。为了调和这种矛盾，他的思想开始向机会主义低头，一再声明：“我不能向自己人射击。”为了把查苏利奇等已倾向于孟什维克的旧编委重新选到《火星报》来，他甚至要辞职并退出党内机关报《火星报》编辑部。顾全大局的列宁主动退出了《火星报》编辑部，并为与普列汉诺夫的决裂感到十分难过。这年的11月4日，列宁写道：“普列汉诺夫太害怕分裂和斗争了，情况坏透了，敌人欢天喜地……而普列汉诺夫却威胁要马上抛掉一切，而且他能够做到这一点。”尽管他们二人以前在起草党纲时因为土地问题的观点不同而产生过尖锐的分歧，但在统一的马克思主义思想下，这些问题都得到了正确的解决，然而，这一次却是原则上的、不能缓和的分裂。在孟什维克的高压以及掌控《火星报》表决权的想法下，普列汉诺夫的态度产生了180度的大转弯，他完全转移到孟什维克的阵营中去了。在11月的第52号《火星报》上，他发表了第一篇机会主义著作《不该这么办》。文章从标题到内容都反对列宁在捍卫马克思主义革命原则中的坚定立场。这是他堕入机会主义泥潭的标志。这种大的转变究其内因绝不是偶然的，普列汉诺夫长期生活于国外，接受了西方工人运动以及社会民主党派统一方式上的经验，外加他身体及个性上的原因，使得他无法经常与俄国革命活动家接触，实质上，俄国进步的现实与他落后的思想已经大大脱节了。这样，从1903年11月至1904年7月之间，普列汉诺夫相继在《火星报》上发表大量反对布尔什维克的文章，美化孟什维克，为自己的调和主义立场作辩解，成为了一个“热烈的孟什维克”（列宁语）。

长期的革命工作和匮乏的物质条件使普列汉诺夫的身体十分虚弱。1904年6月，他低烧不退，经常咳嗽且背部疼痛，在医生的建议下，他来到风景秀丽的贝亚腾贝格疗养。一个多月之后他恢复了健康，赴阿姆斯特丹参加了第二国际代表大会。在会上，社会民主党的革命派和机会主义派之间的代表展开了激烈的争论，普列汉诺夫在发言中批判了机会主义者的论据并号召投票赞成法国社会主义者盖得派的决议案，机会主义者的修正案被否决。

这时，普列汉诺夫同《火星报》编辑部的关系越来越紧张，《火星报》不顾他的抗议而刊登了他所反对的托洛斯基的文章，在1905年，他就写信退出了该编辑部。但他仍然维护孟什维克。十月宣言（沙皇为挽救专制制度，在1905年10月17日向人民颁布的宣言，其中作出给予公民自由和召开立法杜马的允诺。）之后，普列汉诺夫本打算同当时许多俄国政治侨民一样回到祖国，然而，这时他却患了严重的喉结核症，不得不去意大利疗养。从他当时给妻子的信中可以看出他迫切的心情，他写道：“啊！让我们走吧，我渴望回到俄国去，我现在简直是临阵脱逃的人……”从这里，我们可以看出，不论普列汉诺夫的政治立场是如何的，他终究是一个爱国的人，尽管他后来陷入了政治悲剧之中，但他对俄国及俄国人民的爱是他所有思想言行的最大动力，这是毋庸置疑的。在这以后的一年里，因为患病的原因，他一直未能回到俄国去。

第一次俄国革命失败以后，孟什维克的右倾思想日益明显，1908年底，普列汉诺夫退出了被孟什维克取消派控制的《社会民主党人呼声

列宁在彼德格勒集会上的演说

普列汉诺夫自始至终都在考虑保持俄国社会民主党的团结，但是他没有认识到的是两种革命思想的重大分歧，这使他晚年在思想上走入歧途而与布尔什维克分裂。1917年，列宁领导无产阶级力量推翻了沙皇的统治，建立了人民政权。此图描绘了列宁在集会上演说的情景。

报》编辑部，这是他政治生涯上反对取消主义的又一光辉举动。他积极为布尔什维克的党报《社会民主党人报》撰稿，发表了七篇文章和短评，愤怒地抨击了取消派，这一时期，与布尔什维克有着密切的联系。这种联系本来可以再进一步的，可是，由于他坚持一惯特有的调和主义立场，这种前景随着普列汉诺夫拒绝参加第六次党代会而消失了。他把自己置身于俄国工人阶级的马克思主义政党之外，拒绝的理由是这些代表会议中的任何一个都会导致党的最终分裂。

1914年，第一次世界大战爆发，这是一场由帝国主义之间不可调和的矛盾引起的非正义的战争，而普列汉诺夫却没有认清这一复杂形势，支持沙皇俄国政府的战争，走上了一条社会沙文主义（即第二国际机会主义领袖们在第一次世界大战期间奉行的狭隘民族主义路线）的道路，号召工人支持这一场非正义的军事行动。对他的立场，列宁作出了深刻的批判，认为他这是代表了俄国的社会沙文主义，即口头上的社会主义，实质上的帝国主义。从这时起，列宁与普列汉诺夫在观点上彻底分道扬镳。普列汉诺夫越来越深地陷入到机会主义的泥潭中。

在悲剧中落幕

社会沙文主义路线最终把普列汉诺夫推向了政治悲剧中。尽管他是爱国的，但这严重背离并损害了俄国工人阶级的革命斗争立场。他的拥护者越来越少，就连孟什维克也不能接受他的社会沙文主义观点。1917年4月，普列汉诺夫夫妇回到了彼得堡，结束了37年的流亡生活。许多君主派的反动分子来拜访他，他的主战策略很适合他们的胃口，当他们进行了简短的交谈后，他惊讶地问妻子:“这些人是干嘛到这里来的呀？”鉴于他的错误，苏维埃并没有把他选为代表，只有发言权，也没参任临时政府的任何职位。对于这位活跃于19世纪90年代，影响巨大的政治思想家来说，这无异于一种悲剧。

1917年底，一位不速之客，反革命叛乱的组织者波里斯·萨文柯夫前来拜访病中的

冬 宫

1917年2月前，冬宫一直是沙皇的宫邸，一直被视为腐朽、集权的象征，后来被资产阶级临时政府所占据。1917年11月7日起义群众攻下了冬宫，十月革命后，成立艾尔米塔什博物馆，冬宫成为博物馆的一部分。

安坐的恶魔

弗鲁贝尔　俄国　19 世纪

此画是莱蒙托夫的散文诗《天魔》的插图。该书描写天使反抗上帝的神话故事，具有深刻的思想深度和形象的力量，是对专制权力的反抗和对自由渴望的象征。

普列汉诺夫，煽动他参与推翻布尔什维克领导的苏维埃政权的武装叛乱。当普列汉诺夫明白了他的可耻意图之后，气得脸色发白，坚定地严词拒绝了他。说道："我把40年的人生都献给了无产阶级，即使是它走在错误的路线上，我也不会枪杀它的。"这表明，虽然他与列宁所走的路线不同，但也绝不会反对无产阶级的政党苏维埃政权。他对无产阶级的热爱，解救劳苦大众的志愿终生没有改变过。基于这一点，对普列汉诺夫，列宁一直是心怀敬重的。在他生病之时，列宁特别关照工人赤卫队不得搜查公民普列汉诺夫的房间，一定要保证他的安静与休养。

普列汉诺夫的结核病情一直在加重，为了挽救他的生命，罗莎丽亚尽力改善他的医疗条件，把他从起先的儿童村医院转到了彼得格勒的法国人医院，后辗转又到了芬兰一个富有结核治疗经验的医生诊所里。然而这一切的努力都没有阻止死神在向他靠近的脚步。从 1918 年 3 月 18 日起，普列汉诺夫开始咯血，5 月 20 日，他开始出现幻觉，仿佛看见命运之神拿着剪刀要剪断他的生命之线。但这一天终于来了，30 日，普列汉诺夫因肺结核恶化而引起的心肌梗塞而逝世。

在那些悲痛的日子里，俄国无产阶级为此举行了各种悼念活动。6 月 5 日，苏维埃政府将他的遗体从芬兰运回到彼得格勒，布尔什维克召开了悼念普列汉诺夫的大会，同时在俄国以及西欧各国的许多报纸上都发表了关于普列汉诺夫逝世的讣告和悼文。全欧洲都在悼念这位马克思主义的先驱。此后，普列汉诺夫的马克思主义著作被译成多种语言在全世界传播，他的名字开始被全世界无产阶级所熟悉。

历史将永远不会忘记他。

没有地址的信

〔俄〕普列汉诺夫·著

本书首先提出了“艺术起源于劳作”这一著名论点，没有人类的劳作，就谈不上艺术活动。作者向我们证明了：艺术作品——这一民族精神的本性反映，并非是人的本性（亦即一定的民族性格）直接的在向我们展示，而是通过“这样一种艺术”，向我们展示出了它的历史和当时具备的诸多社会条件；阐明了“人是先有功利的思想并以此思想观点来观察事物，从而产生了艺术；只是到了后来，人们才从单纯的审美观点来看待这一系列的思想、事物和艺术”。

静 物　夏尔丹　油画　法国　18世纪

作者运用马克思主义的立场和方法，通过对原始音乐、舞蹈、绘画艺术以及它们同生产劳动实际联系的分析，系统地论述了艺术起源于生产劳动。劳动先于艺术，人最初是从功利观点来观察事物和现象，逐渐发展到从审美的观点上来观照它们。

第一封信
艺术与社会生活的关系
YISHU YU SHEHUISHENGHUO DE GUANXI

尊敬的朋友：

我要和你谈谈艺术。首先，人们要对某个对象进行研究，一定是要力求概念的准确；而为了“准确”，必得需要一个具有严格定义的术语来作为依据。但是，一个让人满意的定义只可能出现在研究的结果出来之后；可我们现在要谈论的艺术，并没有达到“有结果”的程度。于是，我们只好把一个模糊的概念同艺术相联系起来，或者说，是把一个无法下定义的东西临时下个定义；而当我们的研究逐步深入之后，再来进行更精确的补充，使其显得完整而且不含有歧义。

我将如何使用这种不是定义的定义呢？

列夫·托尔斯泰在其《什么是艺术？》的著作中，曾经援引了大量的在他本人看来也是非常矛盾的定义；即他也认为这些定义无法使人满意。当然，实际的情况也并不像他所描述的那样，也就是说，这些定义并不是如他所认为的那样相距悬殊，更不是荒谬得不近情理。但是，我们今天姑且认为这些关于艺术的定义都是蹩脚的，都是（比较）荒谬的。比如，他说：“艺术是人与人之间相互交流的一种手段，这种交流

在田间耕作的托尔斯泰　列宾　俄国　19 世纪

列夫·托尔斯泰（1828—1910）是 19 世纪俄国最伟大的作家。主要有长篇小说《战争与和平》、《安娜·卡列尼娜》、《复活》等，也创作了大量童话。《什么是艺术？》（1897—1898）批判了“为艺术而艺术”的美学观点，指出当时一些美学理论为统治阶级的口味进行辩解的实质。

阿尔卡迪亚的牧人
普桑　油画　法国1640年

尼古拉·普桑（1594—1665）法国古典主义画家，作品具有“崇高风格”。《阿卡迪亚的牧人》被称具有理性的光辉，牧人观看墓碑上“阿卡迪亚”这个“乐土”的记忆，真理女神的降临使得画面具有古典的肃穆。对于艺术真理的探求是艺术发展的原动力，如何界定艺术的定义也是理论家们构建自己理论大厦的根基。

并不等同于语言交流。语言交流表达的是相互的思想，而艺术则是为了相互表达感情。”

显然，托尔斯泰伯爵的观点是有误的（权且只指出这一点）。因为，语言服务于人类，不仅能够交流思想，也能够交流感情；证据是：诗歌就是用语言进行感情表达的。托尔斯泰伯爵还说：“所谓的艺术活动，就是把曾经体验过的感情再次从自己的心底唤起，然后用动作、声音、线条、色彩或言辞等等，把它们塑造成各种各样的“标志”形象来表现这样的感情，并把这一感情进行普遍的传达（意图使其他人也能体验到同样的感情）。”

那么，我们从这里就已经看到，语言和艺术所表达的东西并不是相悖的，也不是并列的；所以，如果说艺术只表达了人的感情，也同样是不对的。艺术，它既表现人的感情，还表现人的思想。但艺术并不是抽象地表现，而是用生动的形象来表现——这正是艺术最主要的特点。按照托尔斯泰伯爵的观点：“艺术源于一个人为把自己体验过的感情传达给他人，于是将这种感情再次从心底唤起，并用某种外在的标志传达出来。”但我却认为：艺术起源于一个人重新唤起他在周边环境的影响下所体验过的一些思想和情感；在绝大多数情况下，这样做的目的就是要把那个让他多次想起、多次感受到的“东西”传达给别人。所以，艺术可以说是一种社会现象。

我想对托尔斯泰伯爵所下的艺术的定义做一些改动，目前就限于上述这点；这也是我对艺术所下的初步的定义。

但是，尊敬的朋友，请注意，《战争与和平》的作者还有这样一种思想：“不管什么时代，不管什么社会，都有一个为全体社会成员所公认的关于什么是好什么是坏的宗教意识；这一宗教意识决定了艺术所体现和所传达的感情的价值。”

这个思想到底正确到了何种程度呢？这是我们的研究应该充分说明的。无论如何，这个思想有必要受到最大程度的关注，因为它让我们直面了艺术在人类发展史中的作用问题。

基督受难　格吕内瓦尔德
油画　尼德兰　约1515年

西方思想的发展来源于两大源头，即希腊和希伯来。两者文化的基础都是在宗教信仰上建立起来的，而融合后的文化更是形成了欧洲中心的基督教文化。宗教制度与社会制度之间存在必然的联系，圣西门的理论里把这种共同的基础归结为“共和”。

现在，当我们有了艺术的初步定义时，就有必要说明一下我是用什么观点来观察艺术的。

在此，我可以毫不犹豫地说，对艺术的观察就如同我对一切社会现象的观察一样，立足点都是建基于唯物史观上面的。

众所周知，唯物史观的对立面就是唯心史观；我借用数学中的反证法，来把我使用的方法称之为反面说明法；也就是说，我要先阐述唯心史观，然后再说明唯心史观的对立面唯物史观以及它们的相互关系有哪些不同。

从纯形态的角度来看，唯心史观坚持的是这样一个观点：人类历史前进的最终而且最深层次的原因就是思想和知识的发展。这个观点在18世纪有着不可动摇的统治地位，这种统治地位一直延续到了19世纪。即使圣西门和奥古斯特·孔德（圣西门，1760—1825。法国哲学家、经济学家，空想社会主义者。奥古斯特·孔德，1798—1857，是法国著名的哲学家，社会学的创始人，圣西门的秘书和门徒。——编译者注）的观点与18世纪的哲学家们的观点在某些方面已经发生了根本性的矛盾，但他们秉持的仍是这一观点。比如，圣西门曾说：希腊人社会组织的产生基础是宗教制度，即希腊人的政治制度是模仿宗教制度而建立的。为了证明他说这番话的正确性，他还列举了这样一个事实：在希腊人的奥林匹斯山上，聚集的都是“共和”；即，无论希腊的各个民族所定立的宪法之间存在着多么大的不同，但他们都如同宗教一样，遵循着一个共同的符号：共和。然而，这还不能涵盖一切，圣西门进一步说：一方面，希腊的政治制度建立在宗教制度之上，另一方面，宗教制度又是建立在希腊人的科学观念之上的；即希腊的宗教制度是从本身的科学体系中产生的。所以，希腊人的科学观念是其整个社会生活的最深层次的基础和原由，而这些观念的发展是推动希腊社会、生活以及历史发展的最主要的动力，也是他们从一个形态没有滑向另一个形态的最主要的原因。

而奥古斯特·孔德认为：整个社会体制归根结底是建立在“意见”的基础之上的。他的这种观念不过是百科全书派的老调重弹，即世界被“意见”所支配。

唯心主义还有另一种异变形式，我们在黑格尔的绝对唯心主义中发现了它的极端表现形式。比如，人类历史的发展是如何被阐明的呢？以黑格尔的观念来看，他会自己问自己：希腊为什么会灭亡？于是，黑格尔可以列举许多导致希腊灭亡的原因，但在他看来，最主要的原因则是：希腊只展示了绝对理念发展的一个阶段，当这个阶段结束之后，希腊必然会灭亡。

显然，按照黑格尔的观点，社会关系与人类历史发展的进程，归根结底是由逻辑规律或思维的发展进程所决定的；尽管他知道，斯巴达的灭亡却是因为财产的不平等。

唯物史观则是与唯心史观截然不同的一种世界观。圣西门用唯心主义的观点来观察和解释历史，所以他认为可以用希腊人的宗教观点来解释他们的社会关系；而对于持唯物主义观点的我却认为：希腊人的奥林匹斯共和制度只是反映了他们是“这样”一种社会制度。至于希腊人的宗教观点的来源，圣西门认为这些观点来源于希腊人的科学体系；而我却认为希腊各民族间所具备的不同程度的生产力的发展状况，不是促进了而是制约了希腊人科学世界观历史的发展。

我的一般历史观就是这样。这样的一种历史观（念）正确吗？在此，正确与否还无从定论。我请你假设它是正确的，而且和我一起把这个假设看成是我们对艺术研究的起点。这种做法不仅是对个别艺术问题的研究，也是对我这个一般历史观的验证。其实，如果这个一般历史观是错误的，而我们又以它为起点来对艺术的发展变化进行说明的话，那我们所能说明的东西将会很少。如果我们坚信借用它比借用其他观点能更好地阐明这一发展变化的话，那我们就会

圣母玛利亚的怀胎
穆立罗　油画　1678 年

起源是人们不知道却在苦苦探寻的一个永恒话题。社会体制的产生根源在不同的学者那里有不同的解说。神的诞生也被赋予诸多猜测，圣母的无垢受胎虽然不同于希腊诸神的诞生故事，但是那高贵的出身就像社会的发展必须要寻找一个冠冕的理由一样富有戏剧的典型性。

多一个对它而言是有价值的、全新的、有力的论据。

但我感觉到会有一种反对的呼声出现。众所周知，达尔文在其著作《人类原始及选择》中援引了很多真实的事例，来证明美感对动物的生活起着非常重要的作用。人们会告诉我这些事例，并以此得出美感的起源应该用生物学的观点来进行阐明。人们告诉我，他们无法容忍“狭隘地”把美感进化的功劳完全归功于社会经济之说。毫无疑问，由于达尔文的物种发展观是唯物主义的，因此，人们必然会告诉我，这些事例是生物学唯物主义批判片面历史（经济）唯物主义的最好材料。

我知道这样的反对呼声所具备的全部重要性，所以它应该被讨论一番。这样对我会有更多的好处，因为当我对它进行答复时，我也顺带向那些以动物心理活动为依据的反对呼声作了答复。

首先，我们应当尽量准确地确定那些以达尔文所引证的事实为根据所得出的结论。为达到这一目的，我们应了解达尔文自己以这些事实为根据所得出的推论。

在他那部论述人类起源的著作的第一部第二章里，我们看到了这样的文字：

“美感——这种感觉曾被称为是人类所独有的特点。但如果我们还记得某些鸟类中的雄性向雌性展示自己的羽毛，炫耀自己鲜艳的色彩，而其他那些没有美丽羽毛的鸟类就不这样卖弄时，我们当然不会怀疑雌性是在欣赏雄性的美丽。还有，世界各民族的女性都爱用美丽

维纳斯的诞生
波提切利　油画　意大利　1485 年

希腊曾经一度使用共和制来维护部分群体的利益，尽管这种群体利益仍然是建立在对奴隶的剥削之上。这种共和制的基础与奥林匹斯神系的构建关系有着密切的联系。维纳斯又称为阿芙罗狄德，是爱与美的女神，她的诞生意味着人们对于美追求的明确。

创造亚当
（《创世记》局部）米开朗基罗
壁画 意大利 1508—1512 年
谁创造了我们？人自从有了思考便开始了对于诞生本身的探索。人是神创造的，在所有宗教教义里都不可避免地要回答生命的初始问题，而神创造人的故事版本虽然不同却具有本源一致性。达尔文对于生物的考察进而推导出生命是源于低级向高级的进化，改变了文化史的发展方向。

的羽毛来装饰自己，任何人也都理所当然地不会否认这种装饰物的华丽。显然，酷爱用具有鲜艳色彩的东西来装饰自己的游乐场所的集会鸟，还有用相同方式来装饰自己巢穴的蜂鸟，都证明了它们是具有美的观念的。而且鸟类的叫声也无不具有美的观念，交尾期间雄鸟的优美鸣叫，这样的声音毫无疑问地会受到雌鸟的喜爱。如果雌鸟不欣赏雄鸟那艳丽的色彩，优美动听的声音，那雄鸟的这些努力都将化为泡影，而这样的结果显然是不可想象的。

“为什么按某种方式搭配起来的颜色或各种声调组合成的声音会引起愉悦？就像为什么一种东西对于嗅觉或者味觉而言是香的或者美味的一样，这样的事情几乎无法被解释。但可以肯定的说，我们与低等动物都喜欢同样的颜色和声音。”

从这里我们可以看出，达尔文所援引的事实证明了：低等动物和人一样具有体验或审美的快感。有时候，我们的审美情趣与低等动物的审美情趣是一样的，但这些事实并没有告诉我们这些情趣的起源。如果生物学没有告诉我们审美情趣的起源，那它更不可能说明它们的历史发展——但我们还是让达尔文继续说下去吧。

他说：“只就女性的美而言，美的观念在人们心里是没有什么特殊的性质的。其实，我们在后面的论述中会发现，美的观念在不同的人种里差别也很大，甚至在属于同一人种的不同民族里美的观念也大相径庭。非常多的野蛮人都喜欢一些令人厌恶的饰物和音乐，由此可见他们的美的观念比某些低等动物，如鸟类，都要落后。”

既然美的观念在同一人种的不同民族里也有不同，显然我们就无法从生

兰花和巴西蜂鸟

动物和人同样具有快感，这是达尔文研究的结果。他进而推导出人和动物的审美情趣也具有相似性，但是审美并非是能够用生物学的解释简单说明的，社会学的研究在对于人类审美方面有着更为深入的研究。

物学中去寻求为什么会出现这种不同的原因了。达尔文自己也说，我们应从别的方面来寻找这个问题的答案。在他的英文版著作的第二版中，我援引的上述那段话的后面，紧接着出现了这样一句话——这句话并没有出现在伊·米·谢切诺夫编写的俄文译本中，因为俄文译本翻译自英文版第一版。这句话是这样的："With cultivated men such sensations are, however, intimately associated with complex ideas and trains of thought."

这句话的意思是：尽管对有教养的人而言，这种感觉与复杂的观念以及一连串的思想有着紧密的联系（这一点非常关键，它让我们从生物学过渡到了社会学）。显然，按照达尔文的观点，因为社会原因的制约，使得美感只有在文明人那里，才能和许多复杂的观念产生联系。但达尔文却认为这样的联系只会发生在文明人身上；真的是这样的吗？不是的，而且举一个很简单的例子就能推翻这一观点。我们都知道，在原始人的装饰品中，动物的皮、爪以及牙有着非常重要的作用。该怎样解释这种作用呢？用这些饰物的色彩和线条搭配来解释吗？不，问题是，当野蛮人用老虎的皮、爪以及牙或者野牛的皮以及角来进行装饰时，他向人暗示的是他的强大和灵巧，因为谁捕获了灵巧的动物谁就是更加灵巧的人；同理，谁击败了强大的动物谁就是更为强大的人。不仅如此，这其中还夹杂了一些迷信在里面。有文章报道说，北美西部的红色人种非常喜欢用当地最凶猛的野兽——灰熊的爪来做饰物。那些红色人种的战士觉得灰熊会通过它的爪子把它的凶猛和胆量传递给佩带它的人。按照这一说法，这些爪子饰物既有装饰品的意义，又具有了护身符甚至"灵物"的意义。

在这种情况下，我们当然不能认为，最早的红种人喜欢野兽的皮、爪以及牙，是因为他们喜欢这些东西所带有的特殊的色彩以及恰当的线条搭配。不，最大的可能恰恰是与我们假设的原因相反的，即这些饰物只是被当做勇敢、灵活、强悍的标记。然而经过一段时间之后，由于这些东西象征了勇敢、灵活、强悍，所以它们便让人有了审美的感觉，并最终被归入饰品一类。所以，"野蛮人"的审美感觉不仅能够与复杂的观念"相联"，甚至有时他们的审美感觉正是受了这种观念的影响才得以产生。

还有一个例子。在非洲的许多部落里，妇女们要在手上和脚上戴铁环。富翁们的妻子也喜欢佩戴这类饰品，而且有时候这些饰品的总重量甚至接近一普特重（俄制重量单位，一普特合 16.38 千克。——编译者注）。

显然，这会带来许多的不便，但这些不便并未妨碍她们兴致勃勃地戴上这些被人称为“奴隶的锁链”的东西。这些黑人女性为什么喜欢戴这些锁链呢？因为在她们看来，只要戴上这些东西，她们自己以及其他的人才会认为她们是美的。可为什么会显得是美的呢？因为这是复杂观念被联系在一起所造成的，于是，非洲的一些部落里就非常盛行穿戴这类饰品。按照那位把“铁环”称为“锁链”的人的说法，这些部落还处于“铁”的世纪；也就是说在他们那里，铁是贵重金属。贵重的东西自然就是美的，因为和美联系在一起的是富的观念。比如一个身上戴了 20 磅铁环的丁卡族（东非的一个游牧民族，属于黑人人种，身材较高。——编译者注）妇女，与只戴两磅重的铁环的妇女相比，会显得更加美丽，因为当她只能戴两磅重的铁环时，说明她很穷困。显然，问题不在铁环是否美，而在于通过铁环而被人联想到富的观念。

第三个例子。在赞比西河上游的巴托克（南部非洲的一个黑人部落。——编译者注）部落，上门牙没有被拔掉的人会被认为是丑的。这一奇怪的审美观念是怎么来的呢？它也是由十分复杂的观念所造成的。巴托克人拔掉自己的上门牙，只是在模仿反刍动物，在我们看来，他们的这种审美观念简直难以理解。但巴托克是一个游牧部落，他们将母牛和公牛当做神来崇拜。在他们那里，东西越神圣就越美，他们的审美观是建立在一种与我们完全不同的观念的基础上的。

最后，我们举一个达尔文援引别人的话所证明的事例。马可咯咯（南非的一个黑人部落，属于班图族的一个分支。——编译者注）部落的妇女，喜欢在自己的上嘴唇上钻一个孔，孔里再穿一个叫“呸来来”的金属或竹制的圆环。有人问这个部落的首领为什么他们要戴这样的环，这位首领对如此“愚蠢的问题”感到十分惊讶，回答说：“这么做是为了

黄色基督　高更　油画　法国　1889 年

形象的表现离不开造型和色彩，对于色彩的表现不同的时间和地点以及民族有着不同的欣赏习惯。高更的《黄色基督》在色彩表现上受到塔希提岛上民族欣赏习惯的影响，这一点是毋庸置疑的。审美并无高下之分，只是习惯的不同以及在此基础之上的宽容度有差别。

美呀。这是女人唯一的装饰品，男人的嘴唇上有胡子，而女人却什么也没有，所以要戴上呸来来。再说，没有呸来来的女人还算女人吗？”今天，我们很难确定这个部落是什么时候有了佩戴呸来来的习俗的，也很难找到其中的原由；但很明显，它的起源必然要在一种复杂的“观念联想”中去探求，而不应该在那与它没有一点（直接的）关系的“生物学”中去探求。

由此可见，我认为现在可以合理地断言了：事物通过一定比例的色彩组合或事物通过其样式所引起的感觉，在原始民族那里都是与非常复杂的观念有紧密联系的。或者可以说，至少很多组合和样式只是因为有这种联想才让这些原始民族感觉到美的。

这种联想是由什么引起的呢？那些与这种联想有紧密联系的复杂观念又是从哪里来的呢？很明显，这个问题不是生物学家可以解答的，回答这个问题的应该是社会学家。如果唯物史观比其他任何一种历史观更有助于解决这些问题，如果我们坚信上述的联想与复杂观念，必然受到了一定的社会生产力状况以及它的经济的约束，而且还是由这两者（共同）创造的，那么就该承认达尔文主义与我在前面所竭力阐述的唯物史观没有一点矛盾了。

至于达尔文主义和唯物史观的关系，我无法说得太多；可是作为一个问题，我还是能说上几句，请注意下面的几段话：

“我认为在一开始就必须作出声明，我并不认为任何群居动物，一旦其智力发展到人的这个程度，就必然具有同人类一样的道德观念。

“尽管所有动物赞赏的东西不是相同的，但所有动物都具有美感。同理，尽管动物们的善恶观导致它们的行为与我们的行为截然不同，但它们都有自己的善恶观。

“在此，我特别举一个非常极端的例子。如果我们与蜂巢里的蜜蜂是在完全相同的条件下被教养出来的，毫无疑问，那些还没有取得正式生存权的子女就是工蜂，在他们看来，杀死自己的兄弟姐妹是神圣的天职，而母亲也会想方设法杀死那些多出来的子女，而且谁也不会反对这样的做法。但从我的立场出发，蜜蜂（或者其他任何群居动物）在前面提到的这种情况下，是使用了善恶观来进行作为的；换句话说，在它们观念中是用‘行善的立场’来做这

狩　猎

列维·斯特劳斯在《忧郁的热带》中描述美洲原住民对于生命形式、物质和色彩的热爱是通过尽可能的装饰来实现的。不同民族由于生活环境的不同对于审美同样有着不同的需求。审美在人类社会中不仅仅是生物层面的，重要的是具有道德层面的或说是具有社会层面的。

以色列人在埃及

当以色列人在埃及之时，在埃及人的奴役下建造方尖碑、陵墓和宫殿的时候，他们未必认为这就是他们心中想表达的美的事物。当他们走出埃及以后我们看到他们自己的独立的审美观和创造物。不同的民族和阶级在美的欣赏和创造上都依赖着其生活的环境。

些事的。”

我们从这番话里得出了什么样的结论呢？结论是：在人类的道德观念里完全不存在什么绝对的东西。这些道德观念会随着人类生活条件的变化而变化。

但是，是什么东西造就了这些条件呢？是什么东西引发了这样的变化呢？达尔文对此并没有作出任何回答。如果我们说它们是由于生产力造成的，是随生产力的发展而变化的，而且还给出了足以证明的例子，那么我们的观点与达尔文的观点不仅没有矛盾，反而是在对他所说的那些话进行补充，把他没有阐明的东西给阐明了。而且我们在做这些的时候，还顺带把那个对他有巨大帮助的生物学原则应用到了对社会现象的研究上去。

总之，要把我的历史观与达尔文主义对立起来是不可能的。达尔文的领域与我的领域截然不同，他是把人类的起源当做动物的“种”的起源来对待；唯物主义者们想说明的则是某个物种的历史宿命；只不过唯物主义者的研究对象正好是从达尔文主义者所给予的东西开始的。同理，达尔文主义者的那些最辉煌的发现也不能代替唯物主义者的研究对象，这些发现只能为唯物主义者奠定一个好的基础，如同物理学家为化学家奠定基础一样；物理学家不会因为自己的工作而否认化学研究的必要性，所有问题的根源正在于此。在当时，达尔文学说是生物科学发展进程上的一个巨大的必然的进步，而且它完全达到了当时那些达尔文学说的工作者们所提出的最严格的要求。那么唯物主义的学说能不能也这样说呢？能不能断定当时的它是社会科学发展进程上的一个巨大的必然的进步呢？对于这点我可以很明确地回答：“是的，可以的！”“是的，能够的！”而且我希望通过我的几封信来指出其中的一部分；所以，我的这种信心是有根据的。

但现在我们还是回到美学上面来。从上述所援引的达尔文的话里我们可

丹娜埃 提香 油画 意大利 1553—1554年

在古希腊罗马的故事中神有着和人一样的个性和形象，叫做神人同性。人们在现实生活中模仿想象的神而生活，而在绘画艺术中神的姿态和场景往往来源于现实中的人类生活，神又在“模仿”人的生活。柏拉图界定了人对神的模仿，我们却重复着人对自身的模仿。

以看到，他对审美情趣的发展所进行的观察以及对道德观的发展所进行的观察都是以同样的观点为根据的。人和许多动物都具有美感，这也说明，在一定事物或现象的影响下，人和动物都拥有一种体验特殊（审美的）快感的能力。但到底是什么样的事物或现象才能让他们体验到这种快感呢，这就取决于他们在什么样的事物或现象的影响下受的是什么样的熏陶，过的是什么样的生活，做的是什么样的事情了。人的本性使人具有了审美的情趣和观念，而人所处环境的条件决定了如何将这一可能变为现实。这些条件说明了一定社会的人（即一定的社会、一定的民族、一定的阶级）是有着“这样”而不是“其他那样”的审美情趣和观念的。

这个最终结论是从达尔文对该问题所说的话里得出的，而且很自然地就能得出这样的结论。这个结论也理所当然地不会受到任何一个具有唯物主义史观的人的反对。恰好相反，他们每个人都会把这个结论看成是对唯物主义史观的新的和有力的证据。事实上，他们谁也想不到要去否认人的本性中的这个或那个为世人所熟知的社会特点，或者对这一特点作一些任意的解释。他们只会说，如果这种本性是恒定的，那它就不能解释被称为不断变化的现象的总和的历史进程；如果它随着历史进程而变化，那么很明显，它的变化必然是受到了某种外在因素的影响。所以，不管是这个或者那个情况，历史学家和社会学家的任务都已经远远超出了对人类本性特点这一话题的讨论范围。

我们权且把人类本性的这个特点视为模仿的倾向。达耳德（法国社会、心理学家，他用模仿、对立和创造这三者的关系来解释社会现象。——编译者注）曾写过一篇专门针对模仿规律的有趣的研究论文，其中把模仿视为社会的灵魂。按照他的定义，任何社会集团都是正在片面地模仿着或曾经片面地模仿过同一模型的生物的总和。毋庸置疑，模仿在我们的观念、情趣、风气、习俗的历史上有着巨大的作用；早在十八世纪，当时唯物主义者们就已经指出了它的重大意义。爱尔维修（1715—1771，18世纪法国唯物主义者，主张感觉是一切知识的来源，也是全部精神活动的原动力。——编译者注）

曾说，人完全是通过模仿而形成的。但同样毋庸置疑，达耳德将模仿规律的研究置于了一个错误的基础之上。

当斯图亚特王朝的复辟暂时恢复了旧贵族对英国的统治时，这些贵族不但不模仿资产阶级的极端革命代表——清教徒，甚至还强烈地喜欢上了那些与清教徒生活规则截然相反的习惯和情趣；甚至连腐败堕落一类的习俗，居然也让人难以置信地取代了清教徒遵循的那些严格又清心寡欲的道德习俗；在当时的英国，喜好和实行那些为清教徒所禁止的事情蔚然成风。清教徒都是一些虔诚的宗教信徒，而复辟时代的上流社会的人士，却大肆宣称甚至夸耀自己不信神，不信上帝（即使他们本身是信仰神或上帝的）；清教徒对戏剧、文学加以迫害，在他们被打败后，人们再度激起对戏剧、文学的强烈喜爱；清教徒都是留短发并非难华贵的服饰，而复辟时代的人们却盛行长发（哪怕是假的长发）和华丽的衣着；清教徒反对纸牌娱乐，复辟后的人们最喜欢的玩具就是扑克牌，等等。总而言之，模仿在这里并未起任何作用，这时起作用的是具有对立意味的“逆反”；很明显，这同样源自于人类本性的特点。但这种源自于人类本性特点中的逆反为什么会在17世纪的英国，会在资产阶级和贵族的关系上体现得这么强烈呢？因为这是贵族和资产阶级，说得更明确点是整个“第三等级”斗争最为尖锐的时期。可以毫无疑问地说，即使人有强烈的模仿倾向，但这种倾向也只会存在于一定的社会关系里。比如在17世纪，只有法国的社会关系中才存在着这种倾向，尽管模仿得不够到位，但当时法国资产阶级却很喜欢模仿贵族，这有莫里哀的著作《醉心贵族的小市民》可以作为范例。但在其他国家的社会关系中却没有模仿的倾向，而与之相反的倾向却大行其道，我权且将这种倾向称为“对立或逆反的倾向”。

火神的煅铁铺　委拉斯贵支　油画　西班牙　1631 年

宗教的变革使得西方社会进入一个新的历史时期。委拉斯贵支所处的西班牙在 17 世纪成了天主教的中心之一，其表现的对象却能够在权贵之外刻画平民，在基督教之外涉及古希腊罗马的神祇，体现了艺术家在信仰立场和表现对象上的开明。

但是我也无法把这一现象表述得十分准确，及无法概括得十分详尽，比如，在17世纪的英国人那里，模仿的倾向并未消失。可能它和以前一样，强烈地体现在同一阶级内部的彼此关系之上。有人曾这样评论当时英国上流社会的人："这些人不信神。他们 a priori（先验地）否定宗教，为的就是不被人视为是'圆脑袋'（当时英国议会中的清教徒都是蓄短发的，而王党都是蓄长发的，所有清教徒就有了'圆脑袋'的绰号。——编译者注），也使自己免去了思考的麻烦。"对于这些人，我可以放心大胆地说："他们因模仿而否定宗教。"但在模仿更加严肃的否定者时，他们就和清教徒"逆反"了起来；所以，逆反的根源依然还是"模仿"。但众所周知的是，如果英国贵族中某个软弱无能的人在无信仰方面模仿一个强大有力的人，其原因必然是这时的"无信仰"成了社会上的一种好风气。他们之所以不信神，并不是不尊崇上帝，而只是因为"逆反"，只是对清教主义作出的一种回应；这个回应就是上面提到的阶级斗争的结果。所以，心理现象的全部复杂的辩证法的基础是社会方面的种种事实；从这里我们可以知道，前面我从达尔文的几个论点里所得出的结论到底正确到了什么程度，而且是哪种意义上的正确。而这个结论就是：人的本性使人具有一定的观念（或是情趣、倾向），而他周围的条件又决定着将这个可能变为现实。这些条件使人具有这些而不是那些观念（或情趣、倾向）；如果我没有记错的话，我的这些话和之前的一位俄国唯物主义史观支持者所说的话（即普列汉诺夫本人说的话。见普列汉诺夫《论一元论历史观之发展》第五章《现代唯物主义》。——编译者注）完全相同——"一旦将一定数量的食物供应给胃，它就会按照它的一般规律开始消化。但从这些规律中我们是否可以回答这样一个问题呢？即为什么那些又美味又营养的食物是你胃里的常客，每天都有，但在我的胃里却又成了稀客了呢？这些规律是否能解释一下，为什么有的人的食物多得吃不完，而有的人却因为没有吃的而饿死呢？看来应该在其他的领域中，在别的规律中去寻找这些问题的答案了。人的头脑也是这样。如果将它放在一定场合里，如果周围环境再给它一定的印象，它就会按照一定的一般规律对这些印象加以合成，而且随着印象的多样化，结果也会变得更加多样化。但将它

拜访神父　格瑞兹　油画　英国　1786 年

神父配合着手势在解说什么，通过听道的女信徒的眼睛可以看到那语言的魅力，格瑞兹似乎感觉只是用人来表现神父的布道还不足以体现其精彩，特意在神父的座位旁边布置一只昂首摆尾的狗。动物的友善姿态更进一步衬托了善良的力量。

梳 妆
荷加斯 油画 英国

审美习俗与审美趣味在随着不同的社会条件发生变化。荷加斯的时髦婚姻系列通过对于画家生活的时代贵族们称之为“时髦”的利益婚姻的表现，使得作品在调侃之中暗含批判。作品本身价值的彰显却又是生活与艺术美的反差。

置于这种场合下的东西是什么呢？限制新印象产生和决定其性质的东西又是什么呢？这是任何思想规律都无法解释的问题。

其次，我们做这样一个猜想，假设一个有弹力的球从高塔上下落。它的运动必然是按照最为简单的力学定律进行的。但现在球碰到了一个斜面，那么它的运动轨迹也会因为另一种简单的力学定律而发生改变。结果，我们就看到了一种运动的折线，我们可以而且应该这样说，这条折线是受到了上述两种定律的联合作用而产生的。但这个改变球的运动轨迹的斜面是如何产生的呢？无论是第一定律、第二定律，还是两者的联合作用都没有对其做任何解释。而人的思想也是如此，那些让思想的运动服从于某些联合作用的情况的源头是什么？无论它的各种规律抑或这些规律的综合作用都无法对此做任何解释。

但我坚信，只有了解这个简单明了的真理的人才能充分了解意识形态的历史。

于是，我们就可以继续谈论。当我们谈到模仿的时候，曾提到过一种与模仿倾向正好相反的倾向，我把这种倾向称为逆反的倾向。

应该更加仔细地对它进行研究。

按照达尔文的观点，对立的或逆反的原理在人类或者动物的感觉表现中起着极端重要的作用:“由某些精神状态唤起……一定的习惯性动作，这些动作在最初出现之时，甚至在后来并持续到现在时，都是一些有益的动作。……但是，如果在一种完全相反的精神状态下，就会产生一种强烈的无意识的倾向；受这种倾向影响的人类或动物，就会做出一些与有益动作的性质完全相反的动作来，这些动作没有任何的益处”。达尔文列举了很多这样的事例，事实上，这些例子也充分地证明了“逆反的原理”在感觉的表现中的很多东西。问题是我们现在想知道，在习俗的起源与发展中是否也能看到这一原理所起的作用。

圣乔治和萨卜拉公主
罗塞蒂 油画 英国 1857 年

美的装饰性和美的真实性看似是对立的，其实“对立的逆反”从另外一个角度把对立统一在一个互存的基础上。罗塞蒂绘画的风格是色彩鲜艳和造型复杂，装饰效果让人首先获得的是形式上的冲击。内容在某种层面上讲只是退后了重要性却并未消解。

当狗在人的面前，它肚皮朝上仰卧在地上时，它的这种姿势完全无法同任何抵抗的表现产生关联，而绝对是和一种驯服的表现产生关联；在这里，我们就马上看到了逆反原理在起作用。本来我可以举例来论述这样的作用，但突然认为，这个原理在旅行家拜尔顿的报告中论述得更加有说服力——瓦仰威提（非洲主要黑人种族班图族的分支之一。——编译者注）部落的黑人，在从敌对部落的村子附近走过时，不但不会握紧任何武器，反而将已有的武器加以解除；但他们在自己家里时，每个人至少都要用一根棍子将自己武装起来。如果，按达尔文的说法，狗在人面前用背着地的仰卧，是为了向“人”或同类（狗）说：“看吧！我是一只温驯的狗，我对人没有敌意。”那么，似乎瓦仰威提人在特别应该装备武器的时候，反而自我解除了武装；他们通过这样的行为告诉了自己的敌人：“我没有想到过要自卫，我完全信任你的宽容和宏量。”

在这两种情况下，都是完全相同的意思以及完全相同意思的表现；也就是说，在敌意的环境中，不用敌意的行为反而用顺从的行为来表现。

再比如，在需要表达悲哀的习俗中，更可以清楚地发现逆反原理的作用。非洲有一黑人部落，名叫粘粘部落；在这个部落中如果某人的近亲死了，他就会把自己头上的那一头受他本人的重视、也受他妻子们关心的、在平时十分刻意修整的头发剪除掉，以便充分表达自己的悲哀。另外，也是在非洲，当某个部落中的一个重要人物过世时，该部落中的许多人都会穿起脏衣服，用这样的方法来表示悲哀和纪念。婆罗洲的一些土著，他们为了表达自己的悲哀，会脱掉他们常穿的被视为贵重的布衣服，而换上他们过去所穿的被视为低劣的树皮衣服。在同样的情况下也出于同样的感情表达，一些蒙古部落的人则会把自己的衣服翻转过来穿在身上。所以，刚才列举的种种情况，其表达感情的方式都是采取与日常生活中那些被认为是自然的、必要的、有益的、审美的以及合适的行为完全相反的行为。这里，还有一个更有说服力的例子，也是在非洲，一些黑人为了表达对失去亲人的痛苦，甚至将一根绳索套在自己的脖颈上，表示随时可以让自己也死亡；这种“悲哀”的表达方式，是以和人本能的自卫方式全然相反的感情表达方式来表现的。这样的例子还可以举出很多，故而，我们应当深信，人类的很多习俗的起源，都来源于逆反的原理所起的作用。

如果我们把自己的信念视同为有根据的（显然我认为是有充分的根据），那就可以断言（至少是假言判断的断言），人类审美趣味和审美习俗的进程，有很大一部分是受逆反原理的影响而发展到今天的。这样的假言判断有事实证明吗？我们的回答是：有的。

在塞内戈尔河和冈比亚河（这两条河都在西非。——编译者注）的广袤地区，越是富有的黑人妇女，越是穿很小的鞋子，有些小得人的脚都放不进去；所以，那里的一些富足的妇女们，走路的步态非常地别扭；但就是这样的别扭和不方便，却被认为是非常的“美的”，一般的及贫穷的黑人妇女甚至享受不到这样的美态。这是什么原因呢？要透彻地了解其中的原由，必得和那里的社会情况联系起来。也就是说，一般的贫穷的黑人妇女，由于要花很多的时间来劳作，来为生计奔忙，是绝对没有意趣来穿“小鞋”的（不方便走路会浪费很多的时间）。然而，富足的女人如果穿着别扭的“小鞋”，则表明她们用不着珍惜时间，即用不着去劳作；而且，她们通过走路的别扭，还可以表示自己的风情万种，赢得男子的注意和青睐。这里，别扭的步态本身没有任何意义，它被视为“美的”，所表达的是富足，是女人味，是悠闲；是与贫穷劳累的“对立的逆反”；如此，完成了它被赋予的“美”的

拿破仑一世加冕
大卫　油画　法国　1805—1807年
大卫是法国新古典主义的代表画家，无论是法国大革命时期还是拿破仑执政时期都雄踞法国画坛。《拿破仑一世加冕》体现了当时的政治形势和审美风尚。

意义。

所以，对立的“逆反原理”的作用是显而易见的，但我们要特别提醒：这是由社会原因带来的，即是由（西非）这一地区的“社会财产不平等”所引起的，而不是由生物的或其他的什么原因引起的。

那么，当你再回忆起斯图亚特王朝复辟时代弥漫于宫廷里的那些贵族式的道德，你就会完全同意达尔文的对立原理；因为那些道德行为的表现，如果从社会心理层面来看，就是逆反的或曰对立的。但是，我们还必须关注另外一点，英国资产阶级的一些美德，如勤劳、节俭、隐忍、冷静以及严格的家庭教养等等，对于正处于上升阶段的资产阶级是毫无疑问地有益的；可是，那些美德的反面，即与那些美德相反的恶习，应该说对英国贵族们也是有害无益的吧？特别是对于正在和资产阶级进行殊死斗争的贵族来说，如果一不小心沾染上恶习，总会使自己或多或少处于不利的地位。但是，当他们还没有找到进行这种殊死搏斗的更新的武器时，从斗争的感情来讲，他们是不会分辨这些恶习对自己是有益的还是无益的，而只是取用他们的美德的反面，即从相反的方向上把这些恶习加以褒扬和表现。所以，根本的问题不在于道德习俗的有益或无益，而是一种斗争的心理情绪带来了一种心理倾向，即对那个阶级的一切他们都要加以憎恨；因为，如果那个阶级取得了胜利，将意味着自己的一切特权和相关的权益都会丧失殆尽；在此对立的矛盾的心理要求下，是不会考虑到一种道德习俗是否有益的。这种现象被达尔文称为“连带的变化”——这个术语通常适合于社会心理的描述，因为社会经常会发生这种“连带的变化”。故而，我们应当进一步指出，“变化”归根结底是由社会原因（即阶级斗争）引起的。

荷拉斯兄弟的宣誓　大卫　油画　法国　1784 年

莎士比亚的戏剧展示的是典型背景下的典型人物，大卫的《荷拉斯兄弟的宣誓》同样是凝固的典型瞬间。古典的审美在不同的时期受到不同的待遇，究其主要原因是社会的变化。17 世纪的英国追求对文艺复兴的逆反，而下个世纪这种逆反又反转过来。

这种社会原因引起的变化，我们从英国文学史上可以清楚地看到，它是如何强烈地影响着英国上层阶级的审美趣味和审美取舍的。英国的贵族们在流

干草车 康斯太布尔 油画 英国 1821 年

对于风景的欣赏是我们发现美的主要途径之一，艺术作品中的题材选择同样不能忽视风景。西方的风景画独立经历了一个长期的过程，19 世纪风景画迎来了一个高潮。康斯太布尔的风景画表现的不是规整的园林，而是人们生活的真实空间。

亡法国期间，重新认识了法国的文学和戏剧，从中看到了一个优雅的贵族社会的标准，认为这才是贵族社会独一无二的标准。复辟之后这些贵族们回到了英国，即刻重新开始了伊丽莎白时代的英国戏剧和英国文学，因为这更加适合自己的贵族倾向。于是，我们在复辟以后的英国文学史上，更多地感受到了法国的风味，在当时的舞剧或文学书籍中，甚至让法国趣味取得了支配地位。他们并且开始鄙视自己的戏剧大师莎士比亚（这种思潮甚至影响到了后来的坚持古典传统的法国人），他们把莎士比亚称为“经常醉酒的野蛮人”，把《罗密欧与朱丽叶》称为“糟糕的”剧作，把《仲夏夜之梦》叫做“愚蠢的、可笑的”，称《亨利八世》是“幼稚的”，而《奥赛罗》是“平庸的”。这种诋毁直到过了一个世纪依然没有完全消失。比如，休谟就认为：莎士比亚的戏剧天才是完完全全地被夸大了，就如同一个长得不匀称的畸形怪物，通常是身体显得过分的虚肥一样。他还责难这位伟大的戏剧家“根本不懂得艺术的规则”。而蒲伯稍微含蓄一点，他只惋惜莎士比亚为民众写作而像傻瓜一样地放弃了皇室的庇护和王公大臣的支持，生生跳不出一个“戏子”的宿命。甚至莎士比亚的热烈崇拜者，以演莎士比亚戏剧而出名的加里克，也尽力使自己的“偶像”脱离低俗的民众，并自作聪明地拔高“偶像”，想使莎士比亚与贵族的“高贵”联姻起来。比如，他在出演《哈姆雷特》的时候，就擅作主张地删掉了有掘墓人的那一场戏，认为：“这太粗俗了”；他让《李尔王》有了一个幸福的结尾，结果引起了一片抗议之声；当时，英国的剧院中还是有一部分民众，这些民众通常都具有民主主义的观点，他们对莎士比亚一直怀着最热烈的爱慕；这使加里克在篡改莎士比亚的剧本时，多少有些恻惧，怕引起这部分观众的激烈反对而弄巧成拙。但是，加里克的法国朋友，却给予了他大力的支持，他们写信给他，极力赞许他面对“民众的抗议”而勇往直前的精神，其中有一句更是骇人听闻：“别理那些英国的群氓，我太了解他们的低俗了！”

西班牙巴塞罗那米拉公寓
安东尼奥·高迪 建筑 西班牙 1906-1912年
安东尼奥·高迪1852年生于西班牙巴塞罗那，素有巴塞罗那“建筑之父”之称，是浪漫建筑风格的代表人物。他初期的作品近似华丽的维多利亚式，后采用历史风格，属哥特复兴的主流。米拉公寓建筑的设计在神秘风格基础上带有对于自然元素整合的色彩。

17世纪后半期，英国舞台上充斥着贵族道德的败坏，其程度到了令人咋舌和作呕的地步。1660年到1690年的整整30年，英国所有的戏剧，几乎无一例外地宣扬和流连于“下流的猥亵”，张扬和沉醉于“无聊的插科打诨”；因此，按照达尔文“对立的原理”，我们可以下一个推断的结论：英国的文学和戏剧，不可能长久地这样下去，它迟早要出现另一类“逆反”的倾向，其逆反的主要目的是描写和宣扬家庭的美德和民众的道德纯洁，总括起来就是一个社会的美德和纯洁。果然，后来的英国资产阶级知识界的代表们就创作出了这样的剧作（这一点，我在以后的法国“感伤喜剧”一节会再详加阐述）；而且据我所知道的，已经有人敏锐地看到过，并比其他人更巧妙地指出过，“对立的原理”在审美的历史进程中起着非同小可的作用和具有非同寻常的意义。

这个人就是伊坡里特·泰纳。他在其著述《比利牛斯山游记》（这本书的有趣和其中的机智是有目共睹的，并且不要忘记游记的背景是“比利牛斯山”的一系列“山”，其中的描述都是围绕着“山”进行的。——作者原注）中，描写了一段他同邻座波尔先生的对话，这段对话虽然由后者说出，但从各方面来看，都是表达了作者本人的观点：“您到凡尔赛去？”波尔先生说，“那您就会对17世纪的审美趣味感到愤慨。……但是，您还是先不要从自己的需要和自己的习惯来作判断吧。……您看，我们喜爱这群山中的荒野的风景，这是自然的；而那里的人们，如果看见这样的风景却会十分的厌烦，那对于他们来说也是自然的。那里的17世纪的人们，不会对真正的山产生任何的美感，因为那会在他们的心底唤起十分惨痛的记忆。他们刚刚经历了内战和半野蛮的状态，一旦看见‘山’，特别是荒野的‘山’，就会与‘饥饿’的概念相连，就会想起在淫雨中或在冰雪上进行的那些长途的无望的跋涉，就会想起那些满是寄生虫的肮脏的客店，就会想起那曾经掺了一半麸糠的黑色面包……他们是对于蛮荒感到恐惧了，正如我们对于文明感到厌烦。……这些群山……可以使我们摆脱喧闹的人行道、堆满文件的办公桌和芜杂的小商店而得到彻底的休息；所以，我们喜欢荒野的景色，全在于这个原因，假如不是这样的原因，我们也会感到厌烦的……”

由于城市的风光已经使我们厌烦，故而我们会喜欢与它相反的荒野的景色；又由于城市的风光和修饰得很规整的园林，同荒野的景色相反，自然会使凡尔赛的那些17世纪的人们喜欢；所以，“对立的原理”以及与此相连的逆反的心理，在这样的情形下能够起到作用（当是毫无疑义的）。但是，正因为其毫无疑义，所以就向我们清楚地表明了：心理倾向以及建立在这些倾向上的心理学定律，可以作为打开一般意识形态的历史，特别是艺术的历史迷宫的“启钥”。

然而，新的问题接踵而来：既然“对立的原理”在17世纪人们的心理中所起的作用，同在我们今天的人的心理上所起的作用是一样的，那为什么17世纪的人们与我们今天的审美趣味会大相径庭呢？

那是因为：我们同17世纪的人们处在了完全不同的状态中。于是，我们得出了一个其实已经相当熟悉的结论：人的心理本性使人具有了审美的要求，达尔文的“对立原理”（黑格尔称为“矛盾原理”，即我们今天所说的“逆反原理”）在满足和实现这些要求时，起到了非常重要的但至今并未引起足够重视的作用。同时，一定社会状态中的人，为什么就恰好是这些趣味？就不能是其他？或者说为什么他正好是“喜欢上这些”而不是喜欢上其他？

从主教花园看见索尔兹伯里大教堂
康斯太布尔　油画　英国　1823年

19世纪风景画的兴盛有多种原因，人们对于自然的追求与反对工业化和城市的限制有关，同时与东方文化的传播和自然科学的发展也有着密切的关系。这一时期的审美风格的变化针对于上个世纪或更早而言是不可接受的，这与时代环境的变化分不开。

朱庇特与卡里斯托
雅各布·阿米高尼　油画　18世纪初

朱庇特是古罗马诸神之首，其爱上卡里斯托，雅各布·阿米高尼的这幅作品表现的就是朱庇特与卡里斯托亲热的场景。布帏下偷望的小爱神见证了他们的爱情。古希腊的神祇在古罗马时期都被改换了一个名字，进而成了罗马人的神祇。

这里，起决定作用的就是社会所提供的条件。前面泰纳所举的例子，十分清楚地表明了这些社会条件的性质，从他的叙述中，我们看到，这些社会条件的总和（这个概念不十分精确，我们暂且使用这一说法），表示的是人类文化发展的进程；反过来说，某段进程中所提供的条件的总和，决定了人类的审美趣味。

也许您会反驳我，说：“我们可以假定泰纳所举的例子，确实指出了社会的条件是影响我们的审美心理的基本原因，甚至假定您自己所举的例子，也表明了是同样的情形。但是，难道就没有事例来证明完全相反的情况吗？难道就没有仅仅受周围自然界的影响，也在影响着我们的审美心理的例子吗？”

现在可以回答你：有。即使在泰纳所举的例子中，也正好表明了自然界的印象在我们身上起着非常重要的作用。但问题也恰恰是在其中：自然界给予我们的影响是随着我们自己对自然界的态度的转变而转变的，即它取决于我们对自然界的态度。而这种态度又取决于我们当时所处的社会文化发展的进程。比如，泰纳讲的是风景，尊敬的朋友，希望你注意一下，风景之“景”一般来说决不是处于恒定不动的地位，这在人类的绘画史上可以找到无数的实例。比如，米开朗基罗以及和他同时代的人，就一般来说是轻视风景的；后来风景开始在意大利兴起也是到了文艺复兴的尾期，即，是在文艺复兴已经开始衰落的时期。同样，在17世纪和18世纪，美术家们对风景也不大感兴趣，至少没有形成一个独立的风格门派。而到了19世纪，情况突然急剧地发生了变化，人们开始喜欢上风景画作，或珍视风景画作，一些人甚至为了风景而风景；比如，一代年轻的画家——傅勒尔、卡巴、乔多尔·卢梭，等等——甚至扑进自然的怀抱中，寻找画作的灵感；这在先前（如勒布伦和布谢

草纹壶
陶器　古希腊　公元前1500年
原始社会陶器的装饰纹样多是动物或人的形象，这和人们的狩猎生活有关。随着生活的稳定化和农耕文明的出现，植物的形象逐渐出现在陶器上，并且在这个基础上逐渐演变出抽象的形象。古希腊的陶器上同时具有动植物和人物等多种形象，植物的形象有抽象化的装饰倾向。

大公爵的圣母
拉斐尔　油画　意大利　约1504年
基督教的世界里信徒是温驯的绵羊，耶稣是牧羊人，而上帝则是羊的主人。羊的温驯在基督教里得到了发扬。圣母子的形象在拉斐尔的笔下那么慈祥，似乎在俯视礼拜的信徒。

时代）的美术家们看来，简直是不可想象的（自然风景里居然有画画的灵感？）。这是为什么？因为，法国的社会关系已经发生了改变，法国人的心理也随着社会关系的改变而发生了变化。由此可见，是社会发展的不同状态，为人们提供了不同的条件，面对这些条件，人们产生了不同的观点，并从这些观点出发，再去观察自然界，就得到了不同的印象。当然，这里有一个前提——人的心理本性即审美的一般规律，在任何时代的任何条件下均不会停止活动；并由于这样的前提存在，就形成各个不同时代以及各种不同的社会关系；这些关系在进入人的头脑时，其“材料”就会完全地不同；所以，经过人的头脑的加工后的结果，也就当然地千姿百态了。

阿喀琉斯和帕特洛克罗斯

苏西亚斯画家　陶瓶装饰画　古希腊

民族的发展背景影响该民族的文化发展，古希腊的文化不可避免地与战争有着密切关系。之所以古希腊注重人本身的培养，神的形象才有可能是与人同形同性。古希腊的雕塑艺术发达，无论是人还是神多用裸体形象表现，陶器装饰也多用人物故事，都说明了关注人自身的审美习惯。

我们还可以举例说明以上的观点。有作家曾著文表达过这样一种意见：人们总是把自身形貌上的、与下等动物相类似的部位，都看成是丑陋的。这种意见用在文明的民族身上，基本上是正确的；虽然也有例外：比如，狮子的威风凛凛的头像，对我们任何人或在任何时代都不会被看做是畸形的。即使有这些例外，我们也可以说，人在与自己的那些动物界同伴相比较的时候，确实是认识到了自己的高等和优越，故而会将那些与同类相类似的地方加以遮掩；甚至为了和它们加以区别，会把那些与自己的同类不相似的地方加以夸大和凸显。但，这一意见应用到原始民族的身上，就大谬大误了。之前我们已经举例过，一些民族故意拔掉自己的上门牙，就为了和反刍动物相类同，另一些民族锉短上门牙，就为了突出虎牙，以便与那些肉食动物相类同（突出了的虎牙就形同肉食动物的獠牙）；还有一些民族把自己的头发编得像野兽的“角”一样，就为了与这些野兽相“亲近”，等等，这一类的例子几乎举不胜举。

这些民族之所以要模仿动物，虽然其心理倾向往往和原始民族的宗教信仰有关，但并不会改变我们上面的论断，而且连影响都谈不上。要知道，如

穿和服的女子
莫奈 油画 法国 1875年
19世纪的欧洲在艺术上追求一种东方风格，中国、印度和日本等地的形象影响了这时欧洲的审美习惯。莫奈画中的女子身穿和服，手拿折扇，东方色彩浓重。但是实际的日本女人形象却未必如此，这只是莫奈印象中的综合。人对自己文化背景之外的表现往往如此。

果那些先民们也用我们今天的观念或眼光来看待那些动物，则他们就不会对那些动物感到兴趣，当然更谈不上亲近和崇拜，也就不会进入他们的宗教（圣物）里面去了。那么，他们为什么要用有别于今天的人们的眼光来对待那些动物呢？因为，他们是处在当时的文化阶段上；也就是说，如果在一种状态下，人们要使自己和下等动物相类同，而在另一种状态下却力求使自己和它们相反；那末，造成这样的状况的决定性原因是当时的文化状况，即，是文化状况决定了一切，也就是我们前面所说的：社会条件所决定。为了把刚才的论断表述得更确切一些，我们可以说：这取决于当时的生产力发展状况，取决于当时的生产方式。同时，为了避免有人说我故意夸大“片面的经济作用”，我将引证博学的德国旅行家封·登·斯坦恩的话。

“关于巴西的印第安人”，封·登·斯坦恩说道：“如果我们要想理解他们，则只能把他们看做是狩猎生活的产物。因为他们的全部生活都是和动物界紧紧相连的，他们的生活经验的最重要部分，也是和‘动物’相联系的；在此经验上，他们甚至形成了全部的世界观。因此，他们的无不令人沉闷的艺术，其题材也取自于动物。可以这样说，即使他们有令人惊异的丰富的艺术情趣，也完全是根植于狩猎的生活之中。”

几何纹陶壶
陶器 古希腊 公元前700年
劳动者在劳动过程之中发现了美，并依据美的规律创造了艺术。艺术有其内在的延承性，不脱离生活是其必然遵守的规律。陶壶在现实的事物中抽象出几何形的形象，并且结合人的审美经验进行组合，进而把现实和抽象统一在审美的享受中。

关于动物与人的文化（即社会）阶段的关系，我想大家是能深刻地理解了，那么，关于植物又是如何呢？车尔尼雪夫斯基在他的著述《艺术与现实的美学关系》中说：“我们喜欢色彩新鲜的、茂盛的或形状舒适的植物，因为那表示了旺盛的生命力和漫溢的力量；而凋萎的、枯瘦的植物由于缺少生命的汁液，只能显示低劣的命相，我们就会认为是不好的。”这是车尔尼雪夫斯基把费尔巴哈的唯物主义的一般原理，应用在美学上的极其有意思的也是少见的例子。然而，把唯物主义应用于历史，总会显出它的弱点，这从刚才引证的话里，就非常清楚地显示了出来："我们喜欢……植物"；"我们"？这里所指是谁？车尔尼雪夫斯基没有表述清楚。其实，"我们"的趣味是随着时代的不同而呈现出不同的变化的，即使车尔尼雪夫斯基本人，也在自己的著作中不止一次地提到过（只不过他没有清楚地意识到这一点）。

还是用事例来述说吧。在原始的部落里，即使他们的住地周围满是植物和鲜花，他们也不曾用（也不会用）这些植物或鲜花来装饰自己的身体和居所。据说，澳大利亚的塔斯马尼亚岛上的塔斯马尼亚人是一个例外，但现在已经不能确证了，因为这个民族已经灭绝了。无论如何，我们从很多材料上和报道中，已经知道得很清楚，在动物界里艰难生存的原始的——或确切的说，是狩猎的——民族，我们在其装饰物中，找不到用植物来装饰（或装扮）的例子；也就是说，狩猎部落里的人，从自然界里采取的装饰物，以及在生活经验上得到的"装饰题材"，完全是动物或人的形体和形态。这说明，在当时，只有动物和人的形体形态才是他们最大的、最实际的、也是最能够给他们带来趣味的现象。当然，原始的狩猎部落里也会有采集必要的植物的事情发生，但当时的文化发展决定了"这是一种下等的工作"或"不是必要的工作"，通常由妇女去做，而狩猎者对此（植物）没有丝毫的兴趣，更谈不上有趣味。所以，我们从他们的装饰物或装饰题材的艺术中，看不到一点儿植物的痕迹，这和文明民族的装饰艺术——这个题材有着相当丰富的内容——产生了巨大的反差。故而，可以说从动物装饰过渡到植物装饰，是人类文化史上一次巨大的进步，而且是人类从狩猎生活过渡到农业生活的一个显著的特征。

原始时期的艺术作品，鲜明地反映了当时的生产力状况，以致可以当做某项研究遇到难题时的佐证，特别是对生产力问题的研究。比如，布什门人在山洞里或在峭壁上，总是很乐意地描绘人和动物的形体，有些甚至描绘得相当的出色，那些山洞往往成了真正的画廊，但他们鲜有描绘植物的情况。唯一的一个例外，就是有一幅图画描绘的是一个狩猎者藏在灌木丛中；但我们从这幅画上对灌木丛的拙劣的笔触，可以看到当时的人们对植物概念是很稚弱的；同时也表明了原始时代的人们，对植物这种题材的稀顾。有

野 牛　雕塑　约公元前15000—前10000年

史前时期的人们依靠狩猎获得生活的必需品，野牛成为艺术表现的形象是由于它是人们捕食的对象。绘画产生于劳动和音乐产生于劳动的道理相通，声音的和谐莫过于在追捕过程中的共同谐音，这些声音的节奏使先民发现了音乐的美。

的人种学者根据这一现象作出了结论：即使布什门人之前曾经处在比较高等一些的文化阶段里——一般说来，这也是有可能的——那么，他们也从来不知道有“农业”这一档子事情。

我们假设刚才的举例是确定无疑的，则可以将达尔文的结论作如下的修正：原始时代的狩猎者们，因其心理本性的倾向，一般说来具有审美的趣味和概念，可在当时的生产力状态下，亦即在当时的狩猎生活方式的影响下，决定了他们恰恰是这样一种而非是别的种类的审美趣味和概念。

这就清楚地阐明了狩猎部落的艺术本质，同时也有利于唯物史观取得另一个论据（在今天的文明时代，一般的生产技术或能力，对艺术的影响要小得多。这个好像是与唯物史观背道而驰的，实际上是对唯物史观的最有力的证实，详细的推论我们今后再说），亦即另一个普遍存在的心理倾向；这个倾向及其形成的规律曾经在艺术的发展史上起到过十分巨大的作用，但至今没有引起很多人的注意。

根据众所周知的材料，我们知道在非洲黑人那里，对音乐的鉴赏力谈不上发展，虽然他们一般地也有音乐的兴趣，但他们的听觉似乎非常的迟钝。可是，他们单单对节奏的敏感却有令人吃惊的喜好，比如，划船的人配合着桨橹的划动，唱起有节奏的歌谣，挑担的人也随着走路的节奏歌唱，妇女们一边舂米一边打着明快的节拍。南非有一个巴苏陀部落，称为卡斐尔人，这个部落的妇女们的手臂，通常都戴着金属的环子，她们一边手推石磨，一边让手臂上的金属环发出有节奏的响声，嘴里也随着金属环的节奏唱起非常谐和的曲调；而男子们在鞣皮革的时候，也让手里的每一个动作，都伴随着不知怎么弄出来的一种古怪的，其他人始终弄不明白其中含义的声响。这个部落整个地沉浸在音乐的“节奏”里，而且节奏越强烈，他们越是青睐。他们在跳舞时，用手和脚打着拍子，而且似乎是为加强这种“拍子”的声响效果，他们往往在身上挂起各种各样的铃铛或铃铛一类的物件。另外，在巴西的印第安人部落里，他们的音乐也是由节奏构成，且表现得非常的强烈；他们也同非洲的黑

亚里斯的战士　雕塑　古希腊

对于艺术是由人们在劳动过程中产生的还是在劳动之余的闲暇时间产生的至今仍有争论。劳动之余的闲暇是延伸劳动中的快乐并把这种曾经获得的快乐固定化和扩大化的必然需要，如果没有进一步地深入和对于曾经获得的快乐总结，大概艺术的诞生要迟缓得多。

人一样，在旋律上的表现相当的稚嫩。还有生活在澳洲的土著人，我们从他们的习惯和风俗中发现，他们的头脑中几乎没有“和声”的概念。总之，在一切原始的民族那里，节奏感总是具有极大的意义，他们对节奏的敏感，正如人类的一般音乐能力那样，无不彰显着人类的心理和生理本性的基本特质。或许这一心理或生理特质并不是人类独有，达尔文就曾经说过，“这种即使算不上是欣赏，但至少是能够觉察到拍子或节奏的能力，显然是一种音乐能力，它是一切动物所共有的；而且毫无疑问，这决定于动物群类的生理上的神经系统，是一般的生理本性”。按照这样的看法，我们则可以假设，人或其他动物所共有的节奏（拍子）能力，一旦需要表现的时候，它们一般地并不取决于所处的社会条件，特别是与他们的生产力状况毫不相干。那么，这一假设乍一看，似乎是符合自然的，但却经不起事实的推敲，科学研究的诸多事实表明，节奏总是和劳动相联系的。尊敬的朋友，我想向你推荐最出色的经济学家之一——卡尔·毕歇尔的著述《劳动与节奏》，他在这部杰出的著作里，详尽地

拿破仑在伊鲁战场上
格罗 油画 法国 1807 年

拿破仑对于向外扩张自始至终地热衷，我们对于艺术的追求也是不遗余力。二者的对比看似荒谬，但是我们往往在荒谬的问题上寻找正确的答案。艺术与文化之间是怎样的一个关系，不同阶段影响艺术的因素是什么，我们的结论无论如何不应该简单化。

巴洛克风格桌子 法国 17 世纪

对称是一种艺术特点，人们由于长期的审美训练使得自己极为善于捕捉形象的对称性。巴洛克是一种产生于 16 世纪下半期，盛行于 17 世纪的艺术风格。尽管其强调激情和想象力，但是这件典型的桌子仍然表现了对称的装饰风格，这是由于人们的审美习惯的影响。

荷马礼赞　安格尔　油画　法国　1827 年

安格尔的《荷马礼赞》把荷马推在座位的正中，文艺女神手捧花冠正在加冕。画面的图式来源于世俗的加冕和基督教的加冕，文艺复兴后的启蒙运动重新使人认识到自我存在的重要性。新古典主义追求的形式的肃穆却在内容的选择上并未脱离时代的需要。

阐明了“（社会的）劳动”，总是和“节奏”紧密地联系在一起的。

卡尔·毕歇尔论述道：……以上引证的这些事例，我们可以真真切切地看到，人有觉察节奏和欣赏节奏的能力，这种能力在原始社会的生产者一旦进入劳动状态时，总是变换成或至少是乐意服从着一定的节拍；这种节拍伴随着生产性的身体运动所表现出来的就是唱和，并与身体上的各种东西（如铃铛等）所发出的声响紧密地扣合，形成一种更加强烈的意味深长的节奏。或许我们要问：为何原始的生产者恰恰产生出节奏？就不会是其他？为何他的身体在进行生产性运动时，恰好遵循的是这种节奏而不会是其他的节奏呢？这里面起决定性作用的是什么呢？

我们说：这取决于生产过程的某一项技术操作的性质，即取决于一定的“如何操作”的技术；我们知道，原始部落里的每一种劳动都有它自己的歌调，这样的歌或调子的拍子总是与这种劳动的生产性节拍紧密地扣合，且十分地精确。随着后来的生产力发展，生产过程中的这种有节奏的运动的意义是大大地减弱了，但在当时是有着决定性意义和起着决定性作用的。甚至在我们今天一些文明程度发展得很高的社会里——比如，在德国的乡村里，一年四季都有着各别的声音，称之为劳作的特别声音，即每种劳作都有自己的特别的音乐。经过具体的细分我们甚至可以看到：一项劳作如何进行，是由一个人“生产”或是需要一群人来协作生产，决定了这项劳作是由一个歌手来吟唱或是需要一个团队来合唱。而且后一种还要分成若干类项，谁领头唱，谁唱这一句或那一句等等。在所有的类似场合下，歌的节奏总是由工作的过程所产生的或需要的节奏来决定。不仅如此，某项劳作的过程即某项工作的技术操作性质，对于伴随而来的歌（词或曲）的内容，也有着决定性影响。

在研究了劳动、音乐以及随后产生的诗歌的相互关系后，卡尔·毕歇尔继续说：“最初的时候，劳动，乐曲和诗歌是极其密切地联系着的，它们相互促成相互影响相互完善；其中起着基本的具有组成作用的首推‘劳动’，其他的组成虽然不可或缺，但只有从属的意义。”

既然在生产过程中发出的声音本来就具有音乐的节奏（我们知道，音乐里的节奏是音乐的主要元素），所以就不难理解，原始先民那许多看似简单的音乐作品，是怎样从劳动工具与劳动对象接触时发出的声音中产生出来的。比如，早先人们用简单的方法敲击劳动工具，后来，为了加强这种声音的效果，或使其节奏更加明快响亮，他们必然要意图增加花样，以便充分表达自己的感情；这样，他们必然要想办法改变或改良劳作的工具，于是产生了乐器的雏形。所以，敲击劳动工具肯定比其他声音的产生要更早地出现在原始先民的生活（生产）过程中。我们也知道，在原始先民那里普遍存在的乐器是鼓（这一点甚至在某些部落里至今还是唯一的乐器）；而演奏用的乐器却是“弦器”，我们可以设想，最初的音乐家往往以“击弦”来进行演奏；而吹奏乐器在原始时代基本上处于次要的地位，比较常见的是竹笛（也有用其他材料制作的笛子），吹奏笛子的时候，一般都是为了有节奏地劳作。

总之，我不能在这里过多地谈论毕歇尔关于诗歌是如何产生的问题，把这一问题放到以后的书信中会更加的方便些。但我可以简单地说：毕歇尔确实是坚定不移的认为，具有节奏感的劳作并由此带来的身体动作，无不表示着人的充沛的精力；这些过剩的精力在伴随身体的有节奏的运动时，必然要表现出来，一旦它表现，就是诗歌的产生；这不仅从诗歌所呈现的形式上可以得到证明，而且从内容上，也是相当的确定的。

毕歇尔的这些结论是正确的吗？如果我们假定他是正确的，则可以进行合理的推论：人的生理本性（主要来自于神经系统）决定了他有觉察和感受以及欣赏节奏的音乐性的能力，而这种能力的后来发展决定于他们当时的生产技术，并由此生产技术决定了节奏性音乐能力的后来的命运。

许多的研究者其实早就看到了——原始先民们的生产力状况是和他们的艺术产生之间存在着密切的关系的，但是，唯心主义的认识方法使他们在大多数场合下，不能清晰地辨明这一事实，于是得出了似乎是模棱两可的结论，进行了极不正确的诠释。比如，一位著名的艺术家就说：在原始先民那

尼罗河风景　壁画　古罗马　公元前80年

埃及的文明曾经对希腊产生了影响，而希腊的伟大更在于希腊的精神得到了继承。希腊化时期的文化扩张和罗马对于希腊文化的继承使得希腊成为西方文化史上一个不可逾越的丰碑屹立在历史的记忆中。

里，艺术作品总是带有必要的“自然印记”；而在文明民族中产生的艺术作品，则渗透了精神的意识。

如此的对比，除了给我们带来唯心主义的偏见之外，我们确实没有收获到任何的知识。而事实是：在文明民族中间，其艺术创作里的必要性，并不比原始先民们少；差别只是在于，文明时代的艺术，已经不是明显的或直接的要依赖于生产技术和生产方式。当然，这里的差别是非常大的，其中起着重要作用的是社会的越加明细的分工，即是由社会分工这一社会生产力的发展所带来的。举出这一事实，并不对唯物主义的艺术史观造成任何损害，反而提供了有利于它的科学的令人不得不信服的证据。

其次，对称的规律在艺术作品的产生中也是具有极大的意义和不容人怀疑的。对称的根源来自于何处？提出这个问题，我们只好从人的本身上寻找答案。人的身体结构（包括其他动物的身体结构），都是对称的，除非是残废人和畸形人，才有可能是不对称的。也许是残疾人或畸形人给正常的人造成了不愉快的感觉，人类才自然地欣赏对称。所以，可以说，欣赏对称的能力是自然赋予我们人类的。但是，假如欣赏对称的能力不是从先民们的原始生活状态中奠定和发展而来，也许我们的鉴赏能力就是另外一种局面了。我们知道，原始先民大多是靠狩猎而生存的，这种生活方式必然要从动物界里吸取概念，吸取艺术的题材，由于动物大多数都具有对称性；所以，原始先民的装饰或装扮只能是取之于动物的对称性。原始的艺术家们，即使是他们年纪很小的时候，就一直受着对称规律的熏陶，因而使审美的情趣倾向于对

奥菲莉亚　米莱斯　油画　英国　1851—1852 年

艺术源于什么？生活是必不可少的基础。社会背景是每一个艺术家创作的直接来源，当然这并不排斥历史遗留给我们伟大的财富和自然展现给我们的美景以及这背后无声的训诫。艺术在人类社会的发展中起着重要的作用，这是我们不能忽视的。

阿喀琉斯与埃阿斯掷骰子　埃克塞基亚斯
陶画　古希腊　公元前 540—530 年

阿喀琉斯与埃阿斯在攻占特洛伊城的过程中通过玩游戏来消磨时间。《伊里亚特》和《奥德赛》是荷马的著名史诗，《伊里亚特》尽管是描写攻占特洛伊城的故事，却并未记述长期的围攻过程，把时间缩短到攻城的几天内使故事在荷马式的比喻中充满了炫目的情感。

称性；当然到后来，就必然让对称的现象取得了统治地位。

人之固有的对称的感觉，就是由这样的生活方式培养起来的。我们可以举例来说明，即使是野蛮的人（当然不仅仅是野蛮人），他们在自己的装扮中，总是横形的对称压过了竖形的对称。想一想你第一次观看一个人或动物（只要不是畸形的），你所得到的第一印象肯定是横形的对称，其次才会注意他竖形的对称。另外，我们再看看武器或用具，也是横形的对称甚于和多于竖形的对称。关于对称的意义，我们还要阐述一下它的更深层次的作用：如果一个澳洲土著认识到对称的意义，而将自己的盾牌装饰得很有对称性，那同具有高度文明而建造的帕德嫩神殿（雅典的一座代表"处女"的女神神殿，全名为雅西娜·帕特纳斯。建于公元前438年，是在古希腊最鼎盛时期建造的，以对称著称。——编译者注）一样，很明显，他们都是对称的感觉在艺术上的典范；如果我们不加以说明，我们实际上什么也没有说。那么在这种情况下，我们必须说：自然给予了人欣赏对称的能力，但这种能力在实际的运用和练习中，则是由他们的文化发展阶段所决定的。也许我所使用的"文化"一词在这里不是很能说明问题，你也许就会大声地反驳："并没有人否定这一点哪——文化的'阶段'决定了人的审美能力的运用或练习！我们只是说，文化的发展决不会仅仅取决于生产力的发展，也就是说，不单单地取决于经济状态！"

圣安东尼的诱惑　博斯　尼德兰　1505 年

博斯的绘画具有明显的神秘色彩和梦幻的寓意，这和他所处的环境中北欧的神秘主义传统有关。不同的民族在创作艺术中有着不同的审美倾向，这是一个大的前提。在民族前提下的阶级分化同样影响着对于审美的把握。

哦，尊敬的朋友，对于这样的一些反对意见，我是太熟悉不过了。但我始终想不通的是，为什么一些甚至相当有头脑的人，都看不出这样的反对意见其实是隐藏着极大的逻辑错误呢？

其实，尊敬的朋友，您显然是希望文化的发展需要有其他的"因素"来促成的，甚至起决定性作用的？那么，我要问的问题是：艺术是不是文化的一种？您会回答：是的。我再问：艺术是不是文化发展的诸因素之一？您

伯利恒的户口调查
勃鲁盖尔　油画　1566 年

社会大气候是决定艺术风格的一个重要原因。16 世纪的尼德兰人对社会生活的喜爱胜过优美的人体。勃鲁盖尔的主题性风俗画在技巧上的独特性，乃是对传统的细密画传统的继承，也是他早期受荷兰寓意画家博斯影响的结果。他的绘画构图紧凑有力，人物画得很小，具有圆浑与古朴之美。

也会回答：自然是其中之一。于是，我们是不是进入了这样的循环问题：人类文化的发展，由艺术的发展所决定；而艺术的发展进程，由文化的发展进程所决定；关于文化的其他一些“因素”，比如经济、法律、政治制度、道德情操等等，都可以进入这样的一个循环论证的怪圈。那么，我们会得出一个什么样的结论呢？得出的只能是这样一个结论：人类文化的发展进程是由艺术、经济、律法、政治制度、道德情操等等所决定的，而前述的一切“因素”的发展则是由人类文化的发展进程所决定的。

啊，朋友，现在你可以看一看，我们是不是进入了我们的老祖宗曾经累次犯过的那个著名的混乱逻辑里面去了？——大地是放在什么上面的？鲸鱼！那鲸鱼是游在什么上面的？在水上面！那水又是存放在什么上面的？大地！那大地又是放在什么上面的？鲸鱼呀……！如此令人奇怪地循环下去，是不是永远都没有尽头？也相当于永远也没有说什么。

现在，您自然会同意，我们要研究某项重大的社会发展问题，毕竟应该有更严肃的态度的，至少我们要力图做到这一点。

我深深地确信，我们的研究工作（*确切地说是美学的科学研究*）只能把唯物史观当做指导思想，至少是当做一个理论工具，才能够向前迈进，才能够有所建树。我并认为，在探讨人类过去的艺术发展史方面，如果我们更加地接近我所捍卫的唯物史观，我们就会越加牢固地建立起基础。下面，我将把对法国的探讨以及这种探讨的演进当做例子来进行详细的阐述，因为这种演进是与一般的历史观念的发展具有着十分紧密的联系的。

好像在前面我就说过，18 世纪的启蒙主义者是以唯心主义为圭臬的，用这种观点来观察历史，必然把人类的知识积累和传播看做是人类历史运动的最主要的和最深远的原因。但是，一般来说，科学的成就以及人类思想的运动和进程，真的如他们认为的那样，是历史发展最重要和最深远的原因吗？

如果真是这样，自然就有这样一个问题摆在我们的面前：那又是什么决定了思想运动本身呢？如果依然从18世纪的启蒙主义的观点来看，只能是这样的一个回答：人的本性——即人的思想发展具有的内在规律。

但是，既然人的思想的全部发展是由人的本性决定的，那么这一本性也必然对文学和艺术的发展起着决定性作用。因此，只有人的本性才能够充当我们理解文明世界的文学和艺术发展的密钥。

人的本性决定一切思想及发展的观点之一是说，人的性质必然具有年龄的特征，即他必须经历童年、青年、壮年、老年等等。那么，考察文学和艺术本身，是不是也经历了这样的年龄阶段呢？哪一个民族不是首先诞生出诗人，而后才诞生出思想家来的呢？所以，诗歌的诞生是跟一个民族的童年联系在一起的，诗歌的繁荣是和一个民族的青年紧紧伴随的，而哲学的萌芽也是出现在这一时期，但哲学要取得成就则必然和这个民族的壮年紧密地联系在一起。这个出现于18世纪的观点，在19世纪依然被秉承了下来，我们可以从斯达尔夫人那有名的著作《论文学和社会制度》中看到这种“秉承”；在那里，我们同时还看到了显著的具有完全不同的观点的萌芽。斯达尔夫人说：“希腊文学发展的三个不同时期，表示了人类智力的三个自然的进程。第一个时期是在伯里克理斯（公元前490—前429，古希腊最伟大的政治家，提倡民主政治，并使其达到极盛，史称“希腊黄金时代”。除著名的文学艺术家外，哲学家苏格拉底也生活在这一时代。——编译者注）时代，特征是诞生了伟大的诗人荷马；同时，戏剧艺术、雄辩术和伦理学的研究也盛极一时，而哲学在这时只是处于初步的萌芽状态；第二是亚历山大（公元前356—前323，古希腊的马其顿王，创立了古希腊对外极为强盛的时代，曾远征印度和埃及。集哲学之大成的亚里士多德生活在这一时代。——编译者注）时代，原来的文学界中的杰出人物这时开始了对哲学科学的更深刻的研究，而且成为了他们的主要工作。当

湿婆与帕尔娃娣的婚礼　青铜雕塑　印度

把社会现象及其发展的终极原因归结为精神因素的社会历史观，又称唯心史观。历史唯心主义的产生可以追溯到奴隶社会，这时唯心主义观点只涉及某些领域，历史的唯心主义观点包含在一般的世界观之中，未形成独立的系统理论。较为成型的历史唯心主义是封建社会形成的唯心主义的神学历史观。

〔1〕这句话出自于泰纳的《意大利游记》。原话是这样的：“因为意大利人的人种特性较其他民族都要早熟，日尔曼的性格只是作为一张表皮，遮掩了他们的一半的性格，所以，近代世纪的开始在意大利比在其他国家都要早……”等等。——作者原注

然，要使诗歌再次达到一个高峰，人类的智力还必须发展到另一个阶段，即第三阶段。但是，当人类的进步、文明和哲学的辨明都得到了相当的发展后，人类的想象力却受到了压抑，无法再加以发挥（这句话的意思是，人的童年时期，想象力是丰富的，但必定有很多的错误，当哲学或文明进步了之后，这些错误就被改正了，故想象力的发挥就受到了制约，或没有用武之地了。——编译者注），所以，那时的文学就丢失了某些辉煌的特点。”显然，斯达尔说的是：一个民族过了青年时代，则诗歌就必然地要走向衰落。而且斯达尔夫人已经感觉到了，现代民族尽管在智力上有了长足的进步，但却没有再产生一部像《伊里亚特》和《奥德赛》那样伟大的诗歌作品（均为荷马的著名诗作。——编译者注）。这一洞悉曾经使斯达尔夫人对于人类是在不断地走向完美的信念，开始了动摇；随后，她为了避免思考中无法克服的困难，就不再抛弃她从18世纪继承下来的关于人类的文化发展是因为处于各种不同年龄的理论。

如果以上述观点的立场来看，世界文明民族的智力成熟的标志，就是诗歌的衰落；事实上，我们看到，当斯达尔夫人丢弃了上述的观点而注目于近代的民族文学史的时候，就能够从相反的观点来研究它。让我们看看她在论述法国文学时是怎么说的吧，那才是真的饶有趣味：“法国人向来以‘快活’著称，法国人的‘有趣’甚至成为了欧洲其他国家的一句通用的口头禅；这样的趣味和快活，我们可以归因于法兰西民族的性格；但是，一

迦拿的婚宴

委罗内塞 油画 意大利 1563年

文艺复兴时期豪华的婚宴在委罗内塞的笔下场面宏大、色彩绚丽。欣赏这幅作品在泰纳的理论指导下就必须了解当时的时代背景以及与此相关的知识，否则只能产生严重的误读。时代背景的变化影响着我们的审美心理，这就要求我们在体悟历史中不得不借助文献的帮助。

个民族的性格到底是怎样形成的？是受这个国家的福利政策影响的吗？还是他的趣味和习惯形成了‘制度’或‘条件’而带来的？特别是在最近一段时期，法国的革命处于极其低沉的时候，最使人震惊的事件也没有诞生出一首讽刺性诗歌，甚至连一句机智的笑话和妙语都没有诞生出来。那些对法国革命造成巨大影响的人，与其批评他们没有优美的言辞，也没有过人的智慧，不如说正是因为他们的阴郁、寡言和冷酷的性格才使他们对革命造成了影响。”这些话的含义如何？它所暗指的社会实际与当时的社会现实到底有几分符合或符合到什么程度，我们已经没有详加探究的必要。我们只是注意到，斯达尔夫人在这里提出了一个新的观点，民族性格是历史文化条件的产物，而非是民族性格决定着历史文化的发展。

晚钟　米勒　油画　法国　1857-1859年

人的思想具有的内在规律是人的本性，那么沿着这个本性去发掘艺术路程就必然会在历史的痕迹寻求。关注当下生活的米勒代表的是十九世纪农民的社会，《晚钟》中的农民夫妇在听到远处晚钟后祈祷证明的是宗教的“秉承”。

但是，民族性格这一词语的本身，就表明是一定民族的精神特质中的人的本性；如果一个民族中的人的本性是由这一民族的历史发展所造成的，那么，显而易见，它也决不会是这一发展的第一动力。或许，我们就可以得出结论：文学——这一民族精神的本性的反映——是那些创造这个本性的历史条件本身（请特别注意“本身”一词）的产物。也就是说，并非是人的本性（亦即并非是一定的民族性格）向我们展示出它的“文学”，而是它的历史和当时已经具备的诸多的社会条件向我们展示出了它是“这样的一种文学”。斯达尔夫人正是从这一观点来观察法国文学的，她在论述17世纪的法国文学时，就进行了一个对我们来说是非常有意思的尝试：通过当时的社会政治关系分析以及那些法国的贵族们对“君主”的权力和利益所表示出来的态度（这些态度充分表现了法国人特别是贵族们当时的心理状态），来说明了“这一文学”的主要性质和特征。

在这部著述里面，我们看到了对于当时的统治阶级的心理状况的细致而详尽的观察和分析，以及她对法国文学的前途提出的许多中肯的见解：“在法国现今的政治制度之下（无论这是一个什么样的制度），我们自然不会看见类似于17世纪的文学的那些东西，但却看见了一些全新的文学；这就清楚地表明了，所谓的法国人的机智和优美，只能是在法国存在了许多世纪的那些君主制度的影响的直接产物，或者说是在这一制度造成的风俗习惯影响下的必

农民的午餐　路易·勒南　油画　法国　1642 年

农民的审美有着自己阶级和行业的特点，完全不同于资产阶级。勒南三兄弟都善于表现现实生活题材，路易·勒南尤为喜欢刻画朴实的劳动者。《农民的午餐》中的葡萄酒和面包，人物的服饰都体现了生活的真实，男孩手中的小提琴更是体现了他们对于美的追求。

然的直接结果。”这是斯达尔夫人的一个新的观点，即认为：文学，就是一种社会制度的产物。这一观点的确立，后来逐渐成为 19 世纪欧洲批评界中占据统治地位的观点。

特别是泰纳，他是最坚定的抱着这个观点的信念的，并在自己的著作《艺术哲学》中把这一观点进行了完满的发挥：“一个社会中的人，其境况的任何变化，都会引起一连串的心理变化”；但是，“任何的一定社会的文学或艺术，都是由它的心理来说明的”。“像文学这样的人类精神的产物，正如自然界里的众多生物一样，它们的环境注定了生存的样子，或它们的生存样子说明了它们的环境。”因此，毋庸置疑的真理是：在研究某一民族的艺术史和文学史的时候，必须同时探究它的历史中发生过的各种有关社会境况的变化。我们只要读一读泰纳的《艺术哲学》、《英国文学史》和《意大利游记》等等，就会找到这个真理的许多鲜明的和富有说服力的例证。但是，泰纳依然没有摆脱他所秉承的唯心史观，正像斯达尔夫人以及其他的先驱者那样，他的那些富有才华的鲜明的例证，本来可以进入没有疑义的真理中去，却在半途上滑进了唯心主义的泥淖，未能取得圆满的成果。

由于唯心主义者总是把人类的智力成就，当做历史运动的最终原因，则泰纳也不例外，他作出结论说：人所处的境况决定了他的心理，而心理又决定了他所处的境况。这一结论没有给泰纳带来更多的真知灼见，反而使他面对了更多的矛盾和困惑。于是，他像 18 世纪大多数哲学家一样，求助于当时流行的人种学，意图通过人种学里面阐述的“人的本性”来摆脱这些矛盾和困惑。

那么，这把钥匙为泰纳打开了一扇什么样的门呢？让我们来看看下面的例子。大家知道的背景知识是：意大利的文艺复兴是世界各国开始得最早的，而且从整体上说，意大利也是最先结束了中世纪的生活方式的。其中，是什么原因造成意大利人的这种境况的变化的呢？泰纳作出的结论是：这取决于意大利人的人种特性[1]。那么，对这个结论的判断，即泰纳的这个结论可以让您满意到什么程度？我不妄加评论，由您自己去评判吧！

现在我们转换到另外一个例子上去。泰纳在罗马的一个宫殿里观赏一幅画有别墅的风景画时说道：从这幅画作中，我们看到了意大利人的人种特质，他们对于风景总有特别的理解，同样是一栋自然风景中的别墅，他们通过别墅看到了一个广阔的自然，而日尔曼种族的人却只是为了自然而爱好自然。但在另一个地方，泰纳在面对同一个画家的画作时却说："如果想深刻地理解和欣赏这些画作，就必须有（古典）悲剧和古典诗歌的知识作为基础，并且对贵族仪式的豪华或帝王外表的威严也要有深刻的了解。但是，我们今天时代的人，与古典人的感情，就相差得十分遥远了。"这里，泰纳的表述隐藏着一个现象：为什么我们今天的人无法理解古典那些热爱豪华仪式、具备古典悲剧或亚历山大诗句的人的感情呢？造成这样的不同的根源是什么呢？是不是因为人种的不同，譬如，路易十四时代的法国人，和19世纪的法国人是不是同一个人种呢？真是一个令人无法回答的问题。要知道，泰纳曾经不止一次地（说明他的信念是坚定不移的）对我们说，人们所处的境况的变化，是造成心理变化的决定性原因。我们不会忘记他的话，于是跟着他说：今天时代里的人，同17世纪生活着的人就境况来说是相距得十分遥远的，因而，他们的感情与我们今天的人的感情也是有巨大的差别的。不过我们还须认识到，为什么会改变境况呢？换句话说，为什么现今的资产阶级制度要取代先前的皇权和贵族占统治地位的旧制度呢？为什么路易十四可以骄傲地宣称"朕即国家"（一点儿也没有夸张），而今天同样的一个国度却被证券交易所统治了呢？这最后一个问题，用这个国家的经济发展的历史加现状，就可以得到十分满意的回答。

我的尊敬的朋友们，也许您已经知道，那些持各种不同观点的作家或著作家们，曾经从各种不同的角度抨击过泰纳。我不知道您对这些抨击持什么态度，但我可以肯定地说，抨击泰纳的人中没有一个人曾经撼动过泰纳的基本美学思想，那是泰纳归纳了他的全部美学理论后得到的一个真理；这个真理就是：艺术的产生只能来源于人们的心理创造，而人们的心理也只能是随着他们的

玛丽·德·美第奇抵达马赛港
鲁本斯　1621-1625年　尼德兰

现实与想象并存，神的世界与人的社会共同表现，这在鲁本斯的画中成为一种特色。世俗的权力不再依附于神的授予，而是力量的抗争。不同时期的变化必然是在同时期的艺术形象中得到印证，艺术是记忆历史的形象文献。

餐前祈祷 夏尔丹 油画 法国 1740年

平民的日常生活得以在画家笔下出现经历了一个长期的过程。法国画家夏尔丹是表现日常风俗画的代表，他的作品表现的生活场景不仅仅是展示了一个时代的风俗，更为重要的是留下了历史的记忆。

境况的变化而变化的。同样，也没有一个人哪怕是推测到泰纳的理论之所以不能继续地发展到有成果的阶段的根本原因；更没有一个人能够看出，泰纳只要依凭他的真知灼见，即那句“人们所处的境况决定着人们的心理”，其本身就是构成这样的境况的最终的原因。为什么没有一个人能够看到这些或其中的一点呢？因为他的世界观里始终贯穿着一个矛盾，这个矛盾是由两个因素所构成：其中之一是唯心史观，第二就是唯物史观。当泰纳说人们的心理变化取决于他们的境况的变化的时候，他是用唯物史观观察世界和诠释事件；可当同一个泰纳说人们的境况是由人们的心理所决定的时候，他就是在重复使用18世纪的唯心史观。这是不用我再加说明的。而他关于文学和艺术的发展进程所得出的那些真知灼见，显然不是由后一种方法论所能提供的。

从以上的一系列叙述，我们想得出什么结论呢？结论在于，只有敢于用下面的话来要求自己的人，才能扬弃上面所说的那些虽然具有真知灼见但却不能进一步取得成果的理论，这些话是：世界上任一民族的艺术的诞生和发展，都取决于它的心理状况，而这样的心理状况又取决于它所处的境况；最后，所处的境况归根结底又是受当时的生产力状况和生产关系制约的。

现在，我发觉到了应该搁笔的时候了，一些更深层次的问题还是留待下一封信再谈吧。如果由于前面的叙述过于武断而使您认为我是一个褊狭的人，如果这样的褊狭使您感到了不爽，那么我在此想请求你的宽宥！下一封信，我要谈的是原始民族的艺术；我希望在下一封信里更深入地展开我的看法，或许在您看了下一封信后，可以改变对我的“褊狭”的印象，那就使我感到十分的 欣慰了。

第二封信

原始民族的艺术

YUANSHIMINZU DE YISHU

尊敬的朋友：

毋庸讳言，我一直认为，一个民族的艺术总是同它的经济有着最密切的关系。这一论断放到任何一个民族那里，都应当是如此。因此，当我要对原始民族的艺术进行研究时，当然需把原始经济的最主要特点加以阐明，并在阐述中特别地指出其中的因果关系。

作为一个唯物主义者，自然是从经济的最主要现象和最本质的地方说起。当我看到一个作家使用了一个词语“经济的弦”时，觉得这个词语非常恰当也非常形象地表示了经济的特质，于是就把这根“弦”当做了我的研究的出发点。另外，还有一个非常特别的和十分重要的现实状态需要阐明。

拉斯科洞窟内景

（长廊）壁画　法国　约公元前25000年

拉斯科洞窟位于法国多尔多涅省蒙尼克镇附近，是韦泽尔河谷中的一座洞窟，1940年被发现。厅顶画有65头大型动物形象（马匹、红鹿和巨大野牛等）及一些意义不明的圆点和几何图形。洞窟绝大多数的岩画作品绘于约公元前15000年。

前不久，在一些对人种学比较熟悉的社会学家和经济学家中间，普遍流行着一个信念：原始社会的经济具有共产主义的特征，至少主要的成分具有共产主义的性质。在这些社会学家和经济学家对原始文化的研究中，发现原始社会里的人，不是作为一般意义上的单个的人，他们通常是一个共同生活的群体。但是，这种共同生活的原则，不是建立在“协议”上，也不受某种权力的主宰，更不是单纯的自远古以来就存在的而且已经渐渐成长为氏族的个别家庭所影响，而是由不同性别不同年龄的单个人自然构成的群体。在这个群体中，已经在进行着一种和缓的并自发的分化，其分化的结果就是产生了私有家庭和个人的私有财产——最初仅限于动产。甚至食物这一最重要也最具代表性的动产，最初也是群体成员们的共同财产；至于按各个家庭分配部分食物（比如猎获物），则是在处于较高程度的发展阶段才会出现的事情。

在已故的尼·依·齐伯尔的名著《原始经济文化概论》里，是这样来看待原始经济制度的（虽然他在对事实材料的整理方面并不是很严格和系统的，可是，其结论很有参考价值）：“……早期发展阶段的经济活动其整个方面都是公共性质的，并且是各个不同时期的普遍形式。……其在捕猎、进袭、防御、畜牧、耕种、砍伐森林、灌溉或开垦土地、修建房屋、编制渔网、打造船楫，以及一切大型器具的劳作方面，都是共同协作进行的；这一‘共同’的性质，必然制约了一切劳获物的‘消费’，即消费的形式是呈‘共有’来进行的；并进而制约着一切不动产以至动产是‘公有’的呈现形式。这些共有和公有，也是对免于遭受临近群体的侵占所必须的。”

还可以举出其他许多与尼·依·齐伯尔同样有权威的研究者及其所陈述的例证，这些您当然也是熟悉的，故而不需要我再行引证。但是，我需要说明的是，最近，这一“原始共产主义”的理论开始受到了质疑，并引起了争论。比如，前一封信里我引证过的卡尔·毕歇尔就认为，原始共产主义与事实根本不相符合。根据他的看法，原始民族的经济不但不是共产主义的，而且相距很远，甚至称为个人主义的，反而更接近事实。但是，“个人主义”这一标签依然不准确，因为其生活的方式跟“经济最本质的标志”完全风马牛不相及。

他说：“所谓经济，其最本质的东西是人们为获得财物或财富而按常规进行的协作式劳作；它之所以成为‘经济’还有一个前提，即它不仅仅是满足当前的、瞬间的需求，而且也关心将来的、更节约时间的、更节省劳力的、更符合目的的诉求等等。有此前提和本质，则‘经济’就意味着：劳作，劳作物评估，消费的调整，并把一些具有‘文化内涵的东西’从上一代传到下一代，

陶器上的图画装饰和雕刻装饰

在满足生活的需要之余发现自己的神秘需要在原始人看来是不可思议的，或许这一切在当时被看做是受了“神启”。无论是用颜色绘制还是用利器刻画，陶器上的装饰在产生之初必然是新奇的。这些装饰使文化不仅仅是和实用密切联系了。

而且是长久地传承下去。这些，在低等部落里最多有其微弱的萌芽，但远远谈不上‘是经济’。比如，把布什门人和维达人（生活在锡兰岛上的一个原始狩猎民族。靠打猎和捕鱼为生；打猎时普遍使用的是弓箭。——编译者注）使用的火和弓箭给予取禁，则这些人的全部生活都将呈现为‘个人寻找食物’，即每个人是完全独立地养活自己。他一身赤裸，身上没有任何武器，则就与野兽无异，最多是和自己的同伴一起，在一定的地区和一定的范围里荡游。无论是男是女，每个人都用手或指甲从地里挖取更低等的生物（动物或植物的根茎）来嚼食，或摘取植物的果实来充饥，吮吸植物的液汁来解渴。他们或许会结成群体，或许又随意地分离，其聚集或分散均看所在地区的可食植物和动物的丰富程度而定——这样的人群怎么能构成真正的社会呢？因为所谓的群体，没有任何可以减轻个人生存困难的要素和条件。这样的‘群体生活图画’肯定是现代文化的代表者所不乐意看到的，但是，单纯地用经验收集起来的材料简直使我们不得不这样描绘；其中，没有一点儿是想象的，我们只是取掉了本身是低等的狩猎人一般认为是‘文化的标志’——火与弓箭——的东西，情形就不得不这样。”

黄金牛头　两河流域

位于两河流域的美索布达米亚平原土地肥沃，世界上最早的农耕即诞生于此。伴随着农业的发展，制陶艺术和与农业相关的艺术品也逐渐兴盛，这件纯金制造的牛头代表了两河流域艺术的最高水平。

必须承认，这幅图画完全不像是我们的脑海中因受那些社会学家和经济学家的影响而留下的“原始共产主义的经济”形象。

尊敬的朋友，您说我们应该喜欢刚才描述的两幅图像中的哪一幅呢？或许这个问题对我们没有多大的意义，因为问题不在于我们应该喜欢哪一幅图像，而在于卡尔·毕歇尔描绘的图像与曾经出现的情况即实际存在过的事实是否一致？他使用的经验材料——描绘图像的“素材”——是否有科学性？弄清这些问题不仅对经济发展的历史研究很重要，而且对我们要研究历史文化的某一方面——即艺术——的发展进程也具有重大的意义。事实上，我们说艺术诞生于生活的实际，是生活的反映不是没有根据的。如果低等的狩猎部落里的人是野蛮人（权且使用野蛮人这一概念），是如卡尔·毕歇尔描绘的那样是“个人主义的”，那么，他们的生活必定要在他们的艺术中加以展现，即他们的艺术会表现个人主义的特点；但是，我们看不到这种纯粹“描述个

复合陶器　　动物塑像陶壶
公元前 25 世纪—公元前 20 世纪

陶器的发明不得不感谢火的出现，把泥土揉捏成需要的形状再经过火的烧制就使先民的生活出现了一个巨大的跨越。几乎在相距不远的一段时期，地球上的各个原始居民群落都先后出现了陶器，陶器的出现改变了先民的生活。

人”的作品。再说，艺术主要是社会生活的反映是人类今天的共识，如果此时再用卡尔·毕歇尔的眼光去看待那些野蛮的人，你就会提出：在个人寻找食物来生存的时期，或在“个人寻找食物”的鼎盛时期，以及在人们相互之间几乎没有任何协作（生存、活动）的地方，根本谈不上有艺术的产生；那么，您就是十分彻底的唯物主义者了。

除此之外，我还要补充必要的一点：显然，毕歇尔是一个有思想有独到建树的学者，但像他这样的人，可惜不是我们希望的那样多，故即使他的观点不是很精到的甚或有一些错误，我们也需要加以珍惜和重视。所以，让我们再看看他所描绘的有关野蛮人的生活图像吧。

这幅图像是卡尔·毕歇尔根据有关低等狩猎部落的生活材料而描绘的，在这些部落的生活中（即从那些经验材料中）只抽掉了文化的标志——弓箭与火的使用；于是就给我们指明了研究这幅图像的时候可能或应当进行的思路，这就是——首先，看看这些部落的人们是怎样生活的，然后进行一个更加有可能的假设：在他们还不知道可以使用火与武器的遥远时代，他们是怎样生活的？这里首先是生活的事实，然后我们才可能假设。

毕歇尔引证的是布什门人和锡兰的维达人的生活事实，试问，可不可以这样说：属于最低等级的狩猎部落的生活方式里，找不到经济的一切征兆？因为在那里，个人完全依靠自己的力量，群体或社会没有起到任何的功用，当然是没有经济可言？

我可以断言，这样的说法是不符合事实的。拿布什门人的生活来说吧，他们的狩猎生活往往是协同进行的，其协同的规模有时甚至达到二三百人；显然，这是人们以生存为目的的最显明的交往；同时，又是以合理地分配任务和合理地分配时间为前提的。为了达到理想的猎获野兽的目的，他们往往要修筑很长的栅栏（有的长达数英里），要挖掘很深的壕沟或陷阱，要在陷阱或壕沟中插上尖尖的木桩等等；不用说，这一切劳作的进行，不仅只是为了满足当前的生存需求，也是为了今后甚至将来还有所收益。有的人意图否认其中的经济的意义，作出了“那里没有任何经济成分”的论断；其他的人，只要在书里一谈到这一问题，就去抄袭这样的一个本身就是错误的结论。当然，布什门人是不懂得今天的政治经济学理论的，也不会考虑到今天的所谓国家经济的，但这并不表明他们不知道冀望今后的好日子和不知道防备今后会拮据的倒霉日子。

事实上，布什门人会在猎获的动物里，提取一部分肉来藏在洞窟中或存放在很隐蔽的峡谷里，让那些不能直接参加狩猎的人（如老人或妇孺）来看护和照管；也会把某些植物的根茎或果实储藏起来，而且是大量地收集和储藏；最后，他们对储藏蝗虫特别地感兴趣，有时为了捕捉蝗虫，还要挖掘很长很深的沟渠。

以上这些都表明，那些作出“低等级部落的人不知道储藏”及“他们没有经济概念”的论断的人，是多么的错误和荒谬。诚然，为了猎获动物而组成的庞大队伍，在协同狩猎的工作告一段落之后，会分散成一些小的群体或直接解散成单个的个体。但问题在于：第一，单纯依靠个体的力量和作小群体的成员不是同一回事；第二，他们即使分散开了，却并不会失去联系。有学者描述了这样一种情形：布什门人经常使用火作信号来保持彼此之间的联系；于是，他们随时都知道很大的一个区域里发生的任何重大的或有必要知道的事情。有了这一有效果的“信号传递”，他们甚至成为比临近的一些其他文化发展都要先进的部落，还要更清楚地知道自己的处境和懂得更多的知识。假如真如那些作者所说，野蛮部落里的人，只是盛行“各人依靠个人的力量”，假如他们是以“个人寻找食物，没有群体协同”为其生存特征，那么，这样的情形是不可能出现的。

我们再看看维达人是怎样生存的吧。维达人的一部分——被英国人称为“石头维达人”的那部分——以狩猎为生，这些维达人几乎处于完全野蛮的状态；其状态与布什门人有很多相像的地方，也是过着以小的血统集团维系的群体生活。在他们寻找食物的时候，也是以血统集团的共同力量来协同进行

回头看的野牛
旧石器时代晚期

狩猎在原始社会是主要的生存方式之一，洞窟壁画中的狩猎形象和动物形象都表明了当时狩猎的重要。观察是艺术创作的基础，狩猎过程和分食过程从内外两方面提供了观察的便利，洞窟壁画的动物形象的准确造型也证明了这一点。

陶 器　公元前4000年

伊奥利亚群岛陶器从三色（黑色、红色和浅褐色）过渡到单色磨光的红陶大概经历了一千年的过程，红陶的特点是两端的管状环耳的把握装饰。人类早期历史的发展相比于后世社会而言速度是无法比拟的，但是每一个进步都是那样地重要。

的。德国有两位学者，是最新的并在很多方面最完备地描述了维达人的生活的，但他们却错误地下了判断。比如，他们说“那些是十足的个人主义者”。“维达人处在野蛮的原始的社会关系中，在他们没有受到周边的处于较高文化发展阶段的民族的影响的时候，就是按各个家庭的份额来分割整个狩猎地区的。”

然而，这样的论断是完全错误的。两位德国学者根据手中的材料来推测维达人的原始的社会制度，而实际的情形却和那些推测完全相反。比如，他们引用17世纪时在锡兰当过总督的唐·汉斯的话，说维达人居住的地区被分割成了一个一个的地段，而根本没有说这些地段属于一个一个的家庭。同样是17世纪的另一位著作家，也说维达人的森林里，有彼此分割的界线；这些界线在队伍打猎或采集果实的时候，是不能随便越过的；这里所说的也是“队伍”，而非是单个的家庭。因此我们推测，后者所指的是属于相当大的形同于集团或血统氏族群落的界线，而非是单个的家庭属地的界线。这里，氏族或集团与单个的家庭肯定不能等同。当然，维达人地区当时的现状依然是按氏族划分的，而且其氏族的规模不可能很大；有人把维达人干脆称为小氏族，这与他们处于低下的生产力有关，也是可以理解的。然而，问题的根本不在于氏族的大小，至关重要的是氏族在部落里的单个人的生活中，能够起到什么作用。可不可以说维达人的氏族部落对单个人的作用等于零？显然是绝对不可以。从现今的资料来看，维达人的血统集团是在酋长（或其他名称的首领）的带领下生存的；他们可能四处迁徙，缓缓游荡，却在夜宿的时候，凡是未成年的小孩包括儿童和少年，都是躺在首领的旁边；而成年的成员无论男女则围绕着首领和未成年人，形成一个用肉体构成的防御屏障，这样便于在遭到敌人袭击时，增加首领和未成年成员的安全系数。毫无疑问，这样的安排让单个人的生存与整个部落的生存联系到了一起，也减轻了单个人生存的困难，同时也增加了整个部落的生存机会。还有其他一些团结协作的例子，也无不同样是这样一个道理和目的。例如，寡妇仍然可以从氏族所获得的任何物品里，分享到同样等额的一份；假如真的是“个人寻找食物”盛行于维达人的部落，假如这一现象是处于统治的局面，假如维达人没有任何的社会性的协作或联合，那么，失去了丈夫的女人，其他人当然就不会去“同等地照顾”，其命运就会是另外一种样子。

在结束论述维达人的情状之前，我还要补充的是，他们如同布什门人一样，也储备肉类、植物的根茎、果实或其他猎获物；这些都是为了今后的消费；甚至有资料表明，储备的物品有时还用来同其他部落交易。一位航海的船长在向没有见过维达人的人描述时，夸张地说：那些维达人简直从不吃鲜肉，他们一旦有了猎获物，就把它切成碎块，放进山洞里存放起来，直到一年之后，才拿出来享用。这样的描述虽然夸张过分，但是尊敬的朋友，我请求你注意，这个说法最重要的一点是：维达人同布什门人一样，以自己的活生生的事例彻底推翻了卡尔·毕歇尔——关于“野蛮人从不储藏东西”的错误论断。因为按照卡尔·毕歇尔的观点：储备食物是毋庸置疑的经济特征之一。

居住在安达曼群岛上的明科比人，单就文化发展的程度来讲，是略微高于维达人的，然而，他们仍然过的是氏族性质的狩猎生活。明科比人在从事狩猎活动时，往往是集体性的，一旦呈集体性，就表明他们不是以“个人寻找食物”的方式生存。就是某一单个的人，比如一个青年，原来的家庭因故不存，现在又还未婚娶，也就是说是真正意义上的独身一人，当一旦有了猎获物（或得到的任何其他东西）后，均全部交到首领那里，充为公共财产，由首领按照平均的原则进行分配。那些没有参加狩猎的人，仍能领取一份，全体的人都认为那是他应得的，因为大家都认为，他们之所以未能参与狩猎，是因为有其他的工作要做，而做任何工作，都是为了整个集体的利益。狩猎者们一天捕猎回来，无论收获是丰是少，回到营地以后，都会燃起篝火，大家席地而坐，开始饮宴、歌舞和叙谈；而一些很少在捕猎活动中猎获到东西的人，只是被视为不走运的人罢了，他们同那些乐于在闲散中消磨时光的懒汉（一个群落中总会有这样的人）一样，也会来参加篝火晚会，并共享部落里的其他猎手的战利品。这一切，怎么可以和“个人寻找食物”的现象相贴在一起呢？或者，这一切，是不是可以证明氏族的或其他形式的集团，没有减轻单个人生存的困难呢？不！恰恰相反——我们之所以要叙述明科比人的生活方式，

希腊士兵与波斯士兵交战　瓶画　红绘式　公元前5世纪

这是公元前5世纪中叶雅典的希腊酒坛，上面描绘的是一名希腊士兵和一名波斯士兵的交战图。画中希腊士兵按风俗除了头戴高凸的科林斯风格的头盔外还赤身上战场，与他的波斯敌人形成对比，波斯士兵蓄须，穿着亚洲风格的衣服。

是为了和之前我们看卡尔·毕歇尔所描绘的图像相比较，发现它是完全相反的；即卡尔·毕歇尔所描绘的“个人寻找食物”的图像，是与曾经出现的情况即实际存在过的事实不一致的，他使用的经验材料——描绘图像的“素材”——是没有按照科学性的原则来摄取的。

另外，卡尔·毕歇尔为了说明低等级狩猎部落的生活方式的特征，还举出了一个例子——一位学者对生活在菲律宾群岛上的涅格里托人的生活所作的描绘。凡是读过那篇文献的人，都会得出和卡尔·毕歇尔完全不同的结论：涅格里托人并不是单独一个人以寻找食物来生存的，而是集合血统集团全部的共同的力量来为生存奋斗的。卡尔·毕歇尔从文献中还引用了一个西班牙神父的话，作为他“个人论”和“小家庭论”的图像的佐证；那位神父说：“涅格里托人，无论是成人或小孩，每个人都佩戴着弓箭，都要参与打猎行动。”卡尔·毕歇尔看到这里，非常高兴地说：“通过那位神父的描述，我们可以认为，涅格里托人的打猎行为即使不是一个人的行为，也是以一个小家庭的方式在行为。”可是，卡尔·毕歇尔在这里依然是不正确的。仔细地阅读文献，我们知道，涅格里托人的“家庭”，包括了数十人的、或多达近百人的一个血统的氏族集团；这一类氏族集团的全体成员们，都是在酋长（首领）的领导下，过着四处漂流的迁徙生活。通常，由首领选择住地（也是临时宿营地）、测定集团迁徙的出发时间以及发出其他牵涉到集团的重大事项的指令。在临时住地里，白天，老人、病人和小孩都围坐在住地的一大块平地上，燃起篝火，而成年的健康的氏族成员就去打猎；夜里，集团的全体成员都围着篝火睡成一个圆圈。但是，这里的打猎，往往也有小孩，而且（这一点非常重要）还有妇女。他们走在一起，就像要去抢劫的一大群黑猩猩。那么，我们从这一切描述里，怎么也看不到“个人寻找食物”的现象。

现在我们来看看非洲的例子。生活在非洲中部的比格米人，也是同上面所举的涅格里托人处在同一个发展阶段上（这一种族直到最近才成为比较可信的观察对象和研究对象）；一些研究者所搜集到的

尼瑞克忒翁女神庙　公元前421—前416年

尼瑞克忒翁女神庙是雅典卫城建筑群中最后完成的，以复杂生动的形体和精致完美的装饰闻名于世。设计者不仅采用希腊建筑中最精美的爱奥尼亚柱式，还创造了希腊建筑中最优美的女像柱。这6根女像柱不仅支撑了建筑物，还将端庄典雅的女性形象刻画得非常精美。

有关他们的全部生活现象（材料），可以说是最后的也是彻底的推翻了卡尔·毕歇尔的“个人寻找食物”的论断。也就是说，比格米人猎取动物时，是完全的“集体共同行为”，他们还“共同”抢掠邻近的其他部落的农人，如果当部落里面的男人们在抢掠时，遭到被抢掠的农人的反抗，而又要进行殊死的搏斗时，部落里面的妇女们就以“帮手”的身份（如果未遇到反抗，则不用她们帮手）抢夺物品，并把这些战利品捆起来运走。这是“个人主义”的行为吗？显然不是。不但不是，而且是有成效的协作，有效率的分工。

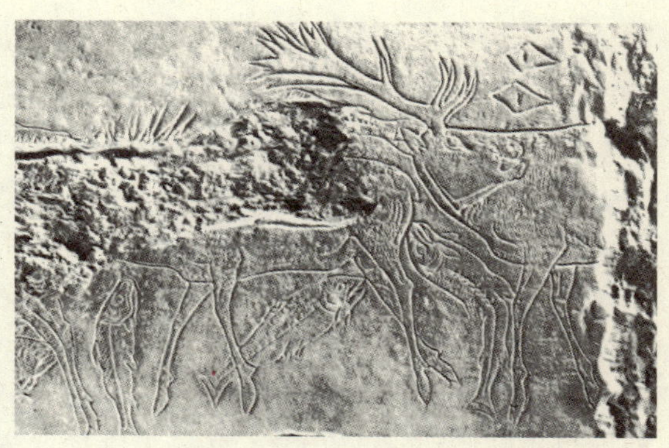

驯鹿角上的驯鹿和鱼　雕刻　旧石器时代

把鱼和驯鹿刻在驯鹿角上表现了这些旧石器时代狩猎者们出色的艺术才能。鱼和驯鹿是狩猎者们赖以生存的食物来源，表现它们的形象一方面是因为熟悉，另一方面则是由于装饰性或巫术实施的需要而进行创作。巫术和艺术在人类社会的早期是混杂在一起的。

我就不再把巴西的波托库多人或者澳洲的土人拿出来举例了，因为要谈论他们，就不得不重复上面那些已讲过多遍的话。我们还是看看一些达到了相当生产力水平的原始民族的情况吧。这样的民族也是有很多的，特别在美洲。

我们先以北美洲的红种人为例。这个氏族也是过着原始的生活，对于氏族里面的成员来说，被逐出这个氏族是一种非常可怕的惩罚，当然它只用于最严重的犯罪行为或最不可饶恕的损害了集团利益的行为。单就这一现象，也可以说明，对于一个氏族的成员，个人主义对他来说，几乎是水火不容的。但按照卡尔·毕歇尔的看法，原始部落的特征却是个人主义的。其实，对于氏族来说，他既是土地占有者，也是能够立法者，还是律法的执行者，对于损害了氏族整体利益的个人主义者，他还要加以制裁。所以，氏族之权力乃是集合起他的全部力量，调动起他全部的生活能力，以使氏族的全体成员都能够生存并抗御外敌的侵害。故而，一个氏族的力量所在，就在于它的成员的数目的多寡，每一个成员的死亡或丧失，对于氏族整体（即其他的成员）都是一个巨大的损失。这样，竭力吸收新的成员就成为氏族的重大任务之一，具体的表现就是尽可能地收养子女，这在北美洲的红种人中间是十分流行的。这些，都标志着红种人是以群体的共同力量来为生存而竞斗的，其间的重要意义更是显而易见；可是，卡尔·毕歇尔由于进入了“自己的偏见”，必然会陷入错误的泥淖，他把氏族收养子女的行为，判断为是原始民族的父母感情不够发展的结果。

牛拉犁的绘画

两头牛被简化为牛头，并且特意突出牛角的特征。最早的犁出现在公元前2000年初期，牛的被驯养和犁的出现证明社会进入农耕时期。从狩猎到驯养，食物得到了初步的保证，农业的出现使得基本的生活保证趋于稳定，私有制即将出现。

狩 猎 壁画 中石器时代

狩猎是石器时代主要的生活方式，群体共同协作是生存的基本保证。生活处处存在危险，人少动物多的情形和自我保护能力差使得群居成为发展的前提。个体必须绝对地服从群体的需要，分工的合作是狩猎成功的保障。

前述的“以共同的力量来为生存而竞斗”的现象，对于原始民族来说，其意义非常的重要，这从他们日常生活中惯于采用集体狩猎和众人捕鱼的方式即可得到明证。但是，集体狩猎和众人捕鱼的方式，又以南美洲的红种人施行得更为普遍。比如，生活在巴西的波罗罗人，其生存的最基本也是最普遍的形式，就是靠该部落经常地协同狩猎，并让狩猎的男子们保持长时间不间断的“亲密友谊”才维持下来的。如果有人认为，集体狩猎只是在美洲印第安人脱离了更为低级的狩猎方式之后，才在他们的生活中取得了重要意义的，那就大错而特错了。诚然，美洲新大陆的土著人所取得的最大成就之一，就是发展了农业，那是这些土著人部落以或多或少的毅力和或长或短的恒心才实现了的。但是，农业的兴起只是减弱了集体狩猎在他们的生活中的意义，即减弱了用集体的力量进行狩猎在其生活中的意义；而这正好可以看出，印第安人狩猎时的“集体方式”正是他们生活中的自然而富有特征的产物。

但是，美洲印第安人兴起和发展了的农业，并没有影响“协作”在他们的生活中所起的重要作用，而是更加扩展了“协同劳动”的领域——集体狩猎的重要性只是部分的丧失，而开垦土地和耕种土地更需要大家的齐心协力。首先，美洲印第安人的土地，是由那些不参与狩猎但从事农业劳动的妇女们用共同的力量耕种的（至少曾经是这样耕种过的）；这一点，现代人种学家们没有丝毫的怀疑。有人更指出：耕种土地在他们那里是普遍的共同劳动，一切能够劳动的妇女都下到地里，共同耕作或许是属于各自家庭的地块，或许是互相的耕作别人家的地块。这一类例子可以举出很多，其范围可以包括世界上的很多地区，但限于篇幅，我只引证在新西兰人那里的集体捕鱼事例。

在新西兰，一个氏族要进行捕鱼劳作，需要整个氏族的人共同编织一张长达数千英尺的渔网，而且这张渔网必须是为了氏族的整体利益才使用它。这种相互协作和相互尊崇整体利益的习俗，看起来是建基于他们的整个历史发展阶段中，从上古时代一直到我们今天看到的时代。我想，以上所列举的事例已经足够批驳卡尔·毕歇尔所描绘的图像了。事实已经充分地确凿地证明了，在野蛮的原始社会群落里，并没有出现和极其盛行过“个人寻找食物”的现象，反而是或多或少的、广泛的存在着以整体的血统集团的共同力量来为生存而竞斗的现象。在我们对艺术的研究中，这个结论将会起到非常重要的作用，我们需牢记于心。

现在，我们继续以下的探讨。

任一社会里，人们的整个性格的形成，将完全地不可避免地取决于他们的生活方式。假如说在原始的野蛮时代，曾经盛行过“个人寻找食物”的整体，那么，人们当然就会成为个人主义的，或成为极端利己主义的；而卡尔·毕歇尔就是这样认为的。他说：“动物维持生存的本能冲动，表现在野蛮人身上就成了主要的本能。在空间方面，这种本能表现为一切为了单个人的生存；在时间方面，表现为一切为了眼前的瞬间，即感到需要的那一瞬间。或者换一种说法：野蛮人只会想到自己的需要，并同时只想到现在的需要。”

尊敬的朋友，我不知道您是否喜欢这一幅画面？或者，我暂时不管您是否喜欢，我只说，卡尔·毕歇尔的说法是不是事实？

而在我看来，事实是完全颠倒的。第一，正如我们前面谈到的，即使是最野蛮最低等的原始部落里的人，也知道储存食物或其他物品；这就可以证明，他们并不是完全不关心今后或将来。即使是他们并没有储存食品或物品，也不能证明他们没有想过今后和将来；比如，再野蛮再低等的民族的狩猎者，一旦狩猎成功后，也决不会丢弃自己的武器。而一旦他们保存了武器，就证明他们想到过，之后或者将来，必定还要进行狩猎，必定有可能要同侵害自己的同类或异类进行战斗。再看一看野蛮部落里的妇女吧，她们在随同部落的不断迁徙中肩膀上所背的袋囊里，装着的是些什么呢？那里面装着的必定是生活的必需用具（哪怕是最

法国莫尔比昂省加维里尼的坟墓

这算是保存最好、最漂亮的史前巨石建筑之一。处于巨大石冢里的坟墓由大量干砌石建造而成，形成宽敞的阶梯面。在引向墓室的长廊石板上以接合的拱形纹饰为主，蛇形和弓形的装饰覆盖了石板。石板的下部饰有斧子，上部则有权杖，都被拱形纹饰围绕着。

浅显地了解一下，也对野蛮民族的经济生活的了解有极大的帮助）——研碎或砸烂植物根茎的扁平石块、切削肉类和果实的石英片、枪矛的尖刺、砍杀用的石斧、袋鼠的腱鞘编制成的绳条、鼷鼠的毛皮、富有颜色的粘土、干枯的树皮和藤蔓、油脂块、采集来的干果或根茎等等；这是一套完整的为了生活而配备的家什啊！假如说他们永远不会想到明天，那么，他们准备这些东西来干什么呢？所以，想通这些问题，自然会对野蛮民族同样具有经济预见和预期，可以作出很高的评价了吧？当然，用我们今天的眼光看来，澳洲土著妇女背囊里的东西是简陋得可怜的；然而，无论是一般的历史研究，或是对某一种别的历史探寻，特别是对经济史的发展脉络的讨论，这些东西的时髦或简陋都是相对的吧？但是，问题还不仅只这些，使我们更感兴趣的是心理方面。

既然原始社会中占统治地位的现象不是“个人寻找食物”，那么，野蛮时代的人就决不是卡尔·毕歇尔所断言的那种个人主义者或利己主义者。我们举出的例子都是从最可靠的观察者那里得来的，证据是毫不含糊并有说服力的，这已经相当地清楚了。不过，我们还是再举几个鲜明的例子。

关于巴西的波托库多人，有资料显示，他们的食物，一直盛行着的是最严格的共有政策，无论是猎获的食品或是其他的所得（甚至如收到的礼物等等），一律收归到一起，然后再分配给部落的每一个成员，哪怕是每个成员只能分到很少的一点。而在相对野蛮的爱斯基摩人那里，情形也是如此：凡是储藏的食物或其他动产，几乎都是共有财产，只要篷帐里或蜗居里哪怕还有一块肉，都必须是大家共同的；并在分配的时候，会考虑到所有的成员，特别是孤儿、寡妇、老人或患病的成员。所以，爱斯基摩人的生活状态，十分接近于共产主义，虽然这是原始的共产主义。他们如果带着猎获物回到部落里，一定是和其他人共同分享，并且首先是同贫困的或无助的老人和寡妇分享。另外，对有常住地的爱斯基摩人，每个人都很清楚自己的系谱，这给具有亲缘关系的贫穷的孤儿、寡妇或老人带来了极大的好处；从没有人会因为自己有贫困的亲属为耻，无论是如何贫困的人，只要证明了自己和某一富有者哪怕是有很远的亲缘谱系，他就决不会再缺乏食物。研究美洲的人种学者们，从爱斯基摩人的生活方式中，看到并指出了这一性格的特点。

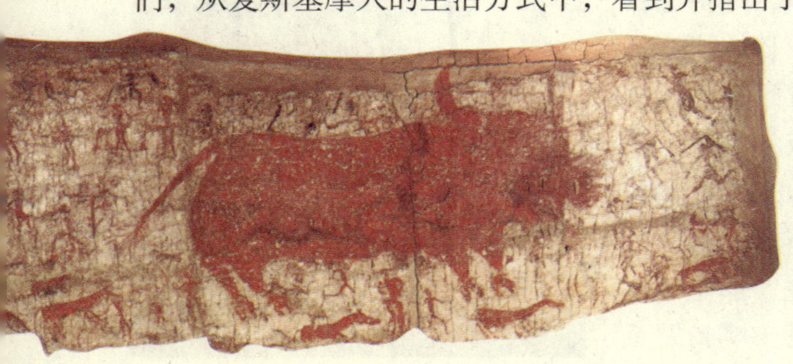

土耳其恰塔尔丘壁画

这幅壁画上一头庞大的公牛被一群矮小的猎人围堵，公牛是作为被认识的对象和施巫术的对象。猎物不是个人所能够获得的，这幅画上得到了证明。庞大的公牛和矮小的猎人对比出绘画者对于力量的认识，这个时期个人主义是不允许存在的。

我们再看被以前的研究者描绘成是“大个人主义者”的澳洲土人，到底是什么模样。只要进行仔细的研究，则结论就完全是另外的样子；在澳洲土著部落里，至少在血统的范围内，一切东西都是大家共有的。当然，这里“共有的”概念，我们只能有保留地提出，因为当时的澳洲，已经萌芽了私有财产的现象。但是，从“萌芽”到卡尔·毕歇尔所断言的个人主义，其间的距离还是相当遥远的。有学者描述了若干澳洲部落中怎样分配或怎样共享猎获物的具细规则。

拉斯科洞窟内景（主厅）壁画　约公元前25000年

拉斯科洞窟的作用有不同的解释，或者认为是原始部落的居住地，或者认为是祭祀和巫术仪式的举行场所，还有认为是孩童的教育场所和食物的储备场所，当然又有认为是多种功能并存的场所。储存食物在这个时期是普遍存在的行为，但是存在的痕迹并不支持仓储作用。

彩陶鼓　新石器时代

新石器时代出现了一种打击乐器即鼓，主要有木鼓和土鼓两大类，土鼓即陶鼓。原始人从打击木板和石块发展到专门的打击乐器是一个巨大的进步，对于音乐和舞蹈的发展而言，情感的发泄和节奏感的总结是其内在的驱动力。

这些规则是在氏族制度的基础上设定出来的，其存在的本身就令人信服地证明了澳洲土著人在血缘集团里，作为一个成员，他的猎获物不可能成为自己的独享物品。如果真如卡尔·毕歇尔说的他们是“个人主义者”，一个人的猎获物就会理所当然的成为他自己的财产了，因为没有什么可以限制这一财产的归属或拥有。

既然是低等级的狩猎民族，其社会本能有时候是会引起一些现代人的惊叹的。例如，当一个布什门人从某一别的地方（如临近的农场或牧场）偷盗了一头或数头牲畜的时候，其余所有的部落里的人，都认为自己理所当然地要参与对这一事件的赞赏，并有权利分得自己应当分得的一份，至少是有权利参加庆祝这一事件的宴会。

在文化发展较高阶段上的原始社会，其共产主义的本能也是比较长久地保持了的。一些人种学者在对美洲进行了深入的研究后得出结论，美洲的红种人是真正意义上的共产主义者。他们的全部财产都是属于整个氏族，其中最重要的东西——食物，决不会归单个的人或单个的家庭支配；如是在狩猎的过程中猎获的动物，虽然在不同的部落里有不同的分配（肉的）规则，但

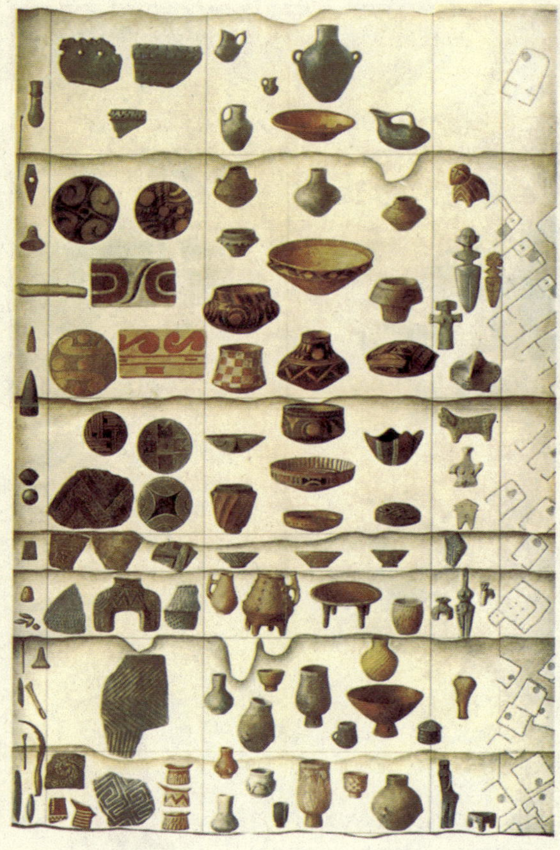

考古发现中的地层变化

不同时期的历史通过地层中的器物就能够很好地得以说明，石器时代至青铜时代之间发生的文化变革虽然伴随着玉器形制和工艺上的变化，但是陶器纹饰和形制的变化是最容易区分各阶段文化特点的标志。

归根结底都是按平均的原则分配的。

也有人这样描述印第安人："饥饿的他们向储藏着食物的其他人要求周济，而不管储藏着食物的人本来就自己也难以为继，也不管自己或他人将来会遇到什么坏的结果……"这样的描述无非是说原始民族的"个人主义"极端无情无理。但是，我的尊敬的朋友，这里要提请你注意，贫困的人请求帮助（特别是食物的帮助）是人类社会作为人的基本权利，也是一个普遍的现象；它并不局限于在原始氏族集团或原始部落的范围里。有关这一习俗的建立，可以追溯到最初的亲缘关系上，后来扩展到了更大的一个范围，以致有的时候变成了无休无止的义务款待。当奥马哈部落拥有了很多的食品，而临近的邦卡部落或勃垠部落（这三个均为北美的印第安部落。其中奥马哈部落主要从事农业，而邦卡和勃垠部落惯常征战，他们的头上通常带有"角状物"；但这三个部落相互之间很友善。——编译者注）一遇到粮食缺乏的时候，奥马哈就将储藏的粮食分给他们；而一旦奥马哈部落缺乏肉食的时候，邦卡部落或勃垠部落也把肉食呈献给奥马哈部落。这种在欧洲今天很少看到的习俗，当然是值得称道的。

还有南美洲的印第安人，比如在巴西，则是呈共同体的形式，其由众多成员协同生产出来的东西归共同所有。但即使是共同体，如果仔细地研究，也发现他们虽然像一个个的家庭在生活着，可是却经常地相互分享各自的猎获物；一个打死了豹子的人，必定要邀请临近的其他人来共同享受这只野兽的肉，而后再把这只野兽的毛皮或牙齿分赠给共同体中那些最近有亲属死亡的男女。

在南非，卡斐尔部族里的狩猎者，如果得到了猎获物，则没有权利任意地处置它，而必须和部族里的其他人共同分享。如果其中有人宰杀了一头牛，部族里所有的人都可以聚集在那里，直到把这头牛的所有的肉吃光了才会离开。这一点，甚至连酋长或“王”也不例外；如果一个酋长或“王”宰杀了一头牲畜，也会耐心地款待自己的臣民，直到他们把肉吃光。

以上是猎获物的分享，那么，其他的物品呢？我们看到，即使是得到了礼物，他们也会把礼物分给自己氏族里的一切成员。在过着原始生活的一些部落里，始终存在着一种风俗，即不把礼物交出来同其他人分享，将会受到最叫人难以忍受的嘲笑。一位学者描述了这样一种情况，当他把一枚银币送给一个维达人的时候，这个维达人拿出斧子，试图要把这枚银币砍成几瓣；而当询问他为什么要这样做时，他回答说，因为他要和部落里的其他人共同分享；于是，这位学者只好给了他足够多的银币，才避免了银币被劈开的事情发生。还有一位学者在访问一个部落的时候，送给了一个年轻的部落成员一颗糖，于是，这种希罕的可口的东西立即开始从一个人的嘴里轮换到另一个人的嘴里，直到这块糖没有了为止。

已经够了吧？卡尔·毕歇尔说，野蛮的人是“只想到自己”的个人主义者，那他是大错特错的。我们从现代人种学家那里得到的资料，与卡尔·毕歇尔相比较得出了完全不同的结论，这已经没有了丝毫的怀疑。现在，我们可以从事实转到假设，即我们怎样看待那些具有野蛮习性的祖先？以及我们怎样来想象我们的祖先的形象？即，想象这些祖先在还不知道使用火和武器的时候（那是极其遥远的啊）他们是怎么样的一种相互关系？

有没有什么根据说我们的祖先是个人主义占统治地位的呢？或者说他们的社会性的团体协作并没有丝毫减轻单个人的生存艰难呢？

显然没有任何的根据，就我们知道的材料来看，即使当人类还处于类人猿的时候（这从关于旧大陆猿的生活习性中

早期人类使用的劳动工具及装饰品

旧石器时代的人们已经开始将兽牙、海贝、小型骨块和小石头磨光穿孔作为装饰品。中石器时代出现了琥珀等质地的装饰品，并配有几何图案。新石器时代的装饰品更为多样和精细。除了器物装饰还有纹身和割痕，这些装饰大概可以算做最为私人的物品。

可以看出），就已经具有了社会性了，即是一种社会性的动物了。一群猿猴和一群其他动物的根本区别是：第一，每个个体之间具有相互帮助的习性，遇到困难时总是团结一致的；第二，一切个体，甚至雄性个体也臣服于一个以整体的利益为宗旨并关心公共福利的首领。看看，这不是一个名副其实的社会联盟是什么？其中哪里还是“个人主义”的呢？

诚然，今天的大型类人猿显得不是很喜好群居的社会生活，但也不能视它们为十足的个人主义者，它们也会群集在一起，一同叩击树干，一同采摘果实，甚至一同唱歌或鸣吼。有人看见过八到十个一群的大猩猩，也有人看见过数百只聚集在一起的长臂猿……如果猩猩们是生活在单个的家庭里，那么我们应该考虑这些动物是否有了另一种生存的条件。当然，类人猿现在已经大大地退化了，它们已经失去了生存竞争的优势，甚至已经濒临灭绝了，已经不能向我们提供它们远古时代是如何生存的证据及如何生活的概念了。但是，无论如何，达尔文也深信，我们的类人猿祖先一定过的是社会生活。至于我，在今天也找不到任何理由来减轻我这一信念，更遑论我会认为它是错误的。我们假设类人猿祖先过的是社会生活，那么请问，在它们发展到什么时候，遇到了一个什么样的契机，以及为了什么，才使它们改变了社会本能，变为特有的“个人主义”的呢？我不能回答，卡尔·毕歇尔也回答不了，或者他连这一点，根本就没有向我们叙述过什么。

因此，卡尔·毕歇尔的观点，无论是从假设的理由上或是从事实的根据上，都很难得到实证。

所以，对于后来的经济，怎样从“个人寻找食物”的行为中发展起来，我们不会找到任何的证据，也得不到任何的概念。但是，如果我们考虑到人类寻找食物的最初，就是具有社会性的（而非是单个人的个人行为），并从中发展起经济的，则可以得到一个清晰的概念。人类最初

山形玉饰　良渚文化　新石器时代

此件玉饰出土于中国浙江余姚良渚文化遗址。良渚文化是距今约 5 300 年至 4 300 年之间长江流域最为重要的新石器时代文化，良渚文化以其出土的玉器精美而被世人关注。此件山形玉饰颇似男性生殖器，或为生殖崇拜的抽象化表现。

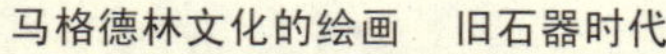

马格德林文化的绘画　旧石器时代

马格德林文化是最先发现在法国多尔多涅河流域马格德林的欧洲旧石器时代晚期的文化，距今约 17 000 年至 11 000 年。过着半定居的人们有刮削器、雕刻器、石钻、单刃小刀片和投掷器等工具，他们的绘画和雕刻水平已经相当高。

寻找食物，就像今天的某些群体性（也就是社会性）动物一样，总是要以群体的整合力量才有可能得到。虽然人类首先占有的是自然界的现成“赠品”（与生产物品相对），也需要一定规模的群体力量才能得到。比如，我在前一封信里谈到过的，以一个群体的全体成员去进行狩猎活动，就像一大群黑猩猩去从事劫掠性的侵袭一样；劫掠庄稼也是一种这样的侵袭。如果我们承认，人们的经济活动是以获得生活资料为目的，则这种协同活动就是必不可少的；因为不这样，将达不到预期的“取得食物”的目的；故而我们就要承认，侵袭——是最初的经济活动的形式之一。

母后青铜头像
贝宁 16世纪 尼日利亚

非洲是一个神奇的土地，撒哈拉古代岩画记录了这片土地上从原始社会进入文明社会创作的艺术。非洲黑人的生存状态和礼仪方式被表现得淋漓尽致，生动的动物形象让我们了解了早期狩猎者对于动物的观察和表现能力不低于我们今天的艺术家。

前一自然段里，我们知道了人类最初获取生活资料的形式，是采集自然界的现成的“赠品”（这种采集是可以分成各种类别的，比如，捕鱼、打猎、采集树上的果实等等），随后才是生产。但这种转变并没有明显的分界，从原始农业的历史中我们是知道这一点的。确然，只要是农业，哪怕是最原始的农业，已然具备了经济活动的一切特征。这样的特征就是：最初的开垦或耕种田地，都是需要氏族的整体力量才有可能进行的。所以，这个明显的例子可以证明，从原始的类人猿那里，人类继承了其社会的本能，现在被人类广泛地应用到了一切经济的活动（包括开垦或耕种田地）中。这些本能继承下来后的发展轨迹，决定了人们在经济活动中的相互关系——虽然这种关系是在经济生活中或生产过程中不断地经常地变化着的——这是再自然不过的事情，我不知道这样的自然进程是否有叫人不可理解的地方。

但是，我们也别忙下结论，因为卡尔·毕歇尔在后面还为我们设定了难题，他说：“如果我们假定从个人寻找食物过渡到经济的转变，是开始于一种为了更久远的目的而进行的生产，即用生产来代替那种只为了当前的使用而对自然界赠品的占有；那么，我们作出下面的假定也是自然的：生产性的劳动只是一种抱有目的的——即有意识地运用人的体力的活动，则这一活动就是代替了先前的各个器官的本能的运动。但是，有了这一假定，只能看做是纯理论的，因为我们并没有从中得到更多的东西。相反，如果我们把原始民族的劳动看做是一种模糊的行为（即并不是有目的有意识的），我们就发现，越是接近于它的起始点，就越是认为它不但在形式上而且在内容上是一

放 牧（左）　　史前岩洞壁画

史前时期的撒哈拉还是一片绿洲，放牧成为继狩猎以来的第二个发展阶段。畜牧业的出现和农业的出现大概在同一时期不同的地域环境出现，第一次的社会分工使社会基础发生了转变。生活的稳定为艺术的有意识发展提供了生活上的保证。

墓葬中的金制饰品、铜制武器、工具（右）

原始社会末期的父系氏族公社时代由于金属工具的使用使得社会生产力和劳动分工得到发展，劳动生产率提高，剩余产品增多。氏族首领利用自己的职务之便逐渐将公共财物据为己有，私有制产生。墓室的贵重随葬品是财富的象征。

种娱乐。”

大家看看，卡尔·毕歇尔认识问题的思路：从简单的寻找食物到经济活动的过渡，其间有着障碍；这障碍就是难于分清劳动与怡乐之间的界线。

这里我要提请大家注意，要阐明艺术的起源，确实要解决劳动和娱乐——或者说娱乐和劳动——之间的关系，而且这一点还极为重要。至于卡尔·毕歇尔先生是否厘清了这个问题，还是让他自己来说吧。

“人类走出简单的寻找食物这一步，大概是由一切高级动物身上所具有的本能来促成的，特别是模仿和喜好试探新事物的本能之倾向来促成的。例如，人类最初的饲养（家畜等），并不是因为动物有用，而是因为它们可以成为自己的娱乐的道具，即满足内心对新事物的娱乐需求。而且最初的加工工业在任何地方的发展，都是开始于自身身体的涂抹（涂上有颜色的粘土和植物汁液、文身、对身体的某些部位穿孔，割毁等），随后才有装饰品（如面具、树皮画、象形文字等）的制作，以及其他相关的作品才逐渐地发展起来。……故而，人类的制作技能一定是从娱乐的需求当中产生出来的，并在随后的发展中逐渐加入了有益的应用成分。因此，对先前我们认为的经济发展的进程顺序，应该用完全相反的次序来表述，即：娱乐的需求先于劳动，而艺术先于有目的（即有用）的产品的生产。”

尊敬的朋友，或许您终于明白了，为什么我要大段大段地引用卡尔·毕歇尔的话，以及为什么一再地要求您要认真对待他的语言；因为这些话与我所坚持的历史发展理论有着紧密的联系。如果真的是娱乐先于劳动，有用物品的生产是在艺术之后，那么，我的历史唯物主义观点，将会站不住脚，而我的一些重要的论点也将会被颠覆；即，我将被迫说：艺术决定了经济的发展，而不是经济决定艺术的进程。但是，那必须建立在卡尔·毕歇尔的观点是正确的前提之下。

首先，我们来看他关于娱乐先于劳动的论述“正确”在什么地方，至于对艺术的谈论放到以后再说吧。

引用一下斯宾塞的看法。他认为娱乐的形式表现有其主要特征：娱乐活动不追求一定的功利目的，且对维持生活所必须的活动程序没有直接的帮助。诚然，在娱乐的形式追求中（比如做游戏或其他玩乐）能够使娱乐者的身体各器官得到锻炼，这对于娱乐者本人和最后对整个族群都是有帮助的。但是，那些以追求功利为目的的活动也能够达到同样的效果。所以，问题的关键不在于是否让身体得到了锻炼，而在于娱乐的形式过程在锻炼和给人带来快乐的背后，还有着某种实际的目的——诸如取得食物之类；而单纯的娱乐形式则没有实际的目的。比如，猫在捕捉老鼠的过程中，除了锻炼了爪子和得到了娱乐之外，还能够得到香美的食物。但是，同样的一只猫在捕捉纸板上的线团的时候，除了游玩给它的快乐之外，其他什么东西也得不到。然而，我们感兴趣的是：这种没有目的的活动是因为什么原因而产生的？

那么，斯宾塞是如何回答他自己提出的这个问题的呢？他说：如果是下等动物，其机体里面的一切“力”，都消耗在维持生命所必需的活动过程中，即，下等动物只为“功利”而活动。但是，如果是高等或较高等级的动物，事情就大不相同了；在这些动物里面，不是一切“力”都会用在功利活动上面；一方面，较高等级的动物有较好的食物营养，则机体中就积聚了一些剩余的“力”，这些剩余的“力”需要排解，而排解则需要寻求出路；所以，当动物在做游戏或寻欢作乐（即满足娱乐需求）的时候，它正是在排解这样的一些“力”，即满足了排解的需求。另一方面，娱乐的整个过程还可以看做是一种非自然的锻炼。

这就清楚地指出了娱乐的起源，然而，我们还需了解娱乐的内容是些什么，换句话说，如果动物用娱乐的方式来排解和锻炼自己过

青铜镀金双耳瓮

艺术的产生是否与娱乐有着密切的关系，这在理论界似乎是统一的认识，不同的是娱乐和艺术谁是谁的先导。音乐和舞蹈与娱乐有重叠性，绘画和雕刻似乎实用性要多一些，其实一件物品或一个曲调的产生既是艺术又是娱乐，同时还是生产的需要。

剩的“力”，那为什么在同一类型的动物里，一个动物采取的是这种方式，另一个动物却采取其他的某种方式呢？为什么随着动物种类的不同娱乐的样式又有差别呢？

还是用斯宾塞的话来回答吧！——我们清楚地看到，凶猛动物的娱乐游戏就是假拟的抓捕或搏斗，它们的全部游戏形式无非就是追猎其他动物的一场模拟的戏剧表演。也就是说，它们的攻击性本能，无论在现实的满足之余或是在现实里没有得到满足的时候，总希望要有其他的满足——那就是一种想象的满足。

斯宾塞这样说，是什么意思呢？那就是，动物的娱乐游戏的内容，是由它们用以维持生存的那些活动的内容所决定的。也就是说，是功利活动先于娱乐活动，是前者先于后者。然后，我们在人类的娱乐游戏里，才会看到同样的情形。儿童，总是玩洋娃娃（主要表现为爱或呵护洋娃娃）、扮演主人和客人、扮演父母和子女的角色等等，即是成年人生活模式的戏剧性模拟。而成年人的娱乐活动是些什么内容呢？我们可以说，他们大多数都是带有功利目的的，即他们在娱乐或游戏时，总是与维持单个人和整个社会的生活所必需的活动紧密相联的；也就是说，功利的目的先于娱乐，而且娱乐游戏的内容也由此目的来取舍和决定。这就是我们从斯宾塞关于娱乐游戏所阐述的语言里，作出的合乎逻辑的推论。

另外，威廉·冯特对于同一个问题的看法也同刚才我们的符合逻辑的推论完全一致。

这位威廉·冯特是著名的心理和生理学家，他说：“每一种娱乐游戏都是劳动生产的产物，并都以某项严肃的劳作方式（或形式）来作为背景或模型的；这就不用说了，肯定是劳作先于娱乐。不过，人们在生活迫使下的劳作，即在‘力’的使用过程中，也有快乐的体验；故而后来的人们逐渐把自己‘力’的实际使用也当成了娱乐。”根据威廉·冯特的这种说法可以更进一步地推理，即换成这样一种说法：是人们需要把“力”的实际使用过程所引起的快乐进行再一次的体验，才产生了娱乐或游戏冲动；其间

特奥蒂瓦坎城的羽蛇金字塔

祭祀作为原始社会最为神圣的一件事情却与艺术和娱乐都密切相关。艺术在祭祀过程中得到展示，尽管整个过程看似是娱神的祭祀，但最终的结果是人得到娱乐。

“力”的使用过程积蓄得越大越久，再次体验的意图也就越强烈，而娱乐或游戏的冲动也就越大。这就圆满得足以令人信服了。

杂技表演者（上） 陶塑
墨西哥 约公元前1100—公元前500年

墨西哥前古典时期特拉蒂尔科艺术的建筑艺术和装饰雕刻都达到很高的成就。杂技表演是和舞蹈有密切关系的表演活动，杂技形象动作最初和动物的某些动作有关。对于狩猎和放牧过程中的动物观察促发了舞蹈和杂技的某些动作。

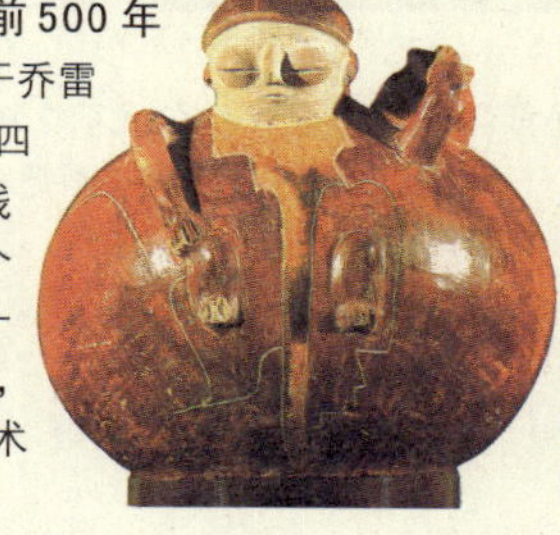

人形壶（下） 彩陶
公元前1800—公元前500年

这件高17厘米的彩陶属于乔雷拉艺术，造型奇特。人形的头和四肢形象简洁，壶身在刻画的白线和留出的桔黄色的内部使得整个壶身如一件巨大的外衣包裹着一个肥胖的躯体。艺术来源于生活，把人物形象概括并典型化是艺术得以成功的保证。

现在，我再用例子来详细地阐述并证明我的推论的正确。大家知道，野蛮人在舞蹈中往往模仿各种动物的动作，这可以解释为他们想再度体验那种猎取的快乐，而这种快乐是由于他们在猎取动物时，即在使用“力”的过程中曾经体验过的。比如，爱斯基摩人上演猎取海豹的娱乐游戏时，他们也模仿当初的情形，一个人伏在地上慢慢地向海豹爬去，一个人模仿海豹那样一会儿昂起头，一会儿左右四顾，全然不知道有人靠近；当模仿猎人的人悄悄地接近之后，然后才向“海豹”发出最后的一击。因此，动物的动作，是狩猎过程中极其重要的一个部分。这就说明了，一个狩猎者意图把捕猎时使用的“力”所引起的快感再度体验一番，他就会再度模仿动物的那些动作，并创造出自己独特的狩猎舞。然而，是什么决定着舞蹈的性质？亦即娱乐或游戏的性质呢？其原因是：狩猎的工作在真正进行时是一项严肃的工作，正由于它的严肃的性质，才造成了需要用游戏的娱乐来表现的形式。故而，娱乐游戏一定是劳动生产的产物。

再举一个例子。有学者在巴西的一个原始部落里看见了一种舞蹈，是表现一个负伤的战士在慢慢地死去，其戏剧效果非常地强烈。面对这样的艺术，您认为是战争在前或是战士负伤在前？是先有惨烈的战斗或是先有艺术的舞蹈？当然，我是认为先有战争，然后才有表现战争各种场面的舞蹈的。在巴西这个部落表演的舞蹈中，首先是有惨烈的战斗场面，然后是一个负伤的伙伴的死亡给人留下了深刻的印象，尔后才有想把这种过程用舞蹈来再现（这种印象）的欲望。假如我是对的——我当然深信这一点——那就有充分的根据证明我上面的思想：追求功利目的的活动一定在先，娱乐游戏一定是追求功利目的的产物。

卡尔·毕歇尔或许会继续辩解，原始时代的人是把战争和狩猎，既当做劳动，也当做娱乐；或者与其说他们是在劳动，倒不如说他们是在娱乐。这

拉斯科洞窟壁画　约公元前 25000 年

法国和西班牙的洞窟壁画把原始人狩猎和采集生活情景记录得非常生动。拉斯科石壁上的绘画是艺术家用有色的土和石头研磨成粉状，然后用水调成红、黄、黑等颜色，点染出鹿群和马群的轮廓和奔驰疾飞的样子。

野　牛

拉斯科洞窟壁画　约公元前 25000 年

法国的拉斯科洞窟壁画不仅记录了狩猎的过程还记录了狩猎的对象，野牛作为主要扑杀的对象，其形象获得了全方位的表现。大面积的色彩渲染和准确的线条勾勒使得牛的形象栩栩如生。

样的说法不外乎是混淆了语词的含义。我们知道，处于低等级状态的狩猎部落，肯定是把狩猎和战争当做维持生存、进行自卫或进犯别人的必需的并且是首要的活动，两者的功利目的十分的明显。只要明智地看到这一点，不故意地混淆和滥用语词的概念，就不会把娱乐和劳动混淆在一起。况且，那些熟悉原始人生活的专家们早就说过：他们（指野蛮的原始人）决不会仅仅为了娱乐而去狩猎。

现在，我们再举第三个例子。这个例子可以无可争议地证明我所捍卫的观点是无比的正确的。

我在前面曾经指出过，社会性的协同劳动除了在狩猎活动中有重大的意义之外，在从事农业的原始民族中也同样具有重大的意义。在菲律宾南部的民答那峨岛上有一个土著部落，他们都从事农业；一到需要播种稻谷的日子，部落里的全体男人和女人们就聚集到一起，通常是男人们在前面，一边像舞蹈一样地舞几下，一边把铁镐在地上打个洞；女人们跟在后面，把谷粒撒在洞里，并用土盖上。而这一切，都是在严肃认真的氛围下进行的。虽然我们从中似乎看到了劳作与娱乐的综合表现，但必须明确，这里的结合并没有掩盖真实的性质。特别是您不认为这个部落的人是单纯的为了娱乐而在挖地的话，真实的性质就凸现在您面前了；即，是劳动先于娱乐，而舞蹈是这个部落在播种时的特殊条件下产生的，而不是在舞蹈之后才为了维持自己的生存而耕种土地的。还有一点需特别注意，这里的舞蹈本身是劳动者耕作土地的动作的单纯再现，而不是为了舞蹈而舞蹈或为了舞蹈而耕作。为了更近一步地证明，我们引用卡尔·毕歇尔本人的话更为恰当。他在自己的著作《劳动与节奏》中说："通观原始民族的许多舞蹈，发现他们都是在有意识地模仿一定的生产动作。这种模仿的表演说明，劳动必然地而且是一定地先于舞蹈。"这就让人搞不懂了，卡尔·毕歇尔已经说出了一个惊人的真理，可为什么后来又断言说"娱乐先于劳动"呢？但无论如何，《劳动与节奏》一书以其全部的内容把我现在分析的论点完全证明了，对卡尔·毕歇尔本人来说，他也用这本著作把他后来的关于娱乐以及艺术同劳动之间的关系完全而且出色地否定了。更为奇怪的是，他本人怎么就没有看出来，这是一个明显的且互不相容的矛盾呢？

显然，让他陷入谬误的应该是中了基森大学一名教授的毒害，这位名叫卡尔·格鲁斯的人，最近向科学界提出了一个娱乐游戏理论（即《动物的娱乐和游戏》一书，耶纳，1896年。——编译者注）；我们先来了解一下格鲁斯的这一理论，将会是非常有益处的。格鲁斯认为，事实并不完全证明娱乐是一种剩余的"力"的排解，小狗相互嬉闹蹦跳，直到筋疲力尽，但一经过短暂的休息，便又可以重新的嬉闹蹦跳起来；这短暂的休息决不会使它的"力"恢复到过剩的地步，而只是刚好可以让它把嬉闹蹦跳恢复起来。儿童玩耍的情形也是这样，他们即使在长时间地游玩过后，本身已经非常疲乏，可只要一旦重新开始游戏，他们就会立刻忘记疲惫；即，他们无须恢复体力，更没有积聚"力"到过剩的地步。所以，是本能在迫使他们参与活动，这本能就是怡乐的本能；有了这种本能，就如同一杯水——如果形象的比喻——当它满溢的时候是这样，当它只有一滴的时候，也是这样（的水）。所以，"力"的过剩不是怡乐冲动（即娱乐游戏）的必要条件，而只是它极为有利的条件。

格鲁斯还认为，斯宾塞的理论是不充分的，他说，斯宾塞向我们极力说明的只是娱乐游戏的生理学意义，但忽略了它的生物学含义。可是，这个生物学的含义十分重大。娱乐游戏，特别是单纯的处于幼龄时期的游戏，确实具有十分明确的生物学目的，无论是人类或其他动物，幼龄个体的戏耍游戏是对个体本身以及整个族类都是极其有益的；它是本族类的特性的一种非常有必要的练习或锻炼，是为了适应

人面像三足陶杯

公元250年—900年　特奥蒂瓦坎　中美洲　古典期

约在15 000年至20 000年前，一些亚洲民族经由白令海峡东行到达美洲。这些移民主要是蒙古人种，后来被称为"印第安人"。他们中的玛雅人、阿兹特克人和印加人先后创造出独特的文化。

金 饰 美洲

玛雅文明处于墨西哥中部，公元500年左右出现的不同的都市各自为政，他们都崇拜神祇并修建祭祀的神殿。公元7至8世纪新的宫殿和神庙大量涌现，预示玛雅的古典文化进入最盛时期。

弹竖琴的人

雕塑 古希腊 约公元前2000年

音乐的产生是伴随着语言的出现而产生的，声乐的产生早于器乐。乐器的出现使音乐走向更为广阔的空间，古希腊非常重视音乐的培养，音乐对于人的素质提高有着重要作用。然而音乐在其产生之初却有着实在的功利作用，疗伤和敬神。

将来的生活活动而进行的必要的训练。也正因为它是为训练幼龄动物适应未来的活动，故而它是先于生存的活动；所以，格鲁斯不同意娱乐游戏是劳动生产的产物，而是相反："劳动是娱乐游戏的产物。"

大家可以看出，格鲁斯在这一点上同卡尔·毕歇尔的观点是一致的；因此，我关于批驳卡尔·毕歇尔的一切论据，也可以用来对待格鲁斯。但是，格鲁斯看问题的角度与卡尔·毕歇尔不一样，他首先是把儿童的游戏用来举例，而不是指的成年人的娱乐。如果我们也同格鲁斯一样，从儿童这个角度去看问题的实质，那么，结果将会是如何呢？

还是举例来说吧。生活在澳洲的土人，他们极力鼓励部落的儿童们去玩战争的游戏，而且儿童们也经常地以战争的游戏来填充他们幼年的生活，这种情况的本身是为了锻炼这些未来的战士具备战斗的本领和具备机警和敏捷的素质；即，为了本身以及部族的生存。北美的红种人也是同样的情形；他们的儿童们在进行战争的演练（即游戏）时，常常多达几百个儿童参加，一些有战争经验的成年人甚至参与这种游戏的指导；这种游戏成了红种人教育制度的一个必不可少的程序。从以上的例子中，我们看到了格鲁斯所说的"训练年轻的个体适应未来的生存活动"的鲜明的例子，但这些例子能够证明格鲁斯的理论吗？

能够证明一部分，但不能证明其整个的理论。在前述的几个原始部落里，把儿童的游戏当做教育或训练儿童的手段，即从单个人的生活来说，让战争的游戏先于战争的实际参与。从这一点上，格鲁斯是正确的，因为只对单个人，游戏活动的确先于功利的目的活动。但是，前述的几个部落，为什么要把战争的游戏当做对部落的后代进行教育和

金制蝶形鼻饰

印加文明的发源地是南美洲的安第斯高原。"印加"在印第安人语言中是"太阳之子"的意思。位于玻利维亚首都拉巴斯西60公里的蒂亚瓦纳科遗址是印加文明的代表，蒂亚瓦纳科是公元5世纪至10世纪的建筑遗迹。

训练的极为重大的制度呢？明眼人一看就一目了然，因为具备了战斗的本领并习惯于各种军事要素的成员越多越好，对部族整体的贡献就越大。也就是说，从部族整体的角度来看这一问题，同一个现象就完全是另外一个结论：必定先是有真正的战争，以及战争的惨烈所造成的对优秀战士的需要，才有后来为培养优秀战士而举行的战争的演练（即游戏）。换句话说，从社会整体角度看，功利的活动先于娱乐和游戏的活动。

再举个例子。澳洲的妇女在舞蹈中，有一个是着力表现她怎样从地里挖出可以食用的植物的根茎的，她的女儿观赏了这个舞蹈后，出于模仿（儿童所特有的能力），也把母亲的舞蹈当众表演了出来。此时，对于这位女儿来说，她还处于无须实地采集根茎的年龄；单就她来说，确实是游戏（此时是用舞蹈的形式）先于实际的挖掘。但是，就整个社会来说，实际挖掘植物根茎的事实肯定先于表现挖掘植物根茎的舞蹈；即，这个舞蹈是挖掘植物根茎的成年人再现挖掘的样子（其中表现了收获的喜悦），儿童不过是一种模仿。因此，在社会生活中，当然是劳作先于艺术（这里是舞蹈）的创作。

看到这里，大家已经十分明白了吧？如果明白了，我们就要问问，一般从事社会科学的人，特别是经济学家应当以什么样的观念来考察劳动与娱乐之间的先后关系。我认为，答案简单而明了：他们要像对待其他社会问题一样，只能从社会的整体角度出发，而不能从某一单个的角度出发，才能够得出正确的结论。其所以不能从单个的角度出发，是因为我们从整体角度来看问题，才能很快发现个人生活中是娱乐先于劳动这一现象出现的原因。然而，如果我们未能超出个体的观点，则我们既无法理解那些娱乐游戏在个人生活中先于劳动的原因，也无法理解为什么"这个人"恰恰喜好这类娱乐游戏而不是其他的娱乐或游戏的原由。

我们再从生物学来看这一问题，它也无不正确。只是在这里必须以"族"（或"种"、"类"等等）的概念取代"社会"这一概念。如果幼龄成员的游戏是为了训练幼小的个体，即是为了让它将来担负起本物种生存的重任而做好准备，那么，物种的发展则首先就要向本物种内的成员提出某种富有特性的要求，并也向"娱乐"（或游戏）提出一定的任务。由于有了这一要求和任务的存在，反过来就要挑选适合这一特性的个体；故而需要从幼龄时期起就培

奔 鹿　壁画

西班牙卡斯特里翁地区裂谷的岩石壁画中许多题材是表现动物的形象。壁画顾名思义就是墙壁上的绘画，壁画的广泛含义范围宽广，早期人类画在岩壁上的绘画可以看做是早期壁画。岩画是这些作品的另一个名称，特指岩石上的绘画。

养这样的特性。所以，娱乐游戏在这里既是劳动的产物，也是功利活动的一个从属现象。

在此情形下，我们再将人和下等动物区别开来。一般动物继承本能只是单纯的本能继承，其发展的程度要比人小得多，而人除了本能继承外其后天的培育更是重要百倍。老虎生下的小虎天生就是凶猛的，可人类生育的后代，并不就是天生的猎人、农夫、士兵或商人。人是在他的周围条件的影响下以及他本人的条件相互融合下才成为这个或那个的。男性和女性的分别也同样如此，前面例子中的那个澳洲的小女孩，并不是一出生就具有从地里挖掘植物的根茎的本领的，她的类似劳动的本能需要在模仿倾向的熏陶下，逐步地培养；即她是在游戏的玩乐中极力再现母亲的劳动形式。但是，她为何模仿她的母亲却不模仿她的父亲呢？因为她当时所处的社会环境，其男女分工已经形成了趋势；这就让我们看到，她之所以模仿母亲而不模仿父亲，原因不是在于人的劳动的本能，而是在于她所处的周围的环境。所以，社会分工越是细微，其环境影响的作用就愈大，而像卡尔·毕歇尔那样在关于娱乐与劳动的关系中，视而不见地抛弃社会观点，只站在单个人的观点上，就愈是使人不可理喻和无法容许。

前面，我们还说到，格鲁斯批评斯宾塞的理论忽视了娱乐游戏的生物学意义，我们也可以说（且有更多的理由），他也未能看出娱乐游戏里面的社会学意义。也许他会在往后的专门论述“人和娱乐之关系”的第二部著作中给予阐明或变改，那是我们所期待的；再说，经我们提示的两性分工也为他提供了新的视角。在前，他把原始时代的成年人的劳动说成是娱乐，不用我们再辩驳，他也是明显错误的。对野蛮的原始人来说，狩猎绝对不是一种运动式娱乐，而是维持生存所必需从事的一项艰苦并严肃的工作。

卡尔·毕歇尔还说了另外的正确的话：野蛮时代，人经常要忍受可怕的饥饿折磨，他们身上唯一的服饰——腰带，也就是今天的德国老百姓称为“腹带”的那个东西，事实上就是用来束紧腹部，抵抗或至少缓和饥饿的苦痛折磨的。这些真知灼见不知道卡尔·毕歇尔为何不再深入思考一下？难道远古的野蛮人在经常饥饿的情形下依然是表演者或运动员，而他们的狩猎仅仅是为了娱乐而非是为了填饱肚子？或一边娱乐一边为填饱肚子？到底娱乐是第一重要还是紧迫的身体需要是第一重要？我们还知道，布什门人总是在连续的好几天里没有食物，这时，他们不是加紧地寻找食物而是还在娱乐吗？或者视饥饿为娱乐或视寻找为娱乐吗？当北美洲的红种人跳他们的“野牛舞”时，却正好是他们一连好久都找不到野牛并濒临饿毙的时候，这一舞蹈一直要持续到野牛的出现；而且，印第安人一直固执地认为野牛的出现是和舞蹈有密切的因果关系的。是什么原因让他们的头脑里固执的存在了这种联系的？这个问题与我们今天要谈的问题无关，让我们放开去。但是，可以从另一方面来有把握的叙述：无论是跳野牛舞还是在动物出现在眼前时才开始的猎捕，均不能被看做是一种娱乐；这里，舞蹈或捕猎的本身就是在追求功利，而且还和红种人的主要活动有密切的关系。

如果他们狩猎时真的是在娱乐或游戏，那么，想想他们的妻子吧。这些扛着沉重的行囊迁徙，或者是搭建小屋，生火（那时的生火是很困难的吧），挖植物根茎，剥取猎获物的毛皮，编篮子，造土罐，后来还耕种土地……的妻子们，难道她们做这些就是为了丈夫去娱乐和游戏？难道她们认为自己也是在娱乐或游戏？那不是一种纯粹意义的劳动吗？

由此可见，是格鲁斯的理论让我们的卡尔·毕歇尔走上了歧途。所以，我要把自己的观点再一次用来批驳卡尔·毕歇尔：劳动先于娱乐，正如父母先于儿女，社会先于它的单个成员。

我们既然展开了对娱乐游戏的谈论，那么，就应该注意到卡尔·毕歇尔的另一个论点。卡尔·毕歇尔认为：人类发展的最初阶段，文明的成果不是一代向一代传承的，这使得原始民族的生活方式里没有经济的最本质最显明的特征，即找不到一个作为标志性的符号。

对于这一论点，即使是用与卡尔·毕歇尔保持一致观点的格鲁斯的论据也可以批驳。如格鲁斯谈到的关于儿童游戏的那些话语：既然儿童的游戏是为了训练他们将来担负起生活的重务，则这种一代传给一代的“娱乐游戏”就是世代传承的联系

古希腊陶工艺发展分期示意图

瓶画是希腊除雕塑外最重要的艺术种类，也是研究希腊社会生活的重要资料，希腊瓶画经历了三个发展阶段：东方式、黑绘式、红绘式。

之一。未必在这样的游戏训练里，单单剔除了部落的文化成果？

卡尔·毕歇尔还引证了一个例子：我们是否要承认，一个原始人用了也许一年的时间并付出了大量精力制作出来的石斧，如果认为随着他的去世而要传给他的后代继承，以便成为以后经济或文化进步的基础，那就错了。那是原始人作为他生前特别喜爱的物品之一，是他身体的一部分，是他生命的一个延伸物。他的去世必然要将这柄石斧随同他的身体带到坟墓里面去。……这个习俗在世界各个地方各个民族都存在的，其残余的观念甚至到了文化发展的较高阶段时，依然可以考察得到。

的确，这一类物品是造成“我的”或“你的”等最初的私有概念得以发生的渊薮，在个别情况下也确实是事实。但同样多的考察也指出，这些概念只是同单个人相联系着并随着单个人的概念而消失；即当“单个人”的概念并入到部族或氏族的概念时，是否还是同样的情形呢？另外，即使是当物品随着主人进入到了坟墓里，是否那个“制造物品的”本领也一同进入坟墓而消失了呢？

不，不会！我们在处于低等级的部落里也能够看到，作为父母是怎样努力地将自己的本领以及全部的文化或技术知识，向自己的孩子们传授。澳洲的土人们在部落的孩子们才刚会走路时，就会带着他们去学习狩猎和捕鱼，并教他们说话、表达，给他们讲自己知道的传说和故事。在北美的红种人那里，甚至为了给年轻的一代上课，还特别指派懂得专门知识的老师。而科司的卡斐尔人，在部落的孩子们刚满十岁时，就交给酋长统一管理和教育；男孩们学习狩猎和军事技能，女孩们则学习女工及家务农活。这些难道不是把文化成果一代传承一代？不是各个世代的活生生的联系吗？

虽然物品随着死者的逝去而消失了（而且也是部分），但制造这些物品的本领却一代一代地传承了下来，这当然比物品本身的传承更具重要性。不言而喻，这些物品的消失定会延缓原始社会的财富累积，从而延缓文化的进步；但是，第一，出现这样的情况，并不会影响世代之间的传承联系；第二，当时的社会情状决定了大部分物品都是部落共有的，个人拥有的财产微乎其微，且多与武器有关；而武器是那些野蛮人的身体的延长，所以，它理所当然地要和死者伴

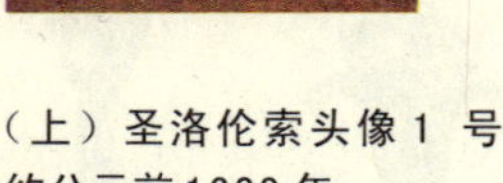

（上）圣洛伦索头像1号
约公元前1200年

奥尔梅克文明是中、北美洲最早的文明，约在公元前12世纪至6世纪间，墨西哥湾沿岸的委拉克路斯州南部至达巴斯柯州间的平原发展起来。后来的阿兹特克人的诸神是奥尔梅克人的诸神的后裔，中美洲早期象形文字体系也有可能源于奥尔梅克。

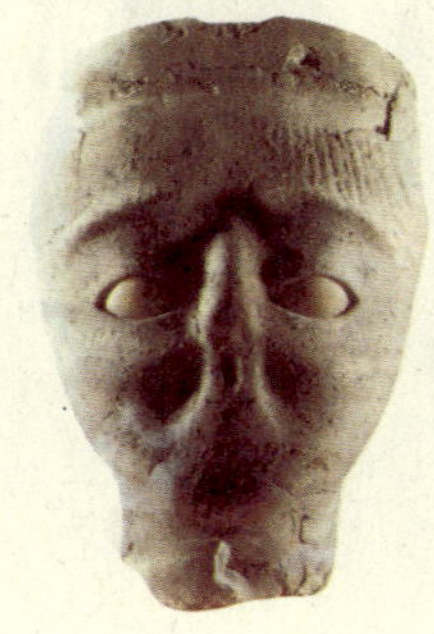

（下）浮雕头像
约公元7000年

这个灰泥浮雕头像发现于杰里科。

随在一起；从这个角度看起来，它对原始社会造成的危害要比我们肤浅的看起来，所起的损害作用小得多；而且，随着文明的进展，此类做法逐渐地扬弃并最终完全停止；即使还有部分残余，也是象征性的。

由于卡尔·毕歇尔认为原始民族是个人主义的，那他对原始民族存在的各个世代之间的联系持怀疑态度，并怀疑到人类的基本情感——对父母的感情，也就不十分奇怪了。比如他说："人种学家们煞费苦心地寻找到了母爱的证据，并以此证明母爱的力量是文化发展阶段的共有特点。但是，我们不得不承认，那些（许多的）动物种群有着非常浓重的'母爱'情结，并以迷人的形式表现了出来；而在人类方面，有很多的观察材料表明，这种感情却是微乎其微的。即使父母和子女之间存在着某种联系，也是一种精神和文化方面的联系。只要人类还处于低级阶段，对'自我'的关注就会超过他对精神或文化的关注；所以，父母对子女的关怀和呵护是绝无仅有的……这是一种绝对的利己主义。这种利己主义甚至过分到了残酷的地步；比如，在迁徙中的部落，会让那些有可能影响整个部落行进的人如老弱残病者，自己离开人群（部落），一任命运的摆布，或者把他们丢弃在荒漠之中。"

穆尔谢拉戈神面具
公元前200- 公元250年

墨西哥萨波特克艺术中的穆尔谢拉戈神面具是用蓝、绿翡翠雕刻而成，既高贵庄重又造型威严。艺术的创作并不是在闲适的环境中进行无谓的游戏，而是在劳动过程中发现美，并且创造美是依附在劳动中而产生的。

非常可惜，卡尔·毕歇尔所举的事例很少，我们几乎不知道他到底采用的是来自于何处的观察材料。因此，我也只好用我自己知道的一些观察材料来对他的言论进行检验。

澳洲土人应该是属于最低等级的部落了吧（这是有充分的证据的），他们的文化发展几乎为零；所以，我们可以推想：他们对文明时代称为"父母之爱"的文明成果是毫无知觉的。然而，事实并不像我们推想的那样，他们依恋自己的孩子并不亚于文明时代的人；比如，他们常常同孩子们一同游玩，嬉戏，并爱抚他们。锡兰的维达人也同澳洲土人一样地处于最低级的发展阶段，卡尔·毕歇尔甚至把这一种群的人和布什门人同等对待——都是极端野蛮的。但是，有学者证明，这一族群的人是"非常地依恋自己的孩子甚至包括亲属"的。还有爱斯基摩人，被当做冰河时代文化的代表者，也是处于低等级的发展阶段，但他们仍然是"非常爱自己的孩子"的。还有学者指出，美

陶 棺 克里特出土 公元前1400年

克里特以精美的彩陶著称。其器物形制多样，有罐、钵、杯、碗、花瓶、棺等类，一般以黑或暗青色为底，用白色绘出花草或各种图案，再杂以红色斑点，有时还加以褐、黄等色或附塑立体花卉装饰，极为优雅，被认为是古代世界最精美的彩陶之一。由于制陶技术发达，陶器的使用十分普遍，许多人死后也将遗体葬于陶罐或陶棺中。

洲土人包括南美洲的印第安人，甚至以“爱自己的孩子”为最显著的特征之一。在非洲的黑人部落中，也可以看到不少的部落，他们都对自己的孩子温柔有加，这还引起了众多旅行者的极大兴趣和关注。

总之，我们认为，就是采用现代人种学家所提供的观察材料，也不能证明卡尔·毕歇尔所说的话是正确的。那么，他为何要得出错误的结论呢？原因是他错误地看待了野蛮人中间曾经十分流行的杀婴和去老的现象。当然，如果浅浅地看，杀死婴孩和扑杀老人的现象，表明了原始时代的人在孩子和父母之间不会相互眷念和珍惜，似乎是合乎逻辑的。但是，这正好是如此，也仅仅是浅显的看起来是如此。

事实上，流行于澳洲土人中间的杀婴现象，是因为他们都是将身体长得不好的、或者是家里已经有多个小孩的、或者是因为迷信神怪而把孪生子现象当做鬼怪而杀掉的。然而，这并不意味着澳洲土人没有父母感情，恰恰相反，一旦决定了某个婴儿要活着，他们就会用“无限的耐心抚养和爱护”他。由此可见，事情决不像卡尔·毕歇尔所得的结论那样简单；相反的举例是，古代的斯巴达人也一直流行杀婴，是不是可以说斯巴达人的文化还没有发展到父母对于子女的爱这种程度呢？

至于扑杀或遗弃老人和残病的人，我们首先需要考虑这是发生在极为特殊的情况下。比如，迁徙途中，已经衰老到筋疲力尽或残病到了无可挽救的程度的人，再带着他们，无疑是自己或同族人的最大负担。既然野蛮人当时基本上无运输工具可言，所以，在最后的迫不得已的时候，情况迫使他们需要听从命运的安排；而且，这样的情况下离开或死于亲人或同族人之手，即使在这些老人或残病者看来，也应当算是一切不幸中最小的不幸了。还须知道，与达尔文记载的火地岛上的土人会把部落里的老人吃掉的情况相反，菲律宾群岛上的涅格里托人和巴西的波托库多斯人，还有美洲的印第安人，都是非常地尊重老年人的民族。非洲的基乌尔人，不仅细心抚育和呵护幼小的孩子，而且尊敬和赡养部落里的老人，这是在任何一个村子里都在时刻发生着的事情。并且，尊敬老人还是整个非洲内地的普遍现象和一般规则。

卡尔·毕歇尔站在十分具体的个别事例上，通过抽象的观察得出的错误的结论，是不能说明问题的。所以，我们说，原始时代存在的杀婴、扑杀老人和残病人的现象，不是因为原始人的性格使然，不是因为他们具有所谓的极端个人主义，也不是因为这些时代缺乏各个世代的传承联系，而是由于他们受自己的生存条件及整个社会环境的条件的制约而不得不为之的。我在第一封信中曾经引述过达尔文的著名论断：假如人们生活在与蜜蜂一样的社会环境中，在那样的生存条件下，他们肯定会义不容辞的、及没有良心责备的、且是以愉快的心情来杀灭那些非生产性成员。原始时代的人之生存条件在某种程度上同蜜蜂一样，即杀灭多余的成员对群体来说是一种合乎道德的天然责任。但是，即使这样，他们也没有成为如卡尔·毕歇尔所描述的那种利己主义者和个人主义者（我所引证的许多例子都足以证明）；相对应的是，他们对活着的同类都是维持并珍惜着某种意义上的极为亲密的关系的。这种情况也能说明一些自相矛盾的现象，比如，存在灭杀婴儿和扑杀老人或残病人等等现象的部落，也是把尊敬老人，襄助残病人，热爱儿童等等优点表现得最充分的部落。所以，问题的关键不在于原始野蛮人的心理，而在于他们当时所处的经济条件。

关于原始人的性格问题，我们同卡尔·毕歇尔已经讨论了很多了，现在可以结束了。在结束之前，还有一点意见必须阐明；卡尔·毕歇尔认为，原始人的单独进食习惯是他们身上的个人主义的最显明的表现。我的意见是：原始人的部落里有很多的家庭，一个家庭中的每一个成员都有程度不同数量不等的动产，而家庭里的其他成员对此不享有任何的权利，通常也不会提出共享的要求。极端的例子是，虽然是同一个大家庭的成员，也有人单独地分开，住进自己的小屋里。卡尔·毕歇尔把这一现象看做是原始人的极端个人主义的表现，但如果他了解我们大俄罗斯民族，曾经存在着的为数很多的大家庭及其家庭规矩，或许他就会产生另外的看法了。在这样的家庭中，其经济是纯粹共产主义性质的，可这并不妨碍家庭里的个别成员，例如“夫人们”“主

爱情的寓言　布隆其诺　油画　16 世纪

在紧张的暴力氛围中，人们更加渴望性欲的宣泄。这或者正是意大利贵族们偏爱这种带有情色意味的绘画的原因。画面描绘的是维纳斯和儿子丘比特乱伦的情爱，长胡子的“时间”企图遮挡，“嫉妒”痛苦地抓着头发，代表“愚行”的裸童却面带微笑。当然，令人感兴趣的并不是画家的寓意，而是乱伦本身。

奥尔梅克人的石雕神像（左） 墨西哥

普列汉诺夫认为，劳动创造了美。原始人在长期的劳动工具制作中发现，有些石头不但坚硬，还具有美丽的色泽，因此他们常常选择这些石材来制作神像或者装饰品。

大洋洲石雕头像（右）

从目前出土的原始艺术品看，很多地区最早出现的艺术品几乎都是劳动工具和动物雕塑，其次才是神像和装饰品，说明原始艺术的产生是建立在原始的生产劳动基础之上的。

妇们”或“姑娘们”都拥有自己的一部分动产（如女性装饰品之类）；这样的动产由习惯形成并由习俗牢固地保护了起来，即使是家庭里最有权威、最专制的“家长”也不能侵犯。有的甚至还为家庭中的某个成员单独修建起一栋小屋，让他独自享用。

我的尊敬的朋友，十分明显，您对于这些原始时代的经济“议论”早已经厌烦了；但是，我必得说清楚，不说清楚是根本不行的。因为艺术是由社会的现象决定的，如果野蛮人真如卡尔·毕歇尔所说的那样，是个人主义者；那么，我甚至用不着问自己：怎么可能产生艺术？如果有艺术产生，那就是最荒诞不经的事情了。由于艺术是“对他人的”或者说是“共用的”“公用的”，而由个人主义者组成的社会，决不可能有任何艺术的活动，也不可能有任何艺术迹象的发生，更不会真正产生出艺术作品。然而，原始的艺术是真真切切产生了，这是没有丝毫怀疑的。单就这个事实，也能令人信服的虽然是间接的推翻卡尔·毕歇尔的“原始经济制度”的看法。卡尔·毕歇尔曾经反复地说：“原始时代的野蛮人，生活处于经常的漂泊状态，他们心中只有食物的挂虑，这种挂虑把人整个吞没了；甚至连我们认为那些最自然的感情事件也不会发生。”但是，同一个卡尔·毕歇尔却坚定地认为，在难以计数的许许多多的世纪中，人可以不靠劳动而生存，因为许多地方的地理条件让人只付出极少的劳动就可以生存下去。于是他附加了我在前面已经引述过的一个信念：正像娱乐先于劳动一样，艺术必先于有用物品的生产。

由此，我们来总结一下他自相矛盾的论点：

一、原始时代的野蛮人只付出极小的劳动就能够生存；

二、这些极小的劳动把原始人完全吞没了，未能给其他诸如感情或文化的活动留下一点儿余地；

三、除了知道吃食之外不知道还有其他事情的人，不是首先生产食物品种，而是首先在做审美（即娱乐游戏之类）的事情。

这不是太奇怪了吗？矛盾是显而易见的。我们除了相信卡尔·毕歇尔在艺术和生产有用物品的活动之间的关系是错误的之外，还能得出什么结论呢？

大家回忆一下，前面我们引述过卡尔·毕歇尔说的话：加工工业的发展在任何地方都是从装饰身体开始的。这可是大错而特错的，因为卡尔·毕歇尔不曾举出（他也不可能举出）哪怕是一件事实，来说服我们相信：原始人的装饰身体或文身先于他们制造武器和工具。在那个波托库多人的部落里，他们的身体装饰品并不多，最具特征的是那块插在嘴上的木片。我们是否可以设想，波托库多人的这块木片装饰，是在他们还没有学会狩猎，或至少学会用削尖的木棍来挖掘可食植物的根的遥远时代就存在了的？如果这一设想是一个事实，那就太让人匪夷所思了。有学者说，生活在澳洲的土人，其中很多部落是根本不用任何装饰品来装饰身体的。实际上不完全是这样，应该是所有的部落（无论它怎么的低等级），都或多或少地使用了一些装饰品，哪怕是最简单的。面对这样的事实，我们是否可以设想，这样简单的装饰品，对澳洲土人来说，比对食物的关心和对武器和工具的关心更甚？在他们的一切活动中占的地位更高？也就是说，他们先是制造出哪怕是简单的装饰品，然后才去寻找食物、制造武器和工具？实际的事实是（以原始的维达人为例）：当还没有受到外来文化的影响时，无论是男子、妇女或儿童，甚至不知道有一切的装饰。而且至今的一些山区里，还会遇到完全没有装饰品的维达人；他们甚至连基本的穿耳也没有，但他们却知道怎样制造和使用武器。由此看来，这些维达人一定是先有制造武器的加工工业，尔后才有制造装饰品的加工工业（虽然或许现在还没有，但后来一定会有）。诚然，一些非常低等级的狩猎民族，例如布什门人或澳洲土人，也有从事绘画的事情发生，而且还有真正的艺术画廊出现（我将在另外的地方再行谈论）。另外，楚克奇人和爱斯基摩人还以雕塑和雕刻作品的精美而闻名于世；远古时代的欧洲的一些部落，也同他们拥有一样的艺术倾向。

以上所述的一切，都是很重要的事实，只要以研究艺术史为责任的任何一个人，都应当加以重视。但是，无论如何，我们也得不出结论说，澳洲土人或布什门人或爱斯基摩人或远古时代的任何族群，那里的艺术活动先于生产活动，或他们的艺术先于劳动。实际的情形反而是：原始人，无论是部落或族群或氏族或其他任何形式的原始野蛮人，他们的有用物品的生

母子塑像　陶塑　公元前1300- 公元前800年

墨西哥前古典期的特拉蒂尔科艺术作品。母子形象在原始艺术中表现材料和手法都非常丰富，母爱是最为直接和受欢迎的人类情感之一。这件作品造型简洁，部分形体作夸张处理，使作品浑然一体，整体感很强。

少女立像 雕塑 古希腊 公元前5世纪

公元前5世纪初的少女立像，标志着希腊古风风格向古典风格转化。少女雕像——许多这类雕像都有彩绘痕迹，通常安置在圣所，作为对诸神的献品。少男立像则仅作为墓碑。

产以及一切经济活动，都是先于艺术出现的；并且为后来的艺术打上了鲜明的印记。比如，楚克奇人因为是纯粹的狩猎民族，所以他们的图画描绘的就是狩猎生活的各种不同的场景；这明显地表达了，楚克奇人先是从事的狩猎活动，尔后才在艺术（图画）中再现了自己的生活。同样，布什门人因其狩猎生活所起的巨大而决定性的作用，他们描绘的也几乎全部是野兽，如狒狒、大象、河马、鹰、雁等等。最初，人们的狩猎活动同动物发生了密切的联系，后来才有要把这种联系表达出来的冲动。那么，究竟什么在先呢？是艺术还是劳动？

不，尊敬的朋友，我的信念是坚决的，如果我们不把这个思想确立起来，我们的一切艺术历史的研究将会一事无成，这个思想就是：劳动先于艺术。

总之，人是先有功利的思想并以此思想观点来观察事物，只是到了后来才从审美的观点来看待它们。

下面，我将把这一思想的许多令人信服的证据，一一地阐明出来。可是，我又要首先把民族分为狩猎的、游牧的或农业的三种（这是一个古老的分类公式），来同我们的人种学相比较，看实际的情况究竟是否与这一分类相符合以及符合到了什么程度。

第三封信

原始民族的艺术（续）

YUANSHI MINZU DE YISHU

尊敬的朋友：

前面几封信中我常常使用“狩猎民族”、“低等级狩猎部落”等等称谓，是不是准确的呢？换句话说，把人类的各种民族进行狩猎民族、游牧民族或农业民族的划分（按照那个人所共知的公式），是不是可以的呢？现在已经有人对这种划分提出了异议。

卡尔·毕歇尔是这些异议者之一。他说：这种划分所依据的前提是：人类首先吃的是动物食品，后来才逐渐过渡到植物食品。实际上人类首先吃的是地上和树上的浆果、块根，动物只是这些天然植物食品的补充，而且还是一些小型动物，如贝壳、甲虫、蚂蚁或其他软体动物。卡尔·毕歇尔还说：“人类在吃天然的浆果或块根的时候，是不难发现那些落在地上的果实是能够生长出植物来的，因此启发了人类首先发明了种植（农业）；这显然比驯养动物和发明钓竿以及制造打猎用的弓箭更轻松如许。”另外，卡尔·毕歇尔深信，游牧民族与其说是一个发展阶段，不如说是一些变野了的农民；他还补充说，除去极北方的那些地区，今天我们甚至找不到一个不是以植物食品为主食的民族。所以，地理环境完全决定了原始的民族经济发展的进程。而企

陶兽形壶　新石器时代　中国

在狩猎民族的早期艺术中，以弓箭和野兽造型居多，而在农耕民族，描绘太阳和驯化的家畜最为常见，在以渔猎为生的民族，多以鱼纹作为装饰，可见艺术的起源与生产劳动以及生产力发展水平相关。图为新石器时代中国黄河中下游典型的新石器时代遗址出土的陶鬶，采用狗的造型，别具匠心。

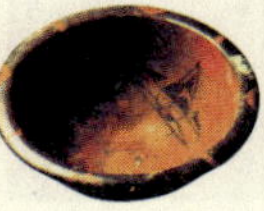

彩陶鱼纹盆（左）；人面鱼纹彩陶盆（右）　新石器时代　中国

彩陶鱼纹盆和人面鱼纹彩陶盆都属于仰韶文化，半坡类型。农业是此时期最主要的生产部门，渔猎是重要的副业，鱼在仰韶文化中是出现最多的图像之一，特别是鱼的形象和人的形象的结合给人以丰富的联想。

图把黑人和巴布亚人（南太平洋群岛的主要民族之一，后面提到的波利尼西亚人也是。——编译者注）或波利尼西亚人和印第安人，来进行什么什么民族的划分，并显示其发展阶段，是毫无意义的。

与卡尔·毕歇尔持相同观点的大有人在；几年前，一个研究原始经济发展的德国人在其文献里（这位学者名赫尔牟特·潘科夫，作者提到的文献是在柏林地理协会杂志1896年第3期上发表的《论原始民族的经济生活》。——编译者注）说道：把各个民族进行狩猎、游牧或农业的性质划分，妨碍了我们对原始人类的经济生活情状的正确了解。确实，原始人类的生活状况肯定是狭窄的，但是它要比我们的不正确的划分要广阔得多。通常的情况是，狩猎和耕种结合，耕种又和畜牧间插。总之，人类的经济生活及其发展进程，不能这样简单地划分，也不能公式化；好像人类的一切民族都服从于同一个规律一样，或在一个地方是这种样子，在另一个地方又是另外一种样子。此外，这位学者还认为，这种简单的划分及其公式也不正确地描述了人类获得食物的各个历史顺序。同卡尔·毕歇尔一样，这位学者也认为，种植农业必先出现具有经济目的的驯养动物。他的最后结论是：这种简单的划分及其公式，是人类经济和文化发展实际的不正确描述，在知识取得各种成就的今天，应该坚决彻底地摒弃。

澳洲岩画

澳洲有绘制岩画的传统，甚至一直保存到了现代社会。此古岩画中有舞者、狩猎者、鱼类和动物，反映了当时的一些生产生活场景。人的姿势让人费解，也让人把人和动植物联系到一起。

还有一位学者对这个结论也是完全同意，并提出了一个全新的分类方法。尊敬的朋友，我认为让您了解一下这个新的分类法是非常有好处的——最低等级的部落，是那些只采集大自然的天然赠品的部落，我们可以称他们为采集者；比如，澳洲土人以采集野生植物和捡拾贝壳为生；虽然他们也狩猎，但其狩猎方式是最原始的，所以只能属于采集者范畴。同属于采集者范畴的还有布什门人、火地岛的土人、波托库人和安达曼群岛上的土人，以及菲律宾群岛上的涅格里托人等等。

仔细的辨认一下，这样的分类就是我在前面几封信里称为“低等级狩猎”的那些部落。我们还是接着看这个新的分类法的描述：采集者的下一个发展阶段，可以是狩猎、渔业、畜牧业或其他特殊形式的农业；比如，德国的“用锄耕地”的农业。而纯粹的猎人或渔人只有在因其气候原因不能耕种土地的地方、即只有在特殊的地理条件下的地方才可以看到；例如，在大陆的极北方——寒带。而在其他地方，就是一个非常广阔的地带了，在那里，狩猎、畜牧以及用锄耕地是掺杂在一起的；或者准确地说，在欧洲人出现以前的那些个久远的时代就掺杂在一起了；只不过各个民族之间存在着比例的不同，或者是获得食物的方式有细微的不同，但结合在一起则是肯定的。

坦桑尼亚壁画

关于此画，一种说法是人在用矛刺杀大象；另一种说法和巫术有关，是法师正在对动物施法，而与此有关的进一步的解释是：绘画的目的是为了获得某种力量以获得更多的猎物和肉类。

纵观以上这些学者的看法，我不知道所谓的最原始的狩猎方式到底指的是哪一种程度？或者说，究竟是哪一类经济生活的方式即生产力最不发达呢？是狩猎还是畜牧抑或是农业？我当然认为是狩猎。比方说，在北美的印第安人那里，从来也不是而且也不可能是“畜牧”的民族，而且也不可能进行过农业的生产，那他们是怎样“掺杂”在一起的呢？或者说他们早就已经从事过农业了，今天倒退到了狩猎为生的民族？所以，毕竟应当承认，那种划分及其古老的公式还是有一定的正确性的。当然，这样的划分只是指出了一个民族处于某种生产力的“时机”或“时段”，却并没有强调它们的先后；而且也应当承认，这样的“时机”或“时段”在它应该发生的地方发生了，并对这个民族的社会发展进程产生了巨大而有决定性的影响。

玉璇玑（左）玉琮（右） 中国

均属龙山文化玉器。玉琮近乳白，高4.4厘米，表面刻画凸出的直条纹；玉璇玑主体呈青灰色，高8厘米，外缘由三个形状相同，向同一个方向旋转的牙以及附加的三组锯齿纹组成。

于是，上面那些学者的议论，让我们想起了矿物学家通常所做的那样：在自然界中找不到纯粹的结晶体矿物时，他们就说这些矿物的含量是“掺杂”或“混合”在一起的。

所以，关于人类的经济活动的形式问题，至今还是争论不休的。

第四封信
艺术类型的起源和发展
YISHULEIXING DE QIYUAN HE FAZHAN

尊敬的朋友：

我在第一封信的结尾时曾经说过，下一封信将要谈谈原始民族的艺术，结果重点谈了原始民族的经济，就占去太多的篇幅。现在我来履行自己的诺言吧。首先，我希望我们在“原始民族”这一术语上达成共识，即所谓的“原始民族”是指那些在文化的发展上还没有达到文明阶段的部落，他们的数量当然是很多的，在类型上也是千姿百态的。但是，这就出现了区分的困难，即文明民族和野蛮民族的界线到底在哪里？

著名的路·亨·摩尔根在他的《古代社会》中认为，文明阶段应当从发明语音字母和开始使用文字的时候算起。我认为，如果允许我有极大的保留则可以同意摩尔根的观点。因为无论我们把这种区分推延到何种阶段，我们也不得不承认这一事实，有许许多多的部落处在各种不同的文化阶段上；并且，问题不在于是否发明了语音字母和是否开始使用文字，而是这些众多的部落里有许多是只有前者而无后者。那么，这样的种族特点之差别就非常的微小，有的我们根本看不出来，而我们要加以研究的材料又是如此的广泛和多种多样。所以，只能从一个种族的艺术着手，因为这一种族的艺术和另一种族的艺术几乎没有差别。而人类的原始艺术，可以说是人类的普遍语言，是用同一个模型铸造出来的纪念物；这样的一模一样的纪念物遍布了整个地球，他们的遗迹在广阔的地区——从太平洋各岛屿到密西西比河沿岸，从波罗的海到希腊群岛——都可以找到。但是，他们是相互影响的吗？否！绝大多数情况下，这样的影响是等于零的。从某些方面说，这可以大大减少我们的研究

骨 笛　新石器时代

舞阳贾湖出土。用猛禽骨制造而成，方法是截去两端关节之后再钻圆洞。骨笛上大多有七个孔。其中一支骨笛全长22厘米，外表光洁，保存完好，它们与现代常用的乐器竹笛十分相似。

红山文化女神　新石器时代　中国

在红山文化发现的这尊女神虽然残缺不全，但是仍然能明显地看到其舞蹈的姿势。

工作的艰辛；但从另一方面说，我们的任务依然十分的艰巨和复杂，因为属于原始的民族（未达到文明阶段的）有澳洲的部落、波利尼西亚的部落、美洲和非洲的众多土著民族；对这些处于野蛮的或至少是未开化的民族，因其在文化的发展上处于不同的阶段，他们所提供的经验材料当然是繁杂而又千奇百怪的；那我们将如何来考察呢？

同时，还有一个问题。我们为什么要将原始民族的艺术进行充分的考察，而对文明民族的艺术却漠然置之呢？那是因为，文明民族的艺术，由于受到经济和技术的影响，由于社会里的人被划分为各个阶级并由此阶级划分产生了阶级对抗，使那位艺术女神的形象被大大地模糊了。而处于原始时代的部落，因其没有阶级的划分或虽然有但还未发展到对抗的程度，其艺术保留了她本来的特质。所以，那些离阶级社会越远的民族，所提供的研究资料就越合适。但是，是哪些部落距离阶级划分的社会即距离文明的阶级社会最远呢？回答是：那些生产力最不发达的部落。或又问：生产力最不发达的标志是什么呢？又回答：就是我们前面经常提到的狩猎部落；虽然他们也兼具捕鱼或采集野生植物的果子或根茎，但总的说来是狩猎部落。所以，我们首先要研究的就是狩猎部落和一些在文化发展上与他们最接近的部落。对一些处于较高阶段的民族或部落如非洲的黑人部落等，除非他们的观察资料可以改变或证实狩猎部落的典型现象，我们才加以采用。

现在，我们就从舞蹈开始吧。

舞蹈是一切原始部落最初的也是最具有重大意义的艺术。其节奏感是舞蹈的最大特征——我们从第一封信里已经得知，觉察节奏里面的音乐性能力以及对节奏给以欣赏的能力根植于人的天性（而且并不仅仅局限于人类）。那么，这种能力在舞蹈中是如何加以表现的呢？在舞蹈者的有节奏的动作里，具有什么深刻的含义吗？这样的动作与他们的生活形式或生产方式是否具有某种关联呢？

模仿动物的动作是某些舞蹈的肇始，一般来说，这样的模仿都是简单的。比如：澳洲土人盛行的青蛙舞、蝴蝶舞、野犬舞、袋鼠舞以及一些鸟雀舞等等都是从动物那里简单模仿得来的。推而及之，北美印第安人的熊舞和水牛

希腊喜剧演员陶塑

这些陶塑制作于公元前2世纪左右，形象鲜明，栩栩如生，反映的是演喜剧的演员。“喜剧”一词源于希腊语，原指在狂欢节上演唱的歌曲，除歌舞外，还包括促成的笑话和有观众参与的即兴穿插表演。

舞也是模仿熊和牛的动作。而巴西印第安人发明的“鱼舞”和巴凯里人的“蝙蝠舞”也莫不如此。显然，这一类舞蹈的本身显示了人类的模仿能力。其中，袋鼠舞的模仿者澳洲土人，是这一类模仿中最成功的艺术之一；其模仿袋鼠的面部表情在欧洲的任何一个剧院里，都引起了暴风雨般的掌声。

对生产劳动过程的模拟，也是舞蹈艺术的源泉之一。对女性来说，她是怎样爬上树去捕捉鸟鼠的，或者她是怎样跳入水中捕捞贝壳的；或者她是怎样挖掘可食植物的根茎的等等，都被舞蹈者表现了出来。男人也同样如此，澳洲土人创作了划桨舞，新西兰人创作了造船舞；而所有这些舞蹈都是和生产劳动的程式紧密相连的。我们之所以要加以特别的注意，就是因为它们是原始艺术活动与生产劳动紧密联系的明显例子。同时，我们也清楚地看到，与生产活动紧密相联系的社会组织也诞生了出来，由狩猎方式的本身性质所决定，或者说，由于狩猎活动所获取的生活资料是贫乏的和不可预期的，这一类组织不可能广泛地或长久地存在，并且人数会随着狩猎性质的不同和大小而有所变更。通常，澳洲土人聚集在一起狩猎的人数，会随着季节的不同而不同，最多不会超过50人。在菲律宾群岛上的爱塔人，打猎时通常是二三十个人集中在一起（他们的生活群体也与这个数目不相上下）；布什门人是游牧民族，他们聚集在一起的人群通常是由20到40个家庭组成；而波托库多人的游牧人群有时候可以达到100人以上。即使是有着40个家庭或一二百人组成的游牧群落，依然算不上是大的，这由当时贫乏的猎物资源所决定。故而，经常发生一个群落与另一个群落为争夺猎物资源地的战争。这里必须提醒，发生战争的群落通常是彼此独立的。比如，北美的红色人种的各部落之间，就常常发生争夺某一区域的狩猎权的战争。

这类战争的发生有时是因为很小的事情引起，但无不显示了当时的食物贫乏到了何种程度。一位学者与非洲的一个黑人部落的首领有如下一段饶有趣味的对话：“你们经常同邻近的部落打仗吗？”“不，但有时候我们的人会跑去别人的林子里打猎。邻近部落的人就捉住他并打他，我们就跑去营救，于是就打起来了。”“这样的打仗怎么结束的呢？”“有时是双方都打累了，自然停止；有时是一方被打败了，承认赔偿为止。”

在此原因下的原始部落之间的冲突，屡屡发生，这就种下了相互仇视的种子和增加了相互竞斗的频率；而一方的战败或屡屡地被欺压，也增加了复仇的心理，并成为了下一次新的冲突的导因。所以，原始部落的生活方式在摄取食物的同时，还必须随时应对可能发生的械斗。但是，他们人数不多，武器也少，又不能选拔和培养专门的战斗成员（即职业战斗成员），只能身兼双重身份，一是猎人，二是战士。因此，具有战斗能力的战士就成为了男性成员的理想追求。比如，在北美的红种人那里，整个部落的社会舆论都是要求部落里的男性成员成为无敌无畏的战士，并希望他们树立追求战斗荣誉的理想。这样，许多的宗教信仰和仪式就应运而生，许多的舞蹈也顺应了部落的迫切需求而诞生了出来。故而，这些部落的舞蹈艺术追求刚猛或胜利，也就不足为奇了。这就是艺术和生产力以及战争之间的因果关系。

如果我们承认真正的艺术作品是形式和内容的完全统一，那就不得不承认原始时代的战争舞是名副其实的。以赤道非洲的一场舞蹈为例，那场舞蹈的舞蹈者有一千余人，排列成33行，每行33人；他们一忽儿同时跳起，一忽儿又同时匍匐在地，一千余个脑袋如同是一个脑袋……起初他们同时昂头向上，表现出一种昂扬的斗志，然后又同时低下头去，发出低沉的哼鸣声；其雄浑凄切的鸣哼感染了全场的观赏者；他们的心灵受到了触动，他们站起来，眼睛里满是激动的光亮，胸膛里甚至全身都充满了激情，他们高举起拳头，随着舞蹈者的头颅和舞步、随着音乐的节奏而挥舞……当舞蹈者低着头，伏倒在地上的时候，伴随着他们那如泣如诉的吟唱，我们的心灵紧缩起来了，我们的心里升起了愤懑、无奈、忧伤

印第安玉米神陶香炉

玉米和印第安人息息相关，印第安人种植玉米，玉米养育了印第安人。在传说中，印第安人是玉米神用玉米粉做的，玉米神在印第安人心里有神圣的地位。这个玉米神从天而降，给印第安人带来了丰收的喜悦。

沧源岩画

据艺术史学家的考证，人类最早产生的艺术就是舞蹈。在远古人类尚未产生语言以前，人们就用动作、姿态的表情来传达各种信息和进行情感、思想的交流，这也是舞蹈的起源，此为中国云南沧源岩画，反映的是原始人祭祀时的舞蹈场景。

等等诸多的情感……如同我们也在战场上，如同我们也受到了外敌的劫掠或屠杀，并且我们也在亲历战场上的惨烈和失败，仿佛听到了自己的战友或亲人的哀鸣、呻吟；随后，我们看到了无依无靠的孤儿和形只影单的寡妇，在一片废墟残垣的田野上嘤嘤哭泣……

当然，这只是非洲所有的最优美和最震憾人心的场面之一，也是原始狩猎民族在表达他们的感情和理想的艺术作品之一。无可否认，这些感情和理想根植于他们所特有的生活方式，是自然地也是必然地生发出来的。而他们的生活方式由他们的生产力状况所决定，所以，我们应当认识到，他们的“战争舞”性质归根结底也是由生产力状况决定的。这一点，如果我们回顾一下前面我们所谈到的他们的身份情况，则更加明白其中的重要意义；即在他们的社会中，一个成年人既有猎人的身份，又有战士的身份；而且，他们在进行战斗时，所使用的武器也是同他们在打猎时一样的。

与原始狩猎民族的生活方式紧密联系在一起的还有梵咒舞和丧葬舞，而且其中的因果关系不言自明。由于生产力的不发达，原始狩猎人一直相信这个世界上有许多鬼神存在，更由于他们的认知欠缺，所以在一些超自然的力量面前，总是采取“取悦于鬼神”的态度；并在这一思想引导下，尽可能地谋求自己的益处。为了取悦鬼神，非洲的原始人总是意图使鬼神先得到好处，或使鬼神得到愉快、满足。他们用美味的食品来祭祀它，意图讨好它，甚至收买它；用一些他们自己也能够得到很大快乐的舞蹈来向鬼神表示尊敬和顺从；比如，他们在捕杀了大象之后，就围着这只大象的尸体跳舞，嘴里念叨着表示恭敬的言语或咒诀；这一类舞蹈与狩猎生活的联系是再明显不过的。同时，如果我们能够理解那时的人的思想，认为人死后魂灵飞升并变化成鬼神，那么，活着的人如果不去竭力讨好这些鬼神，那还会采取一些什么办法呢？所以，原始民族的丧葬舞与他们的狩猎生活的从属关系，也是再显明不过的。

树皮丧袍

太平洋诸岛上土著使用的丧袍之一，用树皮做成。其花纹有类似动物足爪的纹样，还有类似水纹的律动的涡卷，让人联想到舞蹈的人群。

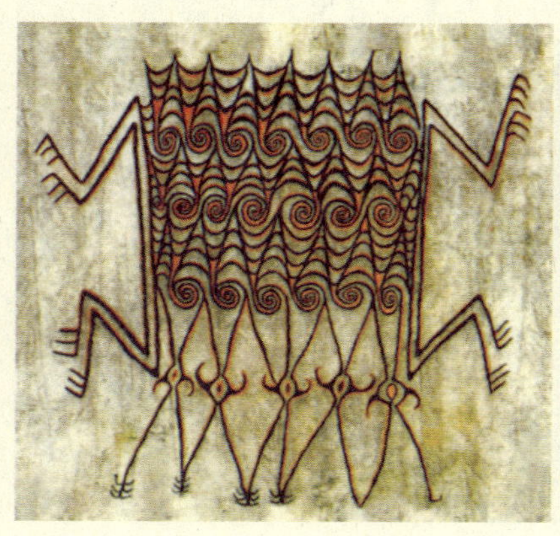

还有一类舞蹈就是性舞或求爱舞。原始民族的性舞和求爱舞乍看起来，似乎和当时的经济活动没有任何直接的联系，且多有猥亵的性质，有的更是极其淫亵。他们把生理的基本需求用赤裸裸的表情表演出来，其程度大概和类人猿对性的毫不掩饰的表达相差无几。但是，如果我们从当时的狩猎生活方式看过去，就发现，那样的生活方式不可能不对“舞蹈”产生影响；也就是说，由于当时的

复活节岛上的群雕人像

原始艺术在一定程度上体现了当时生产力的发展水平。这些至今仍然屹立在复活节岛上的宏伟雕像与中石器时代的斯通亨治巨石阵一样，是在当时较为发达的生产力水平的基础上制作的。

生活方式决定了当时的两性关系，并因而产生了这一类舞蹈。尊敬的朋友，我似乎看见你正在搓手："呵呵，可见在原始人那里，也并不是一切都是从经济因素出发的，他们特有的生产方式与经济的联系也不是那么紧密的，性舞或求爱舞就无可辩驳地证明了这一点。所以，我们必须承认，哪怕仅有一次例外，也说明总的原则不是如铁桶一样牢不可破的。因此，你那对历史所作的唯物主义的解释就是一个站不住脚的论断了。"这里，我要详细地解释一下。如果你真的持有这样的看法，那么请你注意这么一点：人们的基本生理需求是由经济关系创造的和决定的。毋庸讳言，在远古的类人猿时代，当他们连微小的生产活动都没有的时候，即没有任何经济活动的萌芽的时候，他们也是具有性意识（*或性感觉*）的，当时的两性关系就由这样的性感所决定。随后，人们的文化具有了阶段性的发展，这样的两性关系就随着家庭的建立和发展而具有了不同的形式。大家知道，家庭的发展必然受生产力的发展和整个社会的总的经济关系的制约；于是，原始的性舞或求爱舞也就和经济因素联系起来了。

这样的推论用在宗教观念上也是如此。我们知道在大自然中，如果没有原因，则不会有任何的事物，即没有任何事物找不出它发生的原因。这个情况用在人们的心理上，就反映在他们总是想找出他们感兴趣的现象的原因。当然，原始人的认知能力极度欠缺，他们只能根据"自己"来判断并寻找原因；于是就认为：自然的现象一定是某种力量的有意识行为（*因为他们"自我"是有意识的*），当然就产生了万物有灵论。这一万物有灵论同原始人的生产力之间的关系可以这样来阐明：当人们对自然的控制逐步增强的时候，万物有灵论的影响反而越来越窄狭。我们自然不会说，由于原始社会的经济而产生了万物有灵论；不，它不是这样的，正如刚才我们谈到的，是人的天性

褐色釉动物纹提环壶

原始先民在长期用火中发现，泥土在经过一定时间的火烧之后，会变得更加坚硬。之后，用于日常生活的陶器开始出现，久之，人们又发现不同的泥土在烧制后颜色会各异，遂产生了彩陶。与陶器一样，许多被后人认为美的东西，都是先民在长期的劳动中发现和创造的。

产生了万物有灵论的诸种概念，再由这些概念的发展即它们对人的社会行为的影响而产生出来的；也就是说，归根结底是由这些“行为的影响”即经济关系所决定的。比如，在万物有灵论的诸种概念中，有一种对人死后生活的信仰；这种信仰的本初并没有影响到人们的相互关系，也没有同人们的褒善贬恶愿望相联系，它只是逐渐地与原始人的实用道德相联系了起来。譬如，人们看见勇敢的人生活得幸福和惬意一些，就想当然地认为，勇敢的人在死后的生活，也一定比普通人在死后的生活更幸福和惬意，于是就对现今的人们（特别是信仰者）的生活发生了毋庸置疑的有时是很强有力的影响。从这个意义上说，原始宗教的萌芽就自然而然地产生了，并作为了整个社会发展的因素。但是，这个“萌芽”的实际意义，又受那些经过实践而制定的理智的规则（即规定什么样的行为才是可以的）制约，而这一点，当然又被一定的经济基础上产生的社会关系所决定；所以，如果在社会的发展方面作出了贡献的原始宗教，其意义可以说完全根植于经济之中。

因此，从表面上看，是宗教的强烈影响而使得艺术发展了起来（这当然是事实）；实际上，宗教的发展是在经济的影响和制约下进行的；故而，这一论断并没有辩证唯物史观的正确性。尊敬的朋友，我要提请你注意的这一点，是非常必要的；因为如果你忽略了这一点，往往就会闹出一些浅显的笑话，并且会和“与风车作战”的唐·吉诃德先生交成好友。

我还要指出的地方是：原始社会中最初的分工就是男女的分工。当男子在外狩猎或作战的时候，妇女们就进行采集植物根茎果实（有时还采集贝壳）和照看孩子老人以及操持家务等工作；这种分工也无可避免地进入到舞蹈之中。男人有男人独有的舞蹈，女人也有自己独特的歌舞；只是在极其稀有的场合中，才有男女共舞。巴西的印第安人，一遇到节日或庆典，男人们就跳“打猎舞”，这些舞蹈没有妇女们什么事，其原因在于，那不是妇女的本分的工作。她们在此时，通常做的就是做菜煮饭，以便于更好地款待宾客。

前一自然段中我曾经说过，各种概念的万物有灵论是逐渐地和原始的道德发生联系的，但就是这个人所共知的事实，也有一些人视而不见。我在第一封信中说到的托尔斯泰伯爵，他的意见就是同这一人所共知的事实完全抵触的。他认为，任何一个社会中的社会成员，其本源的善恶意识，无论何时何地都是一种宗教意识。但我认为，在原始民族的艺术中占有相当大的比重的那些丰富多彩和精美绝伦的舞蹈，就其重要的地位来说是无可非议的，都是表达了当时社会中具有重大意义的行为和情感，那就是人类的“善与恶”的情感。这表明，它们之间具有最直接的关系；而宗教意识，在绝大多数情况下，却同这些舞蹈没有任何直接的联系。

把托尔斯泰伯爵的上述意见应用到中世纪的天主教各民族身上，我们也看不到任何正确之处，虽然对于天主教各民族，其社会道德与宗教的联系已经到了水乳交融的地步，并延伸到了一切能够触及的领域。但是，这些民族中间的“善与恶”的意识，也并不可以用宗教的意识来全部概括，他们通过艺术而表达的情感，有的甚至同宗教没有丝毫关系。在此前提下，我们只能说，对那些能够描述、唤起并表达对一个社会具有重大意义的行为、感情甚至事件的艺术作品，才可能诞生并获得社会的认可。比如，我们在舞蹈中看到，巴西人的鱼舞、北美人的头皮舞，以及澳洲妇女模拟捉蚌和蟹动作的蚌蟹舞等等，都是同他们当时当地的部落生活紧密地联系着的，而且这些生活方式所具有的重要意义，也通过舞蹈表达了出来。诚然，舞蹈者在跳这些舞蹈时，不会获得直接的经济利益，而看舞蹈的人，也不会从中获得什么直接利益；可见，人们在热爱这一类艺术时，是完全抛开了任何功利计虑的。但是，无可否认，他们在欣赏这一类艺术品时，虽然表面上是无私的，实际上是在欣赏那些能够给本氏族（或

闪电之神　树皮画　大洋洲

澳大利亚土著心中的闪电之神瓦拉·昂迪那。和很多原始部落一样，澳大利亚土著人十分注重土地和自然。他们认为闪电代表宇宙勃起的阴茎，象征生命与繁殖。

泉　安格尔　油画　法国　19世纪

19世纪法国新古典主义的代表画家安格尔的这幅油画《泉》精美典雅，有着很明显的唯美主义的倾向，无数富有音乐感的圆的配合以及线条的流动和韵律让人感到他接近东方美的新趣味。

部落或其他形态的社会组织）带来重大利益的东西。这又回到了我们先前谈到过的那种道德的层面上，如果单个人抛开了个人的利益而干的某件事情是符合道德的，则意味着这一“道德规则”是同本氏族（或部落或其他社会组织形态）的利益相一致的。所以，凡是有着“个人自我牺牲”意味的，只有在符合氏族整体利益的情况下，才是具有意义的。因此，康德作出“美是没有任何利害关系而从心底里喜好的东西”的定义，是完全错误的。可是，我们批判了康德，又拿什么来取代这一定义呢？我们能不能够说，美就是那些撇开了一切个人利益而喜好的东西呢？不，这样说是不确切的。如果艺术家（无论是一个体还是群体）的作品对他本人来说就是目的的话，那么，对于欣赏者（无论是欣赏索福可勒斯的《安提戈尼》，还是米开朗基罗的《夜》，还是“划桨舞”……）来说，一般也会在欣赏艺术作品时，忘掉一切眼前的利益，包括个人的实际利益和氏族集团的利益。

伊费的王后像

伊费是居住在尼日利亚西南部的约鲁巴人的首府。最早的雕塑是赤土陶像，到了11世纪开始有铜像。这尊王后像是黄铜制造，醒目的是面部的皮肤划痕，体现了当时的纹面风俗。颈项佩带的项圈饰物至今还可以在尼日利亚某些地方看到。

即，所谓的艺术作品欣赏，就是抛开那些有意识的利益考虑，而只对那些有益于氏族的东西（无论是对某种现象或心境或情感的描绘）感兴趣。对一件单个的艺术品来说，不管表达的方式是形象的还是声音的，都对我们的直观能力产生作用，却对我们的逻辑思

伏尔加河上的纤夫
列宾　俄国　19世纪

列宾（1844—1930）的艺术创作代表了那个时期俄国巡回画派现实主义艺术的最高成就。这些绘画作品刻画历史，反映社会现实，以人民作用为基调，是人民民主高涨时期的反映，而不是以纯粹感官上的美为标准的。

维不产生作用。因此，当我们欣赏一件艺术作品时，如果我们首先考虑“它是否有益于社会”，则我们就不会有任何审美的快感，而只是在观看一件审美快感的替代品；即不是作品本身给我们带来快乐，而是这些考虑给我们带来快乐。但是，由于艺术作品总是用形象在导引我们进行这些考虑，所以就出现了一种特别的心理错乱现象。也由于有此错乱的状态，我们就会错误地认为是“形象”引起了我们的快感；实际上却是形象引起了我们的“思想”的快感；所以，它的根源依然是我们的逻辑能力，而不在于我们的直观能力。真正的艺术家总是倾向于激发我们的直观能力，而带偏颇倾向的艺术家总是想引起我们对普遍利益的考虑，即总是想对我们的逻辑能力发生作用。

舞 蹈　墨西哥

印第安人的舞蹈既是语言又是庆祝典礼，其种类不计其数。从人生的各个阶段到普通的生活现象，印第安人都用舞蹈来观照，如出生、青春期、死亡、战争、婚姻、建房和开园等。这些舞蹈大部分都仪式化了，偶尔有自由发挥的。

但是，我们也必须记住，人类历史的发展过程中，以有意识的功利目的来对待事物，总是先于以审美目的来对待事物。有人（这里指拉特采尔，人种学家，著有《人种学》一书，其他不详。——编译者注）一直不赞成这样的观点，他们总是把审美的自觉性建基于它不可能建基的原因上，而自己却在多种场合下，不自觉地首先强调了“有用”是第一原因。譬如，大家知道的，几乎任何地方的原始人都会用某些植物的液汁、油脂或黏土来涂抹身体；这种习俗不言而喻地影响了原始人的审美观，也在他们的化妆方面起到了极大的作用。但是，它的本初原因是什么呢？很多人不甚了了。也是同一个人指出，当霍屯督人（南非班图族的一支，属于父系氏族部落的游牧民族。——编译者注）用一种叫布胡（Buhu，植物）的芳香汁液来涂抹身体时，他们首先是为了避免身体受到昆虫的侵害；他们还尽力地涂抹头发，也是力图保护自己的头部免受太阳光的强烈照射。一位耶稣会会员在谈到北美的红种人时，也是认为他们用油脂涂抹自己的身体就是为了避免太阳光的强烈照射。还有一位著名的人种学家特别有力和令人信服地提出了对这一问题的看法，他在谈到巴西的印第安人用彩色黏土涂抹自己的身体的原因时，说道：最初，他们一定是发现黏土可以使身体免受蚊虫的叮咬；尔后，他们才注意到，身体被涂抹之后变得更加美丽了。所以，那些黏土是因为其有用才被人们认识，尔后才把快乐建立在了黏土之上。虽然快乐是装饰的原因，正如过剩的精力积聚是娱乐的原因一样；不过，至少我们从巴西的印第安人那里看到，有用的东西和装饰的东西虽然结合在一起，但有理由相信，前者必定先于后者。

由此可见，原始人最初把植物汁液、黏土、油脂等往身上涂抹，是因为它们具有益处；后来，逐渐地发现这样的涂抹还能够让身体变得美丽，于是就开始了单纯地为了"美"及"审美的快感"而涂抹起身体来。这样的时刻一旦到来，就表明先前的"事物"被贯注了更多的"因素"，其影响力决定了原始时代的化妆艺术后来的演变和流延。例如，东非的瓦若若部落的黑人，就喜欢用石灰来涂抹脑袋，而石灰的白色和他们的黑色皮肤一对比，就显得更加美丽。这些黑人为了同样的原因，还喜好用河马的牙齿制成白得耀眼的装饰品来陪衬自己黝黑的身体。同样，巴西的印第安人比较喜好浅蓝色的珠串；他们之所以喜欢，是因为这样的珠串比其他的饰物能把自己的身体塑造得更加地美丽。总之，对装饰艺术而言，对比的作用（即对立的原理）是具有非常重大的意义的。

玛雅人的陶器

玛雅人的陶器大多和祭祀有关，奇特神秘，让人难以解读。上面的陶器绘制的是羽蛇神，头上插满羽毛，身上也有着奇特的装饰；下面的陶盆是人和动物的奇异组合，都与图腾和宗教有神秘的联系。

陶制印加武士和他带领的羊驼

印加帝国农业发达，畜牧业方面驯养美洲驼和羊驼。陶制印加武士的身上，我们看到他们奇特的几何形状的装饰，这种形象让人联想到现代的机器人和种种猜测。

当然，原始民族的生活方式对装饰艺术的影响，也是同样的巨大（如果我们不使用"更加巨大"这一说法的话）。除了以上举出的原因，还有另外一个原因也需引起我们特别的注意。涂抹或涂画自己的身体，是为了让敌人看来更加的可怕或可怖；这一愿望的"因素"显然是非常的巨大而且有用的：当他们（野蛮人）在打猎或战场上的激烈搏斗中，发现自己身上如果沾满了鲜血或泥污，可以使周围的人产生一种既厌恶又恐怖的印象；这种交织在一起的印象可以在打猎或战斗时，取得心理上的优势。于是，他们就会尽量设法来达到这样的恐怖效果。

事实上，一些狩猎部落在打猎成功后，就要用被打死的动物的血来涂抹身体，或在打仗之前和跳战争舞之前，用红色的汁液、黏土等把身体涂得红红的；这时的红色代表鲜血，而鲜血又延伸到勇敢、刚烈等等。这一习惯或习俗首先在战士中间逐渐地产生和树立了起来，大概他们还想取得女性的欢悦，因为女性由于主要承担操持家务等，一直把勇敢和刚烈当做崇仰的对象；而缺乏勇敢和刚烈的男子，一般会受到她们的鄙视或轻蔑。也有一些别的原因使人们使用或喜欢别的颜色，如澳洲的一些部落在遇到需要向死者表示哀悼时，使用白色的黏土。而欧洲的白种人为了表示哀悼，一般使用黑色的装束。这些现象可以作何解释呢？我认为应该是这样的：在原始部落时代，人们通常引以为豪的就是自己种族的身体上的一些特点，比如，黑色皮肤的人会把白色皮肤的人当做丑陋的人种来看待，故而想方设法的强调自己的黑色皮肤。如果悲伤使他们暂时地使用白色，大概是由于我们在前提到的对立或逆反原理。但是，也许还有其他一些原因，我们假设原始的人在亲属去世后，把自己涂成另外的甚至相反的颜色，是为了亲属的魂魄不至于认出自己，因为他们害怕也被拖曳到阴间里面去。如果这一假设是正确的（好像没有什么不正确的理由），原始人在亲属去世后用颜色来涂抹自己，就是一种使自己不被认出的最好办法。

无论原因是以上所说的之一还是几种的综合，最初的涂抹皮肤很快就进入到涂画皮肤的阶段，而且涂抹本身也进入到一种更加复杂的程序上去了。在非洲，那些拥有众多牲畜的黑人部落，认为把身上涂满牛油就是最好的色泽；而另一些部落则把牛屎或牛尿往身上涂抹。在这里，牛屎或牛尿又变成了财富的象征，因为只有拥有牛的族人，才有可能涂上这些东西；或许他们还认为，牛油或牛粪比起木灰来可以更好地保护自己的皮肤。如果这一“或许”也是正确的，则从木灰过渡到牛油牛粪，应该是畜牧业达到了更大发展的一个标志；也就是说，原先纯粹是为了功利的考虑，尔后才发展到审美（牛油和牛粪比起木灰来能够使人得到更多的愉快和更大的美感）。而且并不仅限于此，某人使用了牛油或牛粪，即向他的亲友们表明了“他相当的富裕”。同样明显的是，他之所以要在亲友们面前证明，是因为富裕能够给人带来普遍的快乐；也即是，证明这样的富有的快乐必定先于在身上涂抹牛油或牛粪所带来的审美快乐。

非洲茅屋

人体上、器物上、建筑上，图案随处可见，既来源于某种宗教情感，也是一种标记，是判断事物归属权的依据，客观上促成了原始装饰艺术的诞生。

再后来，原始人发现，涂抹或涂

非洲雕塑

非洲雕塑上可以看到人体上有非常明显的割痕。一般而言，不仅存在着男女的差异，不同年龄和身份的人身上的文身是不相同的。

画的工作繁复而又费力费神，所以，他们中间的部分人开始了在身上刺下一定的花纹；虽然这些花纹看起来更为复杂，但却可以保存很长一段时间甚至终身，这就是文身。显然，进行这样的文身，是为了把自己装扮得更加美丽，那么是否可以说，文身的审美目的先于文身的功利目的呢？

尊敬的朋友，你显然知道，通常有两种文身，一种是普通意义上的文身，我们把它叫做真正的文身，也就是文身的本义；另一种是用割痕的办法把皮肤割成某些形状的花纹，我们把这一类叫做割痕文身，但只用割痕的概念来叙述。普通意义上的即真正的文身，是用机械的办法把染料注入皮肤里面去，在多次的浸染后，形成或长或短时间的纹路图案，有些还是永久性的纹路图案；而割痕则是用切割或烧灼的办法，让皮肤上留下永久的疤痕，虽然这些疤痕是经过精心的布局而呈现出各种各样的花纹的，但总的是使皮肤受到破坏。这种办法在澳洲称为“曼卡（Manka）”，以便和普通意义上的真正的文身相区别。奇怪的是，实行割痕的部落一般不会再实行文身，而崇尚文身的部落少有还去割痕的。这是为何呢？如果我们认定黑色皮肤的人种流行割痕，而浅色皮肤的人种流行文身那就什么都明白了。事实上，黑色人种的皮肤经过割痕后，还会有意识地放慢伤口的愈合时间；那么，通过化脓后愈合并生长出来的皮肤，其原来的色素就受到了破坏，最后形成了浅色的疤痕；这样的疤痕由于显现在深色皮肤上，不但鲜明而且可以任意地用花纹来点缀；所以，黑色皮肤的部落对割痕就感到满意。如果与此相反，黑色皮肤的人种采用文身的办法，其花纹再好看再精彩，也不会得到鲜明的显现。而浅色皮肤的人，情况就不同了；如果他们使用割痕，则不会在皮肤上鲜明地显现出来，但是，他们的皮肤却适合于纹刺；纹刺后用颜色一浸染，其花纹就很容易得到显现。因此，区别在于皮肤的颜色而不在于其他。但是，这仍然说明不了“曼卡”和文身是怎样“发生”的，即在最初的时候，为什么黑色皮肤的人采用了切割而浅色皮肤的人采用了纹刺呢？它们的必要性在何处呢？

在北美洲，一些部落在自己的皮肤上纹刺的花纹图案，都是一些动物，其原因是他们认为这些动物是他们部落的先祖。巴西巴凯里部落的印第安人也是同样的理由，他们在儿女的皮肤上画上一些黑点和黑圈，使它们与豹子的毛皮形似；也因为他们把豹子认做是自己部落的始祖。这里，我们十分清楚地看出了原始人的发展进程：即，野蛮的原始人最初在皮肤上涂画某种花纹或图案，后来又把这些花纹图案刻在皮肤上，是为了作出某种标记，表示自己来自于某种动物；而之所以要标明自己属于某一先祖，一是因为他们对祖先存有感激之情，二是相信在祖先和他的一切后裔之间存在着某种必然的或神秘的关系。于是，我们可以很假定地说，文身是一种原始的宗教感情；或者换一个说法，宗教的开始就是因为有了“文身”。如果我们的这一假定是正确的话（同样看不出有什么不正确），我们就可以作出结论：原始的狩猎生活产生了有关狩猎的神话，而狩猎的神话又促成了原始装饰艺术的诞生。不言而喻，这和唯物史观不但不相矛盾，而且证明了以下原理的正确性：生产力的发展和艺术的发展有着必然的因果联系，虽然我们从表面上并不能看得十分清楚，或者它们之间并不总是呈直接联系的方式，但它们总是有本质的联系的。但是，上述的假定虽然看起来是符合自然发展的，却一直没有完全的经验材料来证实。北美洲的红色人种把假想中的先祖，画在或刻在自己的武器上、木船上、茅舍里或一切器皿用具上，可不可以假设说，他们之所以这样做，是出于宗教的愿望和动机呢？我认为不可以。也许更正确的是他们只是遵循了某个愿望，即把属于这个氏族的一切东西（包括人）都做上一个标记，表明是“这个”而非“那个”或“别个”。同样，如果事实真是如此，则可以再次假设：一个巴西印第安女人把她的子女的皮肤涂画成豹子的毛皮式样，就是为了标明“这个孩子”的氏族归属。把一个人的氏族关系进行明显的描绘，对这个人的孩童时代非常地有好处；比如，当走失或被拐走的情况发生时；或者，当这个人的性已经成熟的时候，它就显得太必要了。或许大家已经知道，一个人到了性成熟的时期，他的性取向将是十分重要的，如果违背了部落里的那些繁复而强硬的规矩，将会受到严厉的惩戒。比如，凡是没有某种记号的女人生下了子女，则被认为是私生子，在有些地方甚至会被处以死刑。为了避免这样的情况发生，就在成熟了的人身上，作出各种各样的表示身份的标记。

木制人形容器　非洲

至今非洲武士都喜欢用羽毛和野兽的牙齿等来装饰自己的全身。因为它们是战利品，有能力的人才可能拥有更多的这种东西，他们以此炫耀自己的力量和勇气。他们的审美观和实用的观念是紧密结合在一起的。

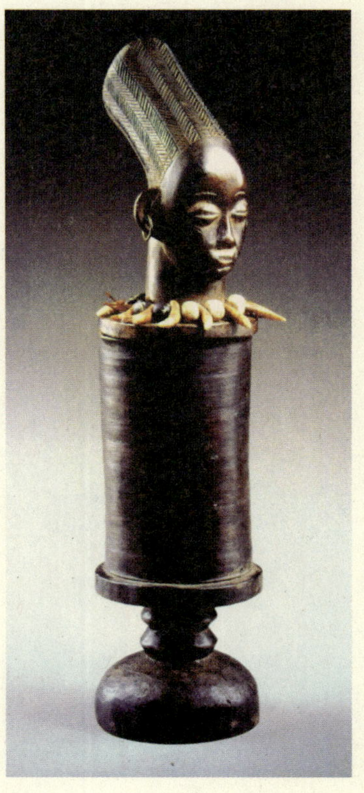

因此，年轻人一旦达到性的成熟，就会想方设法地进行文身，而甘心承受文身所带来的身体的苦痛。

当然，以上的描述不能概括全部的情况。一个野蛮人的文身，也许是表达自己的氏族归属，也许是在描绘自己的身世和一生的重大事件。有人讲述过这样一个事例：一个老年的红种人，他的面部、胳膊、颈部、肩膀、胸膛、后背甚至大腿上，都画满了他曾经参加过的各式各样的战斗场面和其他经历的事件；也就是说，他把一生都刻画在了身体上。当然，一个人的文身，并不仅限于表现这个人的一生，也可以反映他的整个社会生活，至少是他处于的那个社会生活的一部分以及他与那个社会的某种关系。可以不特别地说明的是，一个女人的文身不会和一个男人的文身完全一样；甚至同一个部落的男人们，其身上的文身也不会是一模一样的；因为，奴隶主与奴隶要相区别，而富有者和穷困的人也要有所区别，并且是力求不彼此相同。事情渐渐地进入到这样一种地步，由于对立的原理，地位最高的人或相比较而言地位较高的人，慢慢地停止了文身，以便同普通大众相区别。总之，北美的印第安人在自己的皮肤上刻画下种种标记，是为了记住他们所经历的种种事件，也可以说是一种纪要或备忘录；而这一方式成了普遍遵循的规矩，最后成为一种习俗，那是因为这一习俗对他们来说，总是有用的，甚至是必要的。也就是说，野蛮的人最初尝到了文身的好处，后来慢慢发展到通过文身来获得审美的快感，并慢慢地养成了审美的习惯。所以，我们坚决不同意“文身的最初目的是为了审美”的论断。但是，我并不因此就回答了这一问题：让原始人实行文身的实际好处到底是什么？我只是相信：促使原始人文身的原因是因为“纪要和备忘录”的实际需要，并由此开始建立和推广了文身的习俗。但是，也许还有其他一些原因，比如，封·登·斯坦恩就说过，这种习俗的发生是因为割开皮肤，可以减少因战斗或劳作造成的伤口的发炎，并由于它有审美的功效而被人有意识地发展起来。而且，现在的原始部落里，医生就通常采取这种办法来治疗伤口。封·登·斯坦恩还在那部我已经引证了许多材料的非常卓越的著作《在巴西的原始民族中间》里，描绘了在加塔伊玉部落里，有一个女人身上的割痕就纯粹是为了治疗伤口而割开的。把这样的医疗性割痕同巴西印第安人纯粹是为了装饰而进行

殉葬屏风　木雕　尼日利亚

从此殉葬屏风上可以看到非洲面具的特点，具有浓郁的巫术气息，被赋予神奇力量，往往在祭礼、丧葬、祈雨时使用。随着时代的发展这些面具的娱乐性逐渐得到加强。他们头上有明显的用漂亮羽毛做成的头饰。

的割痕混同起来，是相当容易的。因此，文身的最初原因是从医疗发展起来的也是十分有可能的，只是到后来，才具有了出生证明、备忘录、护照等等作用。话说到此，如果我们再考虑到原始时代的医生特别是外科医生总是由巫师或魔法师兼任的，那么，在人的皮肤上割痕或文身总是伴随着宗教意识、宗教仪式等等，也就完全可以理解了。这样，我们至今所知道的一切有关文身的材料，完全可以证实我们先前提出的那个观点：用功利的目的来对待事物，总是要先于以审美的目的来对待事物。

史前绘画

人类的生产活动是一切其他基本活动的前提。这一方面在于人要满足基本生存需要后才能从事其他活动。史前艺术在内容与形式方面都留下了大量的劳动生产活动的印记。图为非洲史前岩画，描绘的是史前先民在驯化野牛。

现在我们来看原始装饰的起源，也同文身一样可以证实我们的观点的正确性。原始时代的猎人打死飞鸟和野兽，首先是为了吃它的肉，而那些诸如羽毛、骨头、牙齿、脚爪和兽皮等等，虽然不能吃，却可以用来证明他的力量、勇气或灵巧，至少可以证明他的成绩。因此，他可以用兽皮遮掩自己的身体，用兽角装饰自己的头颅，用牙齿、脚爪等做成项链挂在自己的脖颈上，或把羽毛插入自己的嘴唇、鼻翼或耳朵上。他这样做的目的，一方面显然是炫耀自己的勇武，另一方面还有一个更深层次的原因，就是表明自己有忍受肉体痛苦的能力；而这种能力在原始时代的猎人兼战士的身上，是一种非常宝贵的禀性。封·登·斯坦恩正确地指出：一个人在鼻子、耳朵或嘴唇上插上自己打猎来的“珠宝”，一定是认为这要比用线穿起来戴在身上，更能显示出自己的勇猛和壮健。由此可见，在鼻子或耳朵，以及在嘴唇上穿孔的习俗，是逐渐地发展并确立起来的，谁违背了这一习俗，在原始的猎人们看来，一定是不愉快的。这样的假设是正确的吗？我们看看如下的论述吧。

今天的文明民族，往往在自己编排的舞蹈中用上动物的面具，封·登·斯坦恩也在巴西印第安人那里，发现了许多飞鸟、野兽以及鱼的面具。但是，请朋友们注意，巴西的印第安人在模拟制作动物——比如鸽子——的面具的时候，总是要把一根羽毛插在鸽子的嘴上；显然，他们认为，本来就很温顺的鸽子，一旦戴上这根羽毛，就会更加美丽。同样地显然，这样的思想是来

两个舞蹈的女人
陶塑 墨西哥 公元前13世纪
普列汉诺夫认为，舞蹈起源于劳动，但也有学者认为，人有模仿的本能，舞蹈是人用有节奏的动作对各种野兽动作和习性的模仿；也有学者认为，舞蹈的起因是“游戏的冲动”，游戏是自白的人性的表现；还有学者认为，由于原始人的思维分不清主客观的界线、认为一切自然物都和自己一样是有灵魂的，原始的图腾崇拜、原始宗教、巫术祭祀都离不开舞蹈，甚至舞蹈是巫术活动的主要内容和最主要的表现手段，因此，他们认为“一切跳舞原来都是宗教的”。

自于人类，因为嘴唇上插根羽毛，表示这是人的战利品。当狩猎来的战利品的样子，一旦引起愉快的感觉且不管是否意识到这是一种装饰或是否想表现猎人的勇武或灵巧的时候，它就变成了一种“审美的对象”；于是，它的颜色和形状以及表现它的形式就具有了十分重大而独立的意义了。我们还可以举出部分例子，如北美的红种人部落，就是用色彩鲜艳的鸟羽做成了漂亮的头饰；友谊群岛上的一种最重要的交易，就是买卖波利尼西亚的一种鸟的红色羽毛。这样的例子还可以举出很多，不过，我们必须把这些例子看做是当时的狩猎生活（这一基本条件）所派生出来的现象。

由于很自然的一个原因——妇女的主要职业不是狩猎，故而妇女一般不佩戴野兽或禽鸟制成的装饰品。但是，她们在耳朵、鼻翼或嘴唇上佩戴诸如小型动物的骨头、木片、草茎甚至石块，却是在很早的时候就出现了的。显而易见，巴西土人身上的“波多加”就是从这一类装饰品中衍生出来的；既然这一类装饰品与男人们的职业——狩猎——没有必然的联系，所以就没有什么理由去阻止女人们佩戴了。不仅如此，这些新型的装饰品是首先由女人们发明并扩散开来的，这也是十分可能的。在非洲的本戈部落，一个女子出嫁，她的下唇总会被穿上一个孔，并插上一根小木棍；有的是在鼻孔上穿孔，插上草茎。这样的习俗估计是发生在如下的时代环境里：当时的人们还没有发明金属加工，还不懂得金属可以用作装饰品；而妇女们虽然想模仿男子，但没有权利用狩猎或战利品来进行装饰，于是只好采用植物来作象征。当后来进入到金属时代，妇女们才和男人一样，可以在自己的四肢和脖子上戴起金属圈环来作为装饰，以取代以前的羽毛、木棍和草茎。上述本戈部落的美人们，也在鼻翼上穿起一个铁环，如同欧洲人给桀骜不驯的公牛戴上一只铁环一样。冈比亚的许多妇女也是佩戴这样的铁环的。至于在耳朵上悬挂铁耳环，本戈部落里的美人儿几乎是成打成打的佩戴，为了使佩戴的铁环尽量的多，她们不但在耳垂上穿孔，而且在耳壳上也穿了很多孔。还有一些讲究配饰的妇女，她们身上没有一处突出的地方和有褶皱的地方，不是被打上了无数的窟窿的；结果她们佩戴的铁环竟达上万个。可是，在鼻环到上唇的唇环之间的距离并不大，所以，那些唇环就是我在第一封信里谈到的呸来来；当马可咯咯的老首领告诉前来游玩的人，说他们那里的妇女佩戴呸来来是为了“美”的时候，他就是在完全正确地阐述他们的审美理念了。当然，他不可能对我们解释为什么在妇女的上唇佩戴铁环是一种美，以及这样的“美感”是从什么时候开始的等等。实际上，这是从狩猎时代流延下来的，而且随着新的生产力的状况而改变了的审美趣味。

而我认为，当时的生产力状况说明了如下的事实：随着生产力状况的演进，新的时期到来了，妇女们要佩戴先前是由男人们佩戴的那些装饰品了，而男人们也不便于阻止了。本来，在鼻子上或耳朵上插一根羽毛，是男子的狩猎技巧的象征和证明，而妇女也在耳朵上或鼻子上插一根这样的东西，由于她们从来不会参与打猎，所以，男子们会很不高兴。但是，随着金属时代的到来，用金属制成的装饰品已经不含有狩猎技巧的意味，而是财富的象征；一些富有的人，会尽力地把那些财富的象征物当做装饰品给自己的女人戴上——至少在某些地方是绝对如此。有资料说，一个名叫曲姆布里的非洲部落首领，如果他得到了一根铜丝，会立即命令手下的人把它熔化掉，然后打成一条项链，戴在他的女人的颈项上。这份资料还有一个很粗略的统计：这个非洲部落的首领，他的老婆们身上戴着的金属的总重量有数百磅至1 000磅之多，再加上他的6个女儿，每个女儿至少不会低于20磅，其次是他所宠爱的女奴（们），每人也不会低于10磅，这样，他所拥有的金属——铜，应该在1 400磅上下。

以上事实都说明，起码在女人的装饰方面，其发展和改变的“因素”有无数多个；可是，所有这些“因素”一部分是原始社会的生产力状况所决定了的（*男人奴役女人是这些因素之一*），一部分是人的本性使然。首先，受生产力状况的直接影响必定以这种方式而非其他某种方式得以发生且发展；其次，才是人的本性促使装饰物品的进步和发展；例如，男人们的虚荣心就促使他们要把自己的女人（们）打扮得华丽而富有；人类的其他类似精神特性也是如此。但是，喜好金属

象牙女性像　非洲

在今天的非洲的部落里仍然能看到这种情况：人们在舞蹈和仪式中排成整齐的队列，用整齐的踏脚和拍手合着节拍。身体染色和佩戴的装饰都是统一的，各种质地的装饰品发出的声响，起到了增强节奏和气氛的作用。

制品，必然是在有了金属的加工之后才发生的，这不需要作任何特别的说明。男人以金属制品来装饰自己，同时由于没有了如同兽皮、兽角一类的象征意义，他必定也可以用金属的装饰品来装扮自己的女人、儿女甚至宠爱的奴隶特别是女奴，以便于夸耀自己的财富。这一类事例如果需要，可以举出很多。但是，我们不能认为：促使人们佩戴种种装饰物品的其他动机就没有了；不，不要这么认为。相反的是，很有可能是人们最初佩戴装饰物品——例如在腿部或胳膊上佩戴金属环——是由于它具有实际的用途；而后来的人们在佩戴它们时，除了实际的用途之外，另加上了炫耀财富的成分。再说，发展到后来，人们对金属环的审美趣味逐渐地形成，以至于只要装饰有金属环的身体（特别是肢体）也显得美妙或好看了。

人形彩陶壶
新石器时代　中国

盛水器。正面用雕塑和彩绘的手法表现裸体人像，应为男女两性的复合体。这种以生殖为主题的图案很常见，因为当时增加人口是氏族的头等大事。

威伦多夫的维纳斯

在原始人的观念里功用先于审美的价值。在对人体美的看待上也是一样的。女人的丰乳肥臀乃至于大肚是能生养的象征，因此也是美的标准。

我们以“有用”来对待事物，是先于从“审美快感”来对待事物的。你也许会对这一态度提出疑问：装饰品的佩戴（比如佩戴金属环）到底有何实际的用途呢？我显然不能回答你的问题的全部，但可以指出几点：

第一，正如你早就知道的，节奏在原始艺术特别是舞蹈中是起着巨大的作用的，他们用整齐的踏脚和整齐的拍手是为了在这些场合下合乎节拍；但是，踏脚和拍手发出的声响显然不能表达他们充沛的情感，于是，在身上悬挂铃铛就成了当然的选择。有时候，例如，在巴苏陀部落的卡斐尔人那里，他们身上悬挂的铃铛无非是用兽皮制成的袋子，里面装一些小石子，就成了原始的铃铛。后来，有了金属的铃铛，那当然就更好了。这些铃铛佩戴在胳膊上或大腿上，一边打着节拍舞蹈，一边有铃铛发出的金属声响伴奏，是相当美妙的。所以，我们看到，在同一个巴苏陀部落的卡斐尔人那里，他们舞蹈时总是乐意佩戴这样的铁环的。同样，舞蹈时金属环的互相碰撞，发出了叮叮当当的响声，那么在走路时这样的响声也是相当悦耳的；由于有了这样的声响伴奏，连走路也变得

玩蛇女郎

《玩蛇女郎》小型雕像，出自于古希腊文明之前的克里特文明，公元前16世纪。女郎（或者女神）的手腕和上臂都有金属镯子，脖子上有项链，头上也有金属饰物。裙子上衣料层层叠叠，装饰复杂。

轻松了；因而，这也许是他们佩戴金属环的动机之一。而且，在非洲的丛林里，我们还看到那里的黑人们，他们在挑担时，担子上也悬挂着金属制成的小铃铛；这些小的铃铛也能够在他们劳动（挑担）时，既起激励的作用，又起减轻劳动强度的作用。毫无疑问，金属环发出的有节奏的声响也能够减轻妇女们的劳动强度，这也许是她们喜好佩戴金属环的原因之一。

第二，佩戴金属环的习俗一定是先于金属环用作装饰的目的的。以霍屯督人为例，他们最初制作的环是用象牙和兽骨做的，称为骨环；在另外的部落里，有时是用河马或其他野兽的皮做的，称为皮环。这样的习俗今天依然可以在丁卡部落（氏族）那里看到，虽然这个部落目前正进入金属的铁器时代，如我在第一封信里所描述的那样。最初，这样的骨环和皮环，也许是为了免于在丛林奔跑时，赤裸的四肢被植物擦伤或挂伤才佩戴的，这样的实用目的也是原始人佩戴装饰物品的原因之一。后来，当金属的加工开始之后，金属环就替代了骨环和皮环。更由于金属环有"财富"的意味，把它作为财富的标志就再正常不过了。还有，骨环和皮环开始就是不大精致的装饰品，而今有了更为精致的替代品，早先的粗糙的装饰品也显得不"美"了；由于这一外形上的快感比金属环少了许多，所以，也不大讲究当初它的实际用途了。由此可见，实际用途的东西也必然要满足人们对于快感的要求，即需要满足人们的审美需要。最后，即使是战士，佩戴金属环也比佩戴骨环或皮环更能够保护自己的身体，尤其是在手臂上和大腿上；因此，金属环对于战士也是很有益的。在非洲，本戈部落的战士，他们的手臂上从手腕到肘部都佩戴有铁环。这种装饰物，可以看成是战士们后来装备的铁胄的萌芽。

这样，我们就有充分的理由说，一些金属的物品从实用的东西逐渐变成以其外形引起审美快感的东西，则是由于具有多种极不相同的"因素"的作用带来的。并且，正如在前我们一再强调的那样，有些"因素"的本身就是由于生产力的发展而引起的。至于其他的一些"因素"之所以是这样而不是那样发生了作用，也是由于社会生产力是处在这样的阶段而非是处在其他的发展阶段上。

著名的易纳马—史特尔尼格，在1855年的维也纳人类学协会上，有一篇

祭 祀

陶板画　古希腊

信徒们随着笛声向神明奉献极品，希腊历史上并不存在现在人所谓的官方宗教。希腊人庆祝神圣的节日，宰杀牲畜祭祀神，城邦之间的条约和公民私人之间的契约都通过对神的起誓作为保证，并相信命运和预兆。

专题报告——关于《原始民族的政治经济观念》。在此报告中，他提出了一个仿佛是随意提出的问题："原始民族使用的装饰物品，是因为这些东西有一定的价值才喜好这些东西呢，还是因为这些东西可以用做装饰才获得了一定的价值？"易纳马—史特尔尼格没有回答这个问题，或者他没有充分的自信来回答这样一个问题；而要回答得圆满，是非常困难的。首先，这一提问本身就不能说是正确的，因为他需要明确所谈的是什么样的一种价值，是使用价值还是交换价值？如果仅仅指的是使用价值，那么我们就有把握地回答，那些被原始民族用做装饰的东西最初是被当做对自己"有用的"东西，或者是原始人认为这些东西对部落整体利益是有"一定用处"的东西，至少是这些东西具有"用处"的一些品质，随后，这样的品质"标记"才逐渐具有了"美"的概念，也就是成为了可以审美的东西；即使用价值先于审美价值。但是，一旦对某一物品赋予了审美价值之后，他们也会只为了审美而去获得这些东西，有时甚至忘掉了这些东西的本源的使用价值。当各个部落开始了物品交换以后，装饰品就是主要的交换物品之一。于是我们看到，这种可以"用做装饰"的品质，有时（虽然不是全部，也不是经常）甚至成为促使买主一定要获得它的唯一的心理动力。

如果易纳马—史特尔尼格所谈的是交换价值，大家知道，这是一个很宽泛的历史概念。人类的交换物品概念发展得十分缓慢，由于可以理解的原因，原始的狩猎者对它只有一个模糊的意念。起初，一件物品要交换另一件物品，其间的比例如果把它说成是非常的不对等，毋宁说是完全由偶然因素来支配的。而且，一个原始民族所拥有的生产力的状况，是决定他们所特有的装饰品的性质；那么，一个部落所使用的装饰物品的性质也表明了他的生产力状况。实际的情形确实是如此，我们先看一个有趣的例子。

依然是那个非洲的黑人部落——粘粘部落，他们最喜欢人牙和兽牙的装饰品，其中又对狮牙特别感兴趣。但是，狮子是不那么容易被猎获的，这造成狮牙的供不应求；于是他们就用象牙做成假的狮牙。结果用这样的东西制成的项链配在他们黑色的皮肤上，显得异常的漂亮。可是，我的尊敬的朋友，你需要知道，这里的问题已经超出了颜色的对比，而是一种形状的移迁：在黑色的皮肤上显得如此美丽的象牙，却是以狮牙的形状显示出来的。如果有人问您粘粘部落的黑人们现在过的是一种什么样的生活，您会很有把握地毫不困难地或者一点也不迟疑地回答他：是以狩猎为生的部落——而这是非常正确的。这个部落里的男人们都是猎人，他们甚至在必要的时候，也不拒绝享受吃人肉的快乐。不过，他们并不是不知道农业，而是把农业交给女人们去料理。但是，粘粘部落里的黑人们，也在佩戴金属的装饰品，他们同澳洲土人和巴西的巴凯里人比较起来，虽然同是狩猎者，但却前进了一大步。他们之所以前进了一大步，全因为澳洲土人和巴凯里人还没有进入到金属装饰的时代。那么，装饰物品的这一进步我们以什么来鉴定呢？那当然是以生产力的进步为鉴定的依据。

另外一个例子是：在范氏（Fans）部落里，男子用色彩鲜艳的羽毛来把自己的头发尽量地进行装扮，他们还把牙齿染成黑色（这是典型的对立原理：即让自己的牙齿和动物的牙齿区别开来，因为动物的牙齿一般是白色的），将豹子的毛皮或是其他野兽的毛皮披在身上，再于腰部挎上一把大刀。这个部落里的女人们，则是光着身子行走，她们的手臂上通常都带着铜镯，头发上则是许许多多的白色珠串……这一切林林总总的装饰物品，同他们部落的生产力之间是不是存在着许多的因果关系呢？是的，不仅存在着连带的关系，而且还一眼就可以看出，他们必定处于狩猎为生的时代——男子，从服装上就是典型的猎人装束。至于这个部落的女人，她们的饰品是珠串和铜镯，虽然同打猎没有直接的关联，但是，她们却是用狩猎的最珍贵的物品之一——象牙——去换来的。男人们不允许女人们用猎获物的某些品种直接进行装扮，但允许她们拿他们辛苦狩猎得到的战利品去交换其他的装饰物品；为了自己的女人能得到其他发展到更高阶段的部落（或民族）的装饰品，他们不但同意这样的交换，也同意这样的装饰。因此，这里决定范氏部落人的审美趣味的，正是生产力发展的较高阶段。

再举第三个例子。非洲一个岛屿上的部落，喜欢穿一种用树皮做成的斗篷，但他们把斗篷的式样竭力地做成如同豹皮一样的花纹；而邻近的部落里使用的金属镯子在这里只有富人的妻子才会佩戴，普通的妇女只满足于用树皮做成的镯子；而且，邻近的部落里为保持头发的式样而使用的铜丝，在这里也是没有人使用的，他们保持头发的样式就用草或蔓藤。这些装饰

人头形陶器盖　新石器时代　中国

文身是世界各地原始部落民族的纹饰肤体的习俗。即经手术后在身体某部留下不褪色的图案。花纹有鸟兽花卉或图腾等，反映其审美意识及宗教观念。这件新石器时代的陶器上，器盖以文身的人形作为装饰，体现了原始的习俗观念。

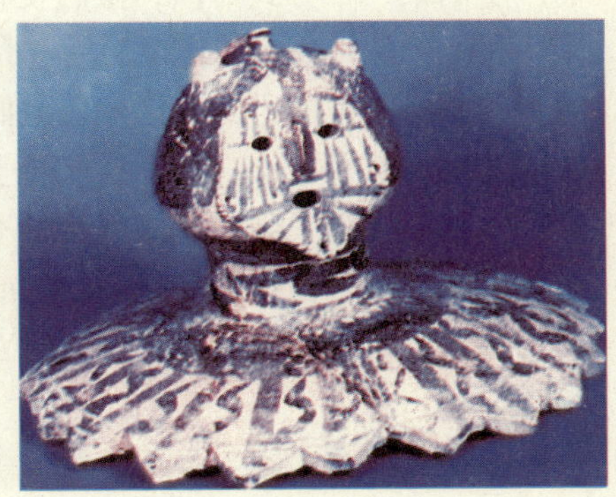

巴德农神殿檐壁雕刻 前442—前432年

巴德农神殿檐壁雕刻残余部分，描绘的是赫菲斯托斯、阿波罗和阿尔咸弥斯，他们同巴德农神殿正面檐壁上的诸多神祇一起，迎接倾城参加雅典娜节的长长的游行队伍。

物品怎样同他们的生产力相联系起来呢？第一，他们为什么要把斗篷做成像豹子的皮毛一样的样式呢？那是因为，这个岛上没有豹子，可他们却把豹子当成一个战士的最精美的装饰；这里，地理的环境特点（他们缺乏的东西）决定了他们的审美意识，即环境的缺陷挡不住他们的审美趣味，故而要把制作斗篷的外形加以改变。第二，这里也缺乏金属，这延缓了金属装饰物品在他们中间的推广，但是，依然没有阻止他们对这些装饰品产生爱好,因为他们当中的有条件的人——如富有的人的妻子已经开始佩戴这样的装饰品了；只是由于地理环境的限制，这一进程要比在其他地方进展得缓慢一些。所以，无论是在这里还是在其他地方，审美趣味的产生和发展总是和生产力的发展相伴而随的；所以，不论是在这里还是在其他“那里”，审美趣味的状态总可以成为我们衡量他们的生产力状态的准确标志。

最后，大家一定还记得我不止一次地说过，即使在原始的狩猎社会里，经济以及与经济紧密相关的生产技术虽然不总是直接决定了人们的审美趣味，但那里发生的许多的中间“因素”，也是间接地体现了当时当地的生产力及其关系。我们可以说，一个间接的因果关系也仍然是一种因果关系；除此之外，难道还可以认为是其他？如果某种情形下A直接带出了C，而另一种情形下，A通过它先产生了B，再由B产生出C，难道你可以说C不是来自于A？比如，一个一定的习俗——迷信，或是一个虚荣心，或是为了恐吓敌人的愿望而产生的某一个方式习惯，虽然没有给习俗的起源问题给出最终的答案；但是，我们仍然可以问：产生这一迷信习俗的是不是当时的生活方式？即当时特定的狩猎的生活方式？同样，人们为满足自己的虚荣心或为了恐吓敌人而发明的某种方式方法，是不是取决于当时的社会生产力和社会的经济条件？今天，我们提出了问题，而事实的不可辩驳的逻辑就会让我们作出一定的答案——原始的人在自己的武器上，或在自己的劳动工具上以及他们所欣赏的一切装饰上，都不能也不可能离开当时的生产力及其生产方式。

附录1

《LUNYISHU》DE BUCHONGPIAN《论艺术》的补充篇

尊敬的朋友：

您或许已经见到过，在巴西中部的印第安人和巴布亚新几内亚的人用做梳头的那些梳子的形状。这些梳子简陋到仅用几根小木棍系在一起，它可以说是梳头发展史上的第一代用具。这种用具的进一步演变，就成了由一整块小木板刻成的排齿形；在非洲中部生活的孟布图黑人和包罗特塞的卡斐尔人就使用这一类梳子。在此阶段的梳头用具，有时候是经过了十分用心的装饰的；可我们从它的装饰图案中，发现最大的特征是在小板上也刻有相互交叉或相互平行的若干线条，显然，这些线条把我们引向了遥远的时代，它就是远古时代里存在了许多年代的那些把木棍连接起来的细绳。这里可以清楚地看到，装饰的原初起因首先是为了功利的目的（细绳把小木棍连接起来便于梳理头发），虽然它现在已经不是原物而是用形象来表示，而这就是装饰。所以，我要再次强调：在人类的原始时代，对待一件事物，有用的意识先于审美的意识。

从梳子的例子里我们看到的东西，还可以从许多另外的事例上看到。尊敬的朋友，您当然知道，原始人用做武器和劳动工具的首推石头；您大概也明白，一块尖利的石头我们今天称它为石斧，而石斧在最初是没有斧柄的；一些史前考古学用确凿的材料证明了，对原始人来说，在石斧上安装一个手柄是相当繁复而困难的发明；它是直到第四纪较晚的时期才被发明出来的。起初，他们用比较结实的藤绳将一条柄和尖利的石头捆在一起，才成了有柄的石斧；后

响尾蛇雕像　14世纪

印加帝国是古代南美洲最强大的帝国。印加人尽管外科、解剖和麻醉等方面取得辉煌的成就，在冶炼、纺织和历法等方面也很发达，但是他们还停留在结绳记事的时代。这些打满诸多节点的记事绳令人联想到美，但是对于他们而言却是实在的重要的记忆。

来，当人们发明了不用藤绳也能够把斧柄牢牢地和斧头连接在一起，才不再需要绳子作连接物了。可是，后来的石斧却要在最初是绳索的地方，刻上许多相互交叉的或相互平行的线条，以此作为石斧的装饰。其他的许多用具或工具也有同样的情形；这些工具或用具的分隔部分起初也是用绳索系在一起的，只是到了后来才用别的方法加以连接，不过仍然在原先连接的地方，用线条图案来进行装饰。因此，我们就看到了最初的虽然简单但却非常显著的几何形装饰图案，这些装饰在第四纪的工具或用具上都可以看到许多。再后来，随着生产力的进一步发展，也推动了这一类装饰的进一步前进，而起特别巨大作用和引起我们极大兴趣的就是陶器的制作艺术。尊敬的朋友，您肯定知道，在陶器发明之前（澳洲的土人直到今天也没有进化到会制作陶器阶段）人类只有编结技术，而且仅仅满足于用具的编结。当陶器发明出来之后，显然从主流上取代了原来的用具编结，但它们却被赋予了当初的编结用具的形状；而且外表上，也绘制了若干或平行或交叉的线条，其形其理均同我前面说到的梳子上的线条类似。从人们开始制作陶器直到今天，我们也可以从文明民族的许多艺术作品中看到当初陶器艺术即装饰的流延；比如，纺织技术就从那里面吸取了众多的题材。一些植物果实的坚壳——例如南瓜——过去（包括今天的许多民族）都一直被原始人用做器皿，他们为了提携的方便，就用毛皮条或植物的纤维编成的绳索与坚壳系在一起。

旋纹彩陶尖底瓶
中国马家窑文化

彩陶瓶
印度　公元前2500年

陶缸　埃兰（伊朗）
公元前10世纪

后来，人们又学会了金属加工，于是陶器上的曲线就开始变得非常的复杂和多样，但都是和直线交叉缠绕在一起的。总之，无论何时的装饰图案都是和当时的原始技术的发展相伴相随的，或者说是和当时的生产力发展有紧密而明显的联系的。

当然，几何的线条图形或编织的花样图案并不局限在陶器上表现，它们还被应用在了木器和皮革制品上。一般说来，它们一旦被人创造出来，就能很快地并广泛地被其他人模仿，从而流行开来。

史前陶器

陶器的出现对于先民的世界而言是非常重要的，器物不再是天然的物体和简单的编织品，特别是能够经过火的烧灼而不损坏是葫芦等容器所不能够比拟的。最初的陶器烧制之前的土胎是依附在编织的木质或草质的骨体上而成形的，烧制之后尽管草木化为灰烬但是却保留了原有的痕迹。陶器纹饰产生之后色彩才逐渐取代了自然痕迹以模仿原有的认同标准。

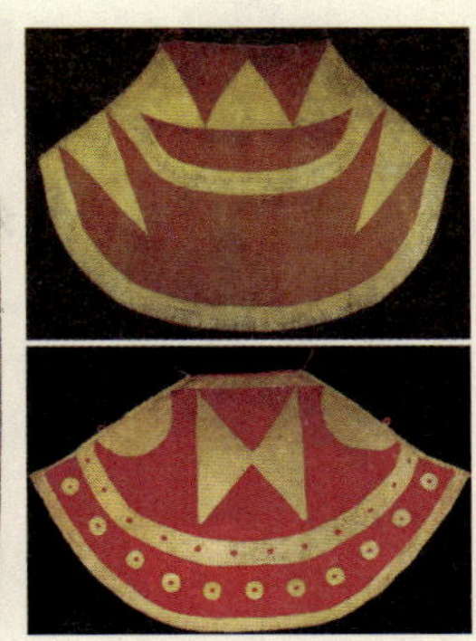

盾 牌　彩绘木雕　大洋洲

塞皮克河流域生存着不同的民族，左边的盾牌是通莱奥人的器物，右边的盾牌则是阿鲍人所用。两面盾牌用线条和色块展示了抽象的图像，左面的是一只动物的形象抽象变形，右面则是两个人面的变形。抽象的事物是在现实的基础上简化后的符号标记。

披 肩　羽毛、细线、纤维　夏威夷群岛

披肩上的三角形、圆形、长带状以及不规则的形状给我们以概括化的装饰效果，这些装饰虽然我们不能明确地推导出其真实的原形，但是不会是凭空的幻想图形。对于现实景物的概括推导出的抽象图形一方面是必然的思维成熟，另一方面则是偶然的形式提升。

艾伦莱赫在柏林人类学协会上作过一个《关于辛古河第二次探险》的报告。在这个报告中他说：原始土人的装饰图案，所具有的一切几何图形或花样，事实上都有一个具体的对象，而且大多数是动物；这些动物有时简洁得来仅可以看做是一个简约的描绘，或甚至就是一个模拟的意象。比如，线条呈波纹状，两边再点上几点，表示的就是一条蛇；一个长菱形则表示一条鱼，而一个等边三角形则表示是一个女人的遮羞布（至少是一个变体）；这种遮羞布流行于巴西印第安人的妇女中间，可以看做是她们的服饰之一。北美洲的情况也同样，该地的印第安人在瓦罐上描述的图形虽然也是几何形的，但仅只描绘了某种动物的外皮，今天在巴黎的一家博物馆——“传教士之家”那里，保存着一个来自于冈比亚的陶器，上面用做装饰的图形却是一条蛇；分析这一类图形，我们很容易看出某种动物是怎样被描绘成几何图样的。最后，如果你有机会看到赫尔马尔·斯托尔普的著作《原始民族装饰图案的发展现象》（维也纳，1892年），请仔细地阅读第37至44页，您会惊异地看到，一个“人的图形”怎样逐步地发展到用纯粹的几何图形来表示的例证。

就在这时候，我对澳洲人的装饰图案还没有来得及进行全方位的研究；不过，由于已经研究了其他一些民族的装饰图案，所以，我也有充分的理由来进行假设：在原始人进行作战而使用的盾牌上，那些用做装饰的一行一行的线条，描绘的也是某种动物的外皮；而那些较为复杂的线条描述的就可能是另一种含义——一种地理图形的表示。大家也许会感到奇怪，或者对我的说法不可思议；这里我要提醒您，西伯利亚的尤加基尔人，就是这样用复杂的线条并装饰在盾牌上来表示地域地图的。以狩猎为生并过着迁徙生活的或以游牧为生的民族，比起那些以农业为生的民族来，对地图的需要更甚百倍。当然，即使是醉心于农业的民族，一些人往往一辈子也没有走出自己的村庄，他们也把地图当做了最好的老师，因为根据这样的地图，他就知道了外面的

萨巴特克人制作的兽形骨灰瓮（左）
瓦哈卡文明后期制作的骨灰瓮（右）

陶质的骨灰瓮造型复杂。瓦哈卡前期文明的墓葬中出土的骨灰瓮早期是做成头形的，如雨神的头兼有人、美洲虎和蛇的特点并有狐狸的舌头，后期萨巴特克人的骨灰瓮人物形象占了主要的地位。人和拼接的神的形象是有现实的原型作为参照的。

世界。而狩猎民族和游牧民族则迫切地需要地图；需要是最好的老师，是“需要”教会了他们描绘曾经到达过的地方的地图，并由此再也离不开地图了。并且，当初的地图都是绘画或雕刻出来的，所以，事实上，他们也发明了绘画和雕刻。再说，原始的狩猎者几乎全体都有独特的风格和聪明的才智，他们同时也变成了热情的画家和雕刻家。那些靠迁徙为生的狩猎者，一到晚间的时候，伴随着篝火的亮光，就在沙地上用树枝描绘他头脑中记住的那些动物和自己捕猎的精彩场面，同时也描述他到过的地方；一方面，他们是在消遣，另一方面，他们需要的地图也伴随着画家和雕刻家一并产生了。在这方面，澳洲的土人一点儿也不输于 巴西印第安人，他们会在捕猎来的袋鼠皮上（今天他用来抵挡风寒）以及随手刮下来的树皮上，刻画出各种各样的图形；这里面有表示武器的，有表示盾牌的，有表示人、鱼、鸟、飞虫或地上爬行的小动物的。有时，闲暇较多的情况下，他们还将这些图形刻画在岩石上和洞穴里面的墙壁上，其中不乏有高超的艺术家展示了高超的艺术技巧。有人在澳洲的西北海岸上，发现了刻在岩石和树皮上面的描绘人的胳膊和大腿等的图画，这些图画描绘得相当的粗糙；但也有人在同是澳洲的格累内耳格河的上游，发现了一些刻在石洞壁上的图画，却具有高超的水准。有的研究者认为，那不是澳洲土人的杰作，而是偶尔路过的其他民族所为。但是，第一，这样的看法没有任何的证据来支持；第二，究竟是哪一个民族的人来装饰了格累内耳格石洞，对我们已经不重要了。只要我们知道澳洲的土人一般地喜欢刻画图画，这就够了。即使这些图画比较粗糙，我们没有怀疑，也没必要去轻蔑。

再回到布什门人那里，我们也会看到他们具有同样的特点。还在很久远的远古时代，他们就以自己的绘画和浮雕而闻名。在离开普敦不远的一大片岩石上，就画有好几千个不同的动物图形；而在他们居住的洞穴里，岩壁上也留下了许多的图画，有时可达几百上千个。这些布什门人，他们描绘动物时，有的只选择个别的动物，有的却是在描绘整个一大群的场面；例如，他们描绘了捕猎河马或大象的完整图景；有的描绘战士弯弓射箭，有的描绘与敌人冲突的壮烈场面。享有特别巨大的声名的是一幅描述本部族（布什门人）

劫掠邻近的卡斐尔人的家畜的；这幅刻画在洞壁上的图画称为“弗瑞斯卡（原文来自意大利语Fresco，音译；意即壁画。——编译者注）”；据我所知，这幅壁画的作者是布什门人没有受到任何的怀疑，要怀疑它不是布什门人的作品，是困难的；因为这幅壁画所在的地区，附近的其他所有黑皮肤的民族，都是拙劣的画家；而布什门人的艺术才能得到了毋庸置疑的普遍认可。

同样显示出对造型艺术有巨大爱好的是北极地带的渔夫和猎人。那些生活在极地区域的爱斯基摩人和楚科奇人，在装饰自己的武器和劳动工具时，喜欢用鸟兽的图形，他们把这些鸟兽图形画得非常的逼真。而且他们也能将狩猎或捕鱼的完整场面真真确确地描绘出来；当然，他们描绘的是他们唯一熟悉的生活。爱斯基摩人最擅长的是雕刻艺术，这方面做得相当的出色；我们还没有在现存的民族或部落中，找到可以同他们相提并论的对手。勉强称得上对手的，是第四纪末叶生活在西欧的一些原始的狩猎部落。这些部落在那时候还不懂得畜牧，也不懂得耕植，但却有许多的艺术作品——主要是版画和雕刻——为我们留存了下来。一如现今还存在的某些狩猎部落一样，他们几乎完全从动物界吸取自己的艺术创作的题材（描绘植物的例子仅仅发现了两例）。他们描绘的动物主要是哺乳动物，而在这些哺乳动物里又喜欢描绘驯鹿（这种动物在当时的整个西欧随处都可以见到）和野马（当时还没有把野马驯服成家畜）；其次他们也描绘野牛、野羊、大象、野猪、狐狸、狼、熊、山猫、貂鼠和兔子等等，一般说来，即是整个的哺乳动物群……（原作者此处缺少一页，故原出版的书此处用省略号代替。——编译者注）

看到这些，我们要问，怎么会出现了问题，在什么样的条件下，在发展的哪一个阶段上，或者在什么原因的影响下，艺术变成了唯心主义的产物？现在的科学研究一直未能解决这个问题，我将在其他的论著里再详细地论述。

在前面的段落中我曾经说过，是“需要”教会了原始人的绘画和雕刻，现在让我们回到这一问题上来，看看它们是如何教授以及原始人是如何学会的。

首先，原始的人在生活过程中，总是有一些什么东西（特别是思想或见解或经验）需要表达和交换，而北美的印第安人往往求助于绘画；正如

项　链　马绍尔群岛　木板彩画

骨和贝壳这些便于被改变的材料在装饰上往往受到青睐，简单的形制经过复杂的组合给我们展现美的形象。美是存在于我们的自身还是外在的形象？木板画的色彩和线条的美是怎样被我们接收的？这里不得不重视我们对于自己判断前提的认识。

英文 Picturewriting 所表达的那样，是一种绘画性的文字。显然，原始人需要表达的首先是有关狩猎、战争和其他各类日常生活的消息；所以，绘画方式的实行必然是先为纯粹实际的或纯粹功利的目的服务的。在澳洲，这种绘画文字也是同样服务于这样的目的的；在一条溪水旁边的岩石上，画有一些袋鼠的腿和人的胳膊之类的图形。先前到过这里的土人凿刻这样的图画，显然是想告诉其他的人，这条溪流的水，人和动物都可以饮用。澳洲西北海岸也发现有描绘人的身体的各个部分（如胳膊、腿等等）的图形，其本意大概是想告诉不在身边的同伴什么信息；也就是从纯功利的目的而涂画的。前面提到的旅行家封·登·斯坦恩也说，他有一次在巴西的一条河岸上，看到了土人留下的描绘本地生长的一种鱼的图画，于是就叫跟随的印第安人当即撒网，结果真的捞出了几条与那幅图画所描绘的一模一样的鱼；显然，这是土人在告诉同胞，这里可以打捞到这样的鱼。当然，所举的例子并不表明他们就只在这一种情况下使用，其他的种种“需要”也常常迫使他们使用绘画文字；因此可以说，绘画文字是他们狩猎生活的早期产品之一。也就是说，思想感情表达的主要手段——声音和文字的萌芽，可能是同时产生的。甚至不仅仅局限于人类，许多动物也有文字的萌芽——某种痕迹；比如，狼见到了鹿的足迹，就会顺着足迹尾随追去；后者把它经过的“事实”用自己的痕迹（足迹）告诉给狼了。原始猎人在生活实践中，对动物用脚“写”下的痕迹，也是能够读懂的且对他们的生活具有重要的意义；故而可以把足迹看做是文字的最初原型。在以狩猎为生的尤加基尔人中，足迹的意义也反映在了他们的语言里；以动词为例，每一个动词都有三种表达法，我们称之为三种变位；其中的一种变位叫“明显位”，它表示这样一个状态或动作已经完成，这只需要从某一“痕迹”就可以看出来。比如，当你根据森林中的足迹已经获悉，曾经有人到过这里，而你回到部落里想把这一情况传达给别人时，如果是俄语，你必须这洋说：“根据脚印，显然有人到过那片森林。”但是用尤加基尔语你则只需要一个词来表示，这个词和我们通常使用的动词“到过”不一样，它只是仿佛加了一个后缀“－R1lo”，所以，我们可以看到，就是语言的最初形式也取决于“痕迹”。当原始的人需要向远方或远处的人传达某种信息或交往的时候，就是用“印迹”作为标记来有意识地传达的。而一旦这样的传达方式变成一种范例的时候，文字

石板上的象形符号
约公元前 3 000 年

罗马尼亚的塔尔塔尼亚发现的石板上刻的象形符号与东方的象形文字很相像，但是这两种符号之间似乎并没有什么必然的联系。符号的出现比文字和绘画都要早得多，并且早期的符号并不是抽象的，对于现实事物的描绘简单化成为我们见到的符号，这些符号要么成为绘画，要么成为文字。

或准确地说最初的绘画文字就诞生了。而且，这些标记在开始的时候，一定是仅仅表达一个概念或描述一个对象，并且是不大准确的。至于要想准确地传达或表述更复杂的某个思想，则非有艺术的参与不可。因此，原始狩猎时代的书写同时也可以视为是“绘画”。狩猎时代的生活实践，自然地也是必定地要激起、鼓舞和发展原始画家们的本能和才能，而他们也确实不负历史的重望，充分地发挥出了这样的才智。

赫克勒斯和安塔伊俄斯（左）
欧佛罗尼厄斯　公元前510—前500年

古希腊的文明被称之为海洋文明，步入稳定奴隶制城邦国家仍然保持对于艺术创作的敏感性取决于战争的需要。狩猎是一项有危险的猎食活动，它在文明社会的遗存就是战争的文化基础。不安全感使得艺术的表现力在这个民族颇受推崇。

装饰有章鱼的陶瓶（右）　克里特文明

克里特文明的显著特征比其历史的细节更容易被理解，海洋是米诺斯克里特艺术中最为常见的主题。从海洋猎取食物的行为尽管在米诺斯时期已经不是支持生存的唯一手段，但是继承了与海洋斗争精神的民族在艺术上仍然保持着他们的激情。

当然，他们的这种才智绝对不会仅仅用于生存的竞争；比如，尤加基尔人在求爱的时候，就是使用“书写”（即，刻下某种记号）；这一点甚至在今天，我国的大多数农民也是做不到的；然而对那些狩猎民族来说，却是生活方式的简单而自然的结果。由于这种简单而自然的生活方式，也促使他们在自己的武器、劳动工具甚至身体上用动物的图形来进行装饰。只是到后来，这类图形才逐渐成为了模拟的符号，也就渐渐脱离了它们原来的形式和指向。正因为它们仿佛是完全抽象地表达事物的特性，才使唯心主义的研究家感到有据可谈。不过，也不全怪唯心主义的研究家，因为原始装饰图案与狩猎和捕鱼的生活方式之间密切的因果关系，只是到最近才得到了确有成效的研究和证明。但是，这应当归于唯物主义的历史观，并且因为其是唯物的，它才拥有了最确凿的证据。

我们再引用封·登·斯坦恩的精辟的见解：德语词汇“Zeichnen”（动词，意思即绘画）清楚地表明，原始社会的绘画艺术起源于“Zeichen（同一词根的名词，即符号）”。封·登·斯坦恩还认为，符号比绘画发明得更早，两者都以传达消息为目的。我在这里完全同意封·登·斯坦恩的意见，因为一般来说，从有用的观点对待事物（包括行为），必定是先于从审美快感来对待事物的。同时，由描绘过程中的模仿所带来的快感，也是促使绘画艺术得到进一步发展的原因；这种快感从一开始就起了相当大的作用。关于这一点，我也会在以后的论述中对它作进一步的阐明。不用说，如果没有模仿过程中的快感，则原始时代的绘画将永远停留在原始的阶段，决不会从单纯的以传达

面　具

“需要”成为创造的原动力，绘画和雕刻就在需要的前提下发挥着各自的作用。面具的出现或多或少地被认为和神秘的意味有关，然而在产生之初仅仅是取代某种消失的形象。用木块、草皮和羽毛等物来塑造的面具形象是来源于某个亲人或仇敌的夸张表现。

消息为目的“记号”或“符号”中剥离出来；无疑，快感是文化发展的必不可少的因素。现在的问题是：为什么模仿或描摹的快感能够在第四纪的欧洲猎人，或澳洲的土人，或布什门人、爱斯基摩人、尤加基尔人身上被强烈地感觉到，并由此生发出一种对绘画的强烈渴望呢？而同一种快感为什么在非洲黑人身上却表现得异常的稀疏呢？难道是因为他们早就从事了农业的缘故？

结论正是如此。狩猎与农业虽然同是一种生产活动，但存在着性质上的差别。在狩猎活动中，会更加地依赖绘画文字，这对他们的生活是具有极其重大的意义的，它是生存斗争中取得胜利的条件；所以，绘画文字首先在狩猎民族中出现。而一旦出现了，就必然导致对模仿的渴望并产生一种倾向，再加上人的禀性中本来就有这么一种倾向，而今随着周围环境的变换它就得以不是从这一方面就是从另一方面大力地发展。也就是说，他们只要一天还是猎人，这一倾向就会必然地也是顺带地使他成为雕刻家或者画家。这里的原因不说大家也明白，一个画家的禀性或才能是什么？不就是观察的能力和手的灵巧吗？这一点，猎人们都具备；因此，原始猎人的艺术才能是长期的生存斗争在其身上磨练出来的那些特性的表现。而一旦他们的生存方式变为畜牧业或农业的时候，虽然他们还是原始人，但却在很大程度上丧失了对绘画的喜好，并进而使绘画或雕刻的能力退化。有人说过，农耕者和畜牧者在许多方面都大大优于狩猎者，但在造型艺术方面却远远地不及。由此可以顺便指出，艺术同文化的关系是错综复杂的，也是多种因素构成的，决不会像一些哲学家所认为的那样——简单而粗略。

而且我们还看到，为什么游牧民族和农业民族的艺术相对落后的原因（乍一看这种现象应该是很奇怪的），——无论是游牧者还是农耕者，他们都不需要像狩猎者那样高超的观察能力和灵巧的描绘能力，所以，这些能力就必然要退化，而艺术所要求的忠实的描绘自然的能力，也被退到了非常次要的地位。不过，我们需要记住，从狩猎的生存方式向畜牧业和农业过渡……（原书至此中断。——编译者注）

附 录 2

《论艺术》的准备工作(札记)

《LUNYISHU》 DE ZHUNBEI GONGZUO(ZHAJI)

任何时候的艺术，都不是为了艺术本身。那时的艺术大多数都是表现宫廷和贵族的社会，都是体现了宫廷和贵族利益，即它是为宫廷或贵族服务的；这同狩猎社会的艺术是为自己社会的利益服务具有同样的道理。当然，那时也不可能发生为艺术而艺术的事情。

已经够了。可以作出结论。所谓的阶级艺术，其所表现的是创造这个阶级的人认为是好的或有重要意义的东西。但，这并不是宗教意识，而是一种社会意识，它不由经济决定，至少不是由经济直接决定，而是由建立在经济基础之上的社会关系所决定。因为有这样或那样的一些关系，所以它决定了心理(意识)。心理因素不能被忽略。这里，就是一种“对比”(同达尔文的对立原理类似)。

树皮画

槟榔树皮、彩色绘料 新几内亚

澳大利亚土著人的绘画技能在这里得到展现，但是我们在这里看到的华丽装饰有着其特定的宗教意义。先民们和这些处在原始时期的土著人一样，遗留给我们的艺术现象和艺术遗物在他们的时代并不是艺术品，起码最初的作用不是欣赏。

原始人的宗教

原始人的宗教(观念)，准备这样说。当然，狩猎社会的经济不是万物有灵论的起源。可是，既然生活方式是狩猎的……

然后，用比尔努失提供的材料。

在前已经提到过：经济并不会带来纯粹的性感，但两性关系的存有形式肯定是由于经济的关系。我们要把这部分加以考察。这将有助于我们的艺术历史的研究，是很有必要的。

劳动分工首先是在男女之间发生。闲暇对艺术活动有影响，但劳动分工的影响大于闲暇。原始艺术里狩猎的题材占大多

圣尤拉莉亚　瓦特哈斯　1885 年

不同时期对于艺术的选择不得不以该时期的社会情况为依据，经济尽管影响着艺术的发展，但不是直接地起着作用。社会的选择更多地是依赖政治和宗教等方面来对艺术发生影响。西方社会漫长的基督教统治对其文化格局的构建起着举足轻重的作用。

数，那是因为狩猎是男人的事情，故而男性题材成了那时的艺术主流。表现战争的舞蹈也是如此，且具有更加巨大的意义。经济活动对艺术的影响不是直接的。

……我们再看一些（许多）习俗的最后原因。在意识形态历史上起了不小作用的是使用象征的手法。因此，我们须在象征的手法中去寻找意识形态的解释。至少是部分。

但是，须注意的是：象征只能够（当能够的时候）从形式方面，而不能够从内容方面对它进行解释。

一定的心境一定的动作是象征的表现。举个例子，生活在高加索的普夏夫部落的妇女，只有在遇到兄弟去世才把辫子剪去，而她丈夫死去时，却没有发现也把辫子剪去。

要着重阐明在世代与世代之间的联系，是教育起了极其重要的作用——这一点与毕歇尔的看法相反。

次序：在社会中，劳动是先于娱乐游戏的。但在儿童那里，是游戏先于劳动。

其次：谈谈个人主义，难道单单凭独自开灶就可以证明社会是自由主义的？然后，再论述家庭中的个人主义。

舞蹈

舞蹈给原始人带来极大的审美快感。一旦兴奋，就需要形之于外——手之舞之，足之蹈之。伴随着节奏。它在原始社会中的重要意义。现代舞蹈无法同古代社会的舞蹈相比，萎退，萎缩。

有表情舞和体操舞（体操舞难道不是来自于表情舞？如鸟类的求爱舞、热恋舞就是体操舞）。一个部落里举行的舞蹈人数：数十人到几百人。月光下的舞蹈，比如当和约缔结成功之后，或果实成熟了，或取得了丰收，或到了收获牡蛎的季节，或猎到了丰盛的猎物等等。划船舞与袋鼠舞。他们——特别是澳洲人，可以非常精确地跳出节奏并做出整齐划一的动作。模仿。实际上在这个发展阶段上，舞蹈和戏剧差不多是同一种东西。舞蹈和咒语的关系。原始人想让神鬼们也来观赏或参与这样的舞蹈。不过，这样的舞蹈不多。两性的舞蹈，希望激起相互的性感和性欲，也是男女相互求爱的方法和手段。舞蹈者通常是强悍的战士或猎手，再加上灵巧。原始人的舞蹈的社会性（即部落性），所以，舞蹈者是一个整体，也就是部落是一个整体。舞蹈的社会性教育功能。在缔结和约的时候，他们用舞蹈来伴随，是随意跳起来的，因为高兴。如果跳起了体操舞，通常是几个部落开了一个集市，有时会跳很

石斧鹳鱼陶缸　仰韶文化晚期

陶器上的图案往往被认为有其特定的文化意义，然而在我们今天的解释系统中却并不能得到一个完善的解释系统，主要原因是我们的认识基础与先民不同。或许我们从宗教或其他文化的角度解释鸟和鱼的天地关系和阴阳关系，解释斧的沟通和权力意味，这或许是接近真实的解释，但仅仅是接近。

巨石阵　英格兰索尔兹伯里平原

巨石阵吸引我们在不同的天气变化中从不同的角度去探视，会发现这些巨石散发着神秘的气氛。这些静止的巨石是遗留下来的神秘，而那些表现各种情感的舞蹈却在历史的长河中成了永恒。原始人的舞蹈表达着多重的信息，这些信息现在只能在艺术中体味，而那时的舞蹈却是生活的一部分。

长的时间，达六个星期。有一个人谈到：爱斯基摩人最大的舞蹈群：26人。原始时代的野蛮人的舞蹈如同我们今天的诗歌或歌剧。

装饰艺术

不是普及的艺术。题材：一，自然；二，技术。不见或少见植物装饰。澳洲人大多用猎来的或摹造的动物皮来装饰；有时，模拟袋鼠、蜥蜴，还有蛇。也有用当地的地形或区域形状的。或复制那些在缝纫、编结时用过的图形。喜爱红色，也有的喜爱白色。所有权（主）的标记。但很少看到个人财产的标记，能够看到的是部落的财产所有权（主）的标记。除外，每一部落都有自己的标记，如：美洲的Kobong，图腾物：袋鼠，鹫等等。

但，为何印第安部落喜欢用编织物的花样来装饰他们所使用的器皿呢？引用霍姆斯的解释。

陶器艺术那时还很年轻。陶器之前是编结篮筐，一般是用枝条或藤葛或蔓草编结器皿。澳洲部落里普遍使用的带状饰物也可以作如此的解释。

节奏甚至进入了装饰图案中。编结物的起源。根据Grosse（格罗塞）的，第141—145页。对称性的缘由，来自对动物和人的形体的认识，然后模拟。人和动物的形体本身就是对称的，且对横的对称认识先于竖的对称的认识，证明：动物的大部分都是横的对称。为何澳洲人和北方民族的装饰相同？装饰图案上之所以少有或没有植物，是因为那时还没有进入“种植”生活。格罗塞说：“人类历史的最大进步之一，就是从狩猎进入到农业，其具体的表现就是从动物装饰过渡到植物装饰。但是，婆罗洲土人有

驯养牲畜　旧石器时代中期

狩猎获得的活物在食物充足的情况下开始被圈养存放以保持肉质的鲜美，发现动物生殖的秘密是畜牧业产生的前提。从狩猎发展到畜牧业和农业的出现使得绘画和雕刻不再是普遍的事情，为其独立为专门的手艺提供了前提。

植物装饰，应该是由中国人和印第安人带去的。”图画的几何性质（见第152页上的图画）。再从原始的工具上进行特性说明。

狩猎的人们　洞穴壁画　中石器时代

西班牙东部的诸多中石器时代的洞穴壁画让我们可以很好地了解这个地区原始社会发展的状况。这些狩猎的男子一手持弓，一手持箭，动作像在做舞蹈表演。头上明显的羽毛装饰大概是因为自己和鸟有着什么亲缘关系或这样就可以迷惑猎物，总之不是无缘无故的点缀。

雕刻和绘画

乔治·格雷在30年代末发现了几个石洞，地点在澳洲东南部的格累内耳格河的上游；洞壁上的绘画，作用是装饰。斯托克斯在澳洲西部的一个名叫底普奇的岛屿上，发现了一整幅墙的浮雕。一条长长的画廊，画有：人、野兽、飞鸟、武器和生活的场面，生活形态是野蛮性质的。后来又发现了很多这样的洞穴画廊，勃茹·史密斯提供了一幅画，是野蛮人在提勒耳湖畔画下的。澳洲比欧洲有更多的天才画家，且普遍。布什门人的石壁上，几乎布满了图画和浮雕。南非一惠普敦，有很多形态各异的动物画，数量达几千幅，技巧与澳洲的绘画类同。并且全部是动物，没有植物，也没有风景题材的画，至少是没有远景的画。画套在雪橇上的鹿是楚克奇人的拿手好戏，这些动物画得很好。结论是，只要一个地方或一个部落拥有优秀的战士和手工艺者，就一定有优秀的画家和雕刻家，他们必定身兼两职。如果从事农业，比如非洲的黑人，即使有画家也是拙劣的，因为没有必要发展自己的观察能力和具备灵巧的双手，描绘就失去了准确性。“雕刻是宗教的奴婢”这一论点是错误的，它是唯心主义的美学原理之一。

化　妆

一，固定的；二，变动的。例如，文身，腰带，丝绦等等。

储备白色的黏土和红、黄赭石是澳洲人的习惯，平常，他们仅限于在面颊上，或肩膀上、胸膛上涂染几个点，但一遇到隆重的场合，就会把整个身体都进行涂染。围猎也是隆重的场合，故而他们会把整个身子涂成红色。服丧期间，欧洲人是用黑色表示（比如穿上黑色的服装），澳洲人却在自己的身上涂染白色。但白色涂染多少，往往取决于死者与自己的亲疏关系。红色是一切野蛮人共同喜欢的颜色，而这又直接或间接地受皮肤颜色的影响。黑色皮肤的民族总喜欢在自己身上涂染白色。服丧时还有涂画装饰，描抹多少和颜色的深浅往往表示此人同死者的亲属关系的远近。约斯特的假设：原始时

沐浴的狄安娜　布歇　法国　1742 年

美作为一个不确定的概念可以在不同的地域和民族给与不同的界定，但是追求美又似乎是天性，特别是人们对于美的认识深入之后更是如此。装饰作为实现美的途径在各方面得到实施，在人自身方面“化妆”成为不可忽视的一个部分。注重群体的先民们有一个共同的评价标准，这是引领化妆的标杆。

代的服丧涂染，是原始人将自己伪装和遮蔽起来的手段，为的是让死者（的魂魄）认不出自己。

化妆（续）

有许多材料可以证明，模仿在化妆方面起了极其重要的作用，格罗塞，第65页。割痕文身与纹刺文身。布什门人是黄色皮肤，爱斯基摩人是红色皮肤，他们都喜好文身；澳洲人和明科比人是黑色皮肤，喜好割痕……割痕在青年人达到成年时特别是性成熟时进行。什么年龄使用什么样的线条。东南部，我们可以从一个人身上的图形以及线条的粗细、多少，判断出这个人的年龄有多大。另外，割痕还表示了一个人的肉体苦痛忍耐力。波托库多人和火地岛人的割痕也是同样的道理。

浅色的装饰是深色皮肤的部落所喜好的，自然，浅色皮肤的部落就喜好深色的装饰。

作用是夸耀勇武。澳洲人的围裙可以由300条兔子尾巴做成，夸耀他的猎获多多。一般来说，会把装饰品分为：一，单纯的装饰；二，恐吓人的装饰。目的是：让其他人（特别是敌人）感到惧怕，也为了能够得到女性青睐。为这第二个“目的”举例：弗林德兹岛上的塔斯马尼亚人，喜好用红赭石涂饰身体，当地政府部门曾下令，不准这样装饰！结果几乎引起暴动。人们（特别是青年人）不满的理由是：如果这样，我们怎么得到女人们的“爱”呢？